概率论与数理统计

（第二版）

主　编　王世飞　吴春青
副主编　徐明华　石澄贤　阮宏顺

苏州大学出版社

图书在版编目(CIP)数据

概率论与数理统计 / 王世飞, 吴春青主编. —2 版
. —苏州: 苏州大学出版社, 2022.6 (2023.7重印)
ISBN 978-7-5672-3953-1

Ⅰ.①概⋯ Ⅱ.①王⋯②吴⋯ Ⅲ.①概率论-高等学校-教材②数理统计-高等学校-教材 Ⅳ.①O21

中国版本图书馆 CIP 数据核字(2022)第 077304 号

概率论与数理统计(第二版)

王世飞　吴春青　主编

责任编辑　征　慧

苏 州 大 学 出 版 社 出 版 发 行
(地址:苏州市十梓街1号　邮编:215006)
常熟市华顺印刷有限公司印装
(地址:常熟市梅李镇梅南路218号　邮编:215511)

开本 787 mm×960 mm　1/16　印张 19.75　字数 355 千
2022 年 6 月第 2 版　2023 年 7 月第 2 次印刷
ISBN 978-7-5672-3953-1　定价:44.00 元

若有印装错误,本社负责调换
苏州大学出版社营销部　电话:0512-67481020
苏州大学出版社网址　http://www.sudapress.com
苏州大学出版社邮箱　sdcbs@suda.edu.cn

前　言

　　本书是参照教育部颁布的高等工科院校本科概率论与数理统计课程教学基本要求和近年来全国硕士研究生入学统一考试的数学考试大纲编写的. 本书的第一版内容与第二版内容基本相同，第二版在第一版的基础上增加了多指标统计分析、概率论与数理统计发展简史，旨在为概率论与数理统计课程的思政建设提供参考。

　　本书第 1 章至第 5 章，主要讨论随机事件及其概率、随机变量及其分布、多维随机变量、随机变量的数字特征、大数定律与中心极限定理；第 6 章至第 10 章，主要讨论数理统计的基本概念、参数估计、假设检验、方差分析及回归分析、多指标统计分析. 每章章末有本章小结，精选了部分典型习题，并配有详细的分析、解答，便于学生自学. 同时，本书还配有四份模拟自测题，帮助学生全面掌握相关的知识点.

　　本书第一版出版以来，我们的同事、同行及常州大学的同学们在使用本书的过程中，都提出了宝贵的意见，借此机会对他们表示由衷的感谢，并诚恳地欢迎同行和读者们继续对本书提出批评与建议。

编者

2022 年 2 月

目 录

第1章　随机事件及其概率

§1.1　随机试验与样本空间 …… 2
§1.2　随机事件 …… 3
§1.3　频率与概率 …… 7
§1.4　古典概型 …… 11
§1.5　几何概型 …… 14
§1.6　条件概率　全概率公式 …… 16
§1.7　事件的独立性与贝努里概型 …… 21
本章小结 …… 27
习题1 …… 31

第2章　随机变量及其分布

§2.1　随机变量的概念 …… 39
§2.2　离散型随机变量 …… 41
§2.3　连续型随机变量 …… 46
§2.4　分布函数 …… 50
§2.5　随机变量函数的分布 …… 58
本章小结 …… 62
习题2 …… 66

第3章　多维随机变量

§3.1　二维随机变量的分布 …… 76
§3.2　边缘分布与随机变量的独立性 …… 81
§3.3　两个随机变量的函数的分布 …… 90
§3.4　二维随机变量的条件分布 …… 96
本章小结 …… 99

习题 3 ·················· 102

第4章　随机变量的数字特征

§4.1　数学期望 ·················· 110
§4.2　方　差 ·················· 119
§4.3　矩、协方差和相关系数 ·················· 123
本章小结 ·················· 128
习题 4 ·················· 131

第5章　大数定律与中心极限定理

§5.1　大数定律 ·················· 138
§5.2　中心极限定理 ·················· 142
本章小结 ·················· 145
习题 5 ·················· 146

第6章　数理统计的基本概念

§6.1　总体与样本 ·················· 149
§6.2　直方图和经验分布函数 ·················· 150
§6.3　统计量 ·················· 155
§6.4　抽样分布 ·················· 156
本章小结 ·················· 161
习题 6 ·················· 163

第7章　参数估计

§7.1　参数的点估计 ·················· 166
§7.2　估计量的评价标准 ·················· 176
§7.3　区间估计 ·················· 179
本章小结 ·················· 188
习题 7 ·················· 190

第8章　假设检验

§8.1　假设检验的基本概念 ·················· 195
§8.2　正态总体均值的假设检验 ·················· 198
§8.3　正态总体的方差的假设检验 ·················· 203
本章小结 ·················· 205
习题 8 ·················· 207

第9章　方差分析及回归分析

§9.1　一元方差分析 ………………………………… 212
§9.2　一元线性回归 ………………………………… 218
§9.3　一元线性回归中的假设检验和预测 ………… 222
本章小结 ……………………………………………… 225
习题 9 ………………………………………………… 226

第10章　多指标统计分析

§10.1　主成分分析法 ……………………………… 232
§10.2　因子分析法 ………………………………… 238
§10.3　聚类分析法 ………………………………… 242
§10.4　判别分析法 ………………………………… 245
本章小结 ……………………………………………… 247
习题 10 ……………………………………………… 247

模拟自测题(一) ………………………………………… 249
模拟自测题(二) ………………………………………… 251
模拟自测题(三) ………………………………………… 253
模拟自测题(四) ………………………………………… 255
附录 A　排列与组合 …………………………………… 257
附录 B　MATLAB 在概率统计中的应用 …………… 261
附录 C　几种常用的概率分布 ………………………… 268
附录 D　常用统计数表 ………………………………… 270
　附表 1　标准正态分布表 …………………………… 270
　附表 2　χ^2 分布表 ………………………………… 272
　附表 3　t 分布表 …………………………………… 275
　附表 4　F 分布表 …………………………………… 277
附录 E　概率论与数理统计发展简史 ………………… 284
参考答案 ………………………………………………… 290
参考文献 ………………………………………………… 308

第1章 随机事件及其概率

内容概要 本章先讨论随机试验、样本空间和随机事件的概念,定义事件的关系和运算.通过讨论事件的频率及性质给出事件的概率的定义、性质、计算公式.讨论古典概型、几何概型中事件概率的计算.给出条件概率的定义及其计算,讨论乘法公式、全概率公式及其应用.讨论事件的独立性及贝努里概型,给出二项概率公式及其应用.

学习要求 理解随机试验、样本空间和随机事件的概念;理解随机事件的关系和运算,以及运算规律;会把复杂的事件通过事件的关系与运算用已知事件表示;知道频率的概念与性质;掌握概率的定义与性质;会应用概率的加法公式、减法公式;会求古典概型中事件的概率;知道几何概型中事件概率的计算;理解条件概率的定义,会计算条件概率;理解并会应用全概率公式;理解事件两两独立、相互独立的概念与性质;会应用事件相互独立时的概率公式;理解贝努里概型,会用二项概率公式求解贝努里概型中事件的概率.

在现实世界中存在着两种现象:确定性现象和随机现象.确定性现象指的是某个结果在一定条件下必然发生或不发生的现象,也称为必然现象.例如,水在1个标准大气压下加热到100℃时必定要沸腾;函数$y=x$在区间$[0,1]$上计算定积分必定等于0.5;等等.随机现象指的是虽然条件给定,但是有多个可能发生的结果,事先不知道哪一种结果会发生,可能发生这样的结果,也可能发生那样的结果,这类现象也称为不确定现象或偶然现象.例如,掷一枚硬币,可能正面朝上,也可能反面朝上;掷一颗骰子,可能出现的点数是1,2,3,4,5,6这6种情况之一;从方便面生产流水线上任取一袋,在测量之前不能确定其具体质量;等等.随机现象是在自然界和人的生产实践活动中经常碰到的现象,其发生看似随机,实际上也是有一定规律的.

概率论与数理统计就是研究随机现象的规律性的一门学科. 随机现象的规律性往往是通过对该类现象的多次观察或试验得到的. 这些规律有助于人们更充分地理解随机现象, 为生产实践提供指导. 概率论与数理统计的理论与方法在自然科学、社会科学、工程技术、经济管理及军事等领域都有广泛的应用, 是各类专业技术人员和管理工作者进行各种数据的处理和分析时所必须具备的专业基础知识.

§1.1 随机试验与样本空间

(一) 随机试验

对某一随机现象所进行的试验或观察, 称为**随机试验**, 简称为**试验**. 随机试验通常用字母 E 表示. 随机试验具有以下几个特点:

(1) 试验具有明确的目的(目的性);

(2) 在相同的条件下可以重复进行(可重复性);

(3) 在试验之前已知试验的所有可能结果, 但无法断言会出现哪个结果(随机性).

例 1 根据随机试验的特点, 判定下列试验都是随机试验:

E_1: 掷一颗骰子, 观察所出现的点数;

E_2: 掷一枚硬币两次, 观察正面朝上的次数;

E_3: 掷一枚硬币两次, 观察所出现的正反面的情况;

E_4: 射击一目标, 直到击中为止, 记录射击的次数;

E_5: 从一批灯泡中任取一只, 测量其使用寿命;

E_6: 某生产线设计为包装某种产品, 且 1 包质量为 100 克, 误差±1 克. 现从该生产线生产的产品中任取 1 包, 测量其质量.

(二) 样本空间

随机试验所有可能的结果的全体称为该随机试验的**样本空间**. 也就是说, 样本空间是随机试验所有可能的结果构成的集合. 样本空间通常用字母 Ω 表示.

在 §1.1 的例 1 的随机试验 E_1 中, "出现 1 点""出现 2 点""出现奇数点"都是该试验的可能结果.其中"出现 1 点""出现 3 点""出现 5 点"都意味着"出现奇数点",即"出现奇数点"可以分成三种可能的结果.但是"出现 1 点"这个结果不能再分成其他结果的组合.随机试验的每一个不能再细分的结果称为其样本空间的一个**样本点**.因此,随机试验的样本空间也可以看成是由全体样本点组成的集合.在每个随机试验中,确定其样本空间至关重要.

例 2 写出 §1.1 的例 1 中随机试验的样本空间.

解 E_1 的样本空间 $\Omega_1 = \{1,2,3,4,5,6\}$;

E_2 的样本空间 $\Omega_2 = \{0,1,2\}$;

E_3 的样本空间 $\Omega_3 = \{(正,正),(正,反),(反,正),(反,反)\}$;

E_4 的样本空间 $\Omega_4 = \{1,2,\cdots,n,\cdots\}$;

E_5 的样本空间 $\Omega_5 = \{t \mid t \geqslant 0\}$;

E_6 的样本空间 $\Omega_6 = \{m \mid 99 \leqslant m \leqslant 101\}$.

注意 E_2, E_3 条件相同,但是样本空间不同,这是由于讨论问题的兴趣不同造成的.因此,确定随机试验的样本空间还要结合随机试验的目的.从 §1.1 的例 1 还可以看到,样本空间可以有以下三种类型:

(1) 有限集合:样本空间中的样本点数是有限的,如例 2 中的 $\Omega_1, \Omega_2, \Omega_3$;

(2) 无限可列集合:样本空间中的样本点数是无限的,但是可列,如例 2 中的 Ω_4;

(3) 无限不可列集合:样本空间中的样本点数是无限的,且不可列,如例 2 中的 Ω_5, Ω_6.

§1.2 随机事件

(一) 随机事件

随机试验的每一个可能的结果称为**随机事件**,简称为**事件**.事件用大写字母 A,B,C 等表示.先看下面的例子.

例 1 将一枚硬币掷两次,所有可能出现的结果为(正,正),(正,反),(反,正),(反,反).这 4 个可能结果是该试验样本空间的样本点,其全体构成了样本空间 $\Omega = \{(正,正),(正,反),(反,正),(反,反)\}$.每做一次试验,这 4 个样本点中必有一个出现且只有一个出现,每个样本点即是一个随机事件."正好出现一次正面"也是该试验的可能结果,是随机事件.该随机事件是由(正,反),(反,正)两个样本点组成的,即"正好出现一次正面"={(正,反),(反,正)}.可以看出,该随机事件是样本空间 Ω 的子集,且当样本点(正,反)或(反,正)出现时,"正好出现一次正面"这个随机事件发生.又如,"至少出现一次正面"={(正,正),(正,反),(反,正)}也是样本空间 Ω 的子集.

一般地,随机事件即是随机试验 E 的样本空间 Ω 的子集.在一次试验中,当某事件所包含的任何一个样本点出现时,则称该事件发生.

仅由一个样本点组成的单点集称为**基本事件**.如果一个事件由多个样本点组成,则称该事件为**复合事件**.可见,复合事件是由多个基本事件组合而来的.在例 1 中,"正好出现一次正面"和"至少出现一次正面"都是复合事件.

样本空间 Ω 包含所有的样本点,它是 Ω 自身的子集,在每次试验中它总是发生的,称 Ω 为**必然事件**.空集 $\varnothing$ 不包含任何样本点,它也是 Ω 的子集,它在每次试验中总不发生,称 $\varnothing$ 为**不可能事件**.

(二) 事件间的关系和运算

有了事件的概念,接着讨论事件间的关系与运算.由于事件是样本空间的子集,联系以前学过的集合间的关系和运算,包括借助文氏图等,有助于理解事件间的关系和运算.

1. 包含关系

设有事件 A,B,若 B 发生必然有 A 发生,则称 A 包含 B(或称 B 包含于 A),记作 $A \supset B$(或 $B \subset A$)(图 1-1).

2. 相等关系

若事件 A,B 满足:$A \subset B$ 且 $B \subset A$,则称 A 与 B 是相等事件,记作 $A=B$.

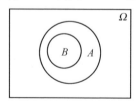

图 1-1

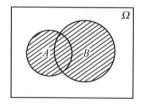

图 1-2

3. 事件的和

"事件 A,B 中至少有一个发生"称为事件 A,B 的和,记作 $A+B$ 或 $A \cup B$(图 1-2 中的阴影部分). 类似地,n 个事件的和记作 $A_1+A_2+\cdots+A_n = \sum_{i=1}^{n} A_i$(或者 $\bigcup_{i=1}^{n} A_i$). 无穷可列个事件的和记作 $\sum_{i=1}^{\infty} A_i$ 或 $\bigcup_{i=1}^{\infty} A_i$.

4. 事件的积

"事件 A,B 都发生"称为事件 A,B 的积,记作 AB 或 $A \cap B$(图 1-3 中的阴影部分). 类似地,n 个事件的积记作 $A_1 A_2 \cdots A_n = \prod_{i=1}^{n} A_i$,无穷可列个事件的积记作 $\prod_{i=1}^{\infty} A_i$.

5. 互不相容(互斥)事件

若事件 A,B 不能同时发生,即 $AB=\varnothing$,则称 A,B 为互不相容事件(图 1-4). 若 n 个事件 $A_1,A_2,\cdots,A_n$ 中任意两个事件互不相容,则称这 n 个事件两两互不相容(两两互斥). 若可列个事件 $A_1,A_2,\cdots,A_n,\cdots$ 中任意两个事件互不相容,则称这可列个事件为两两互不相容(两两互斥).

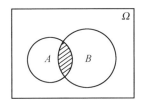

图 1-3

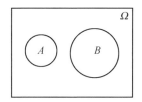

图 1-4

6. 对立(互逆)事件

若事件 A,B 满足:$AB=\varnothing$ 且 $A+B=\Omega$,则称 A,B 互为对立事件,记作 $A=\overline{B}$ 或 $B=\overline{A}$(图 1-5 中的阴影部分).

由于 $A,\overline{A}$ 互为对立事件,所以有 $\overline{\overline{A}}=A$.

注意 对立事件是互斥的,但互斥事件不一定是对立的.

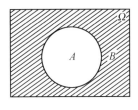

图 1-5

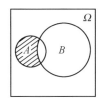

图 1-6

7. 事件的差

"事件 A 发生且事件 B 不发生"称为事件 A 与 B 的差,记作 $A-B$,即 $A-B=A\bar{B}$(图 1-6 中的阴影部分).

显然,$B-A=B\bar{A}$,$\bar{A}=\Omega-A$.

(三) 事件的运算规律

设 A,B,C 是事件,则有

(1) 交换律:$A+B=B+A$,$AB=BA$;

(2) 结合律:$(A+B)+C=A+(B+C)=A+B+C$,$(AB)C=A(BC)=ABC$;

(3) 分配律:$(A+B)C=AC+BC$,$AB+C=(A+C)(B+C)$;

(4) 德·摩根(De Morgan)律:$\overline{A+B}=\bar{A}\bar{B}$,$\overline{AB}=\bar{A}+\bar{B}$.

对于 n 个事件 $A_i(i=1,2,\cdots,n)$,有

$$\overline{A_1+A_2+\cdots+A_n}=\bar{A_1}\bar{A_2}\cdots\bar{A_n},$$

$$\overline{A_1 A_2 \cdots A_n}=\bar{A_1}+\bar{A_2}+\cdots+\bar{A_n}.$$

利用事件间的关系和运算将一些较复杂的事件表示为一些简单事件的组合,有利于后面对事件概率的计算.

例 2 向指定的目标射击两枪,以事件 A_1,A_2 分别表示第一枪、第二枪击中目标,试用 A_1,A_2 及它们的逆事件表示以下各事件:

(1) 两枪都击中目标;

(2) 两枪都没有击中目标;

(3) 恰有一枪击中目标;

(4) 至少有一枪击中目标.

解 (1) 事件"两枪都击中目标"可表示为 $A_1 A_2$.

(2) 事件"两枪都没击中目标"可表示为 $\bar{A_1}\bar{A_2}$.

(3) 事件"恰有一枪击中目标"可表示为 $A_1\bar{A_2}+\bar{A_1}A_2$.

(4) 事件"至少有一枪击中目标"可表示为 A_1+A_2.

例 3 从一批产品中每次取出一个产品进行检验(每次取出的产品不放回),事件 A_i 表示第 i 次取到合格品($i=1,2,3$). 试用事件的运算表示下列事件:

(1) 三次都取到了合格品;

(2) 三次中至少有一次取到合格品;

(3) 三次中恰有两次取到合格品;

(4) 三次中最多有一次取到合格品.

解 (1) 事件"三次都取到合格品"可表示为 $A_1 A_2 A_3$.

(2) 事件"三次中至少有一次取到合格品"可表示为 $A_1+A_2+A_3$.

(3) 事件"三次中恰有两次取到合格品"可表示为 $A_1 A_2 \overline{A_3} + A_1 \overline{A_2} A_3 + \overline{A_1} A_2 A_3$.

(4) 事件"三次中最多有一次取到合格品"可表示为 $\overline{A_1}\ \overline{A_2} + \overline{A_1}\ \overline{A_3} + \overline{A_2}\ \overline{A_3}$.

例4 设 A,B 为任意两个事件,找出下列与 $A \cup B = B$ 不等价的:

(1) $A \subset B$; (2) $\overline{B} \subset \overline{A}$; (3) $A\overline{B} = \varnothing$; (4) $\overline{A}B = \varnothing$.

解 $A \cup B = B$ 说明 $A \subset B$. 又 $A \subset B \Leftrightarrow \overline{B} \subset \overline{A} \Leftrightarrow A$ 与 $\overline{B}$ 互斥,即 $A\overline{B} = \varnothing$. 于是(1)(2)(3)与 $A \cup B = B$ 等价,(4)与 $A \cup B = B$ 不等价. 实际上,例4借助于文氏图能够更方便地得到结论.

§1.3 频率与概率

概率论研究的是随机现象的规律性. 这种规律性要通过数量关系来反映. 因此,仅仅知道试验中可能发生哪些事件是不够的,还必须对事件发生的可能性大小进行量的描述. 概率就是刻画随机事件发生可能性大小的量,本节将对概率进行讨论. 如果某事件发生的可能性大,在 n 次试验中,该事件发生的频率也大. 频率在某种程度上也能反映事件发生的可能性大小. 因此,为了引出概率的定义,先给出频率的定义和性质.

(一) 频率

定义 1.1 设事件 A 在 n 次重复试验中发生了 $m(0 \leqslant m \leqslant n)$ 次,则称 m 为事件 A 在这 n 次试验中发生的**频数**,称比值 $\dfrac{m}{n}$ 为事件 A 在这 n 次试验中发生的**频率**,记作 $f_n(A) = \dfrac{m}{n}$.

由定义可知,频率 $f_n(A)$ 有如下性质:

(1) $0 \leqslant f_n(A) \leqslant 1$; (1.3.1)

(2) $f_n(\Omega)=1$; (1.3.2)

(3) 若事件 A 与 B 互不相容,则

$$f_n(A+B)=f_n(A)+f_n(B). \quad (1.3.3)$$

证 性质(1)、性质(2)是显然的. 现在我们证明性质(3). 设 m_A, m_B 分别表示在这 n 次重复试验中事件 A, B 发生的次数,m 表示在 n 次重复试验中事件 $A+B$ 发生的次数,因 A, B 互不相容,故必有 $m=m_A+m_B$,从而有

$$f_n(A+B)=\frac{m}{n}=\frac{m_A+m_B}{n}=\frac{m_A}{n}+\frac{m_B}{n}=f_n(A)+f_n(B).$$

历史上有人做过掷硬币的试验,表 1-1 列出了部分试验的结果.

表 1-1 部分试验结果

试验者	抛掷次数 n	正面出现次数 m	正面出现频率 $\frac{m}{n}$
德·摩根	2 048	1 061	0.518 1
蒲丰	4 040	2 048	0.506 9
皮尔逊	12 000	6 019	0.501 6
皮尔逊	24 000	12 012	0.500 5
维尼	30 000	14 994	0.499 8

由表 1-1 中的数据可以看出如下两点:

(1) 频率具有稳定性,随着试验次数 n 的增大,正面出现的频率逐渐稳定于 0.5;

(2) 频率具有波动性,其波动的幅度随着试验次数 n 的增大而减小.

由于频率具有波动性,用事件的频率直接作为事件的概率是不方便的. 一般地,对于任一随机事件 A 的频率,当试验次数 n 逐渐增大时,它逐渐稳定于某个常数的附近. 这是随机现象固有的性质,即频率的稳定性,也就是我们所说的随机现象的统计规律性. 由于事件的频率反映了它在一定的条件下发生的频繁程度,即反映了事件发生的可能性的大小,虽然事件的频率可能随着试验次数 n 的变化而变化,但是随着 n 的无限增大,事件的频率将逐渐稳定于某一常数. 这个常数不依赖于实验的次数 n,它是客观存在的一个数. 对于每一个随机事件 A,都有一个这样的客观存在的常数与之相对应. 因此,我们很自然地想到,应该用这个数来衡量事件 A 发生的可能性的大小,并称之为事件 A 的概率. 例如,根据表 1-1,硬币正面出现的概率可以取为 0.5.

但是,在实际问题中,若对每个随机事件都要通过大量的试验而得到频率的

稳定值,并由此获得其概率是不现实的.于是为了理论研究的需要,从频率的性质出发,我们给出如下度量事件发生可能性大小的量——概率.

(二) 概率

定义 1.2 设 E 是随机试验,Ω 是它的样本空间,对于 E 的每一个事件 A,都赋予一个实数 $P(A)$,如果 $P(A)$ 满足:

(1) $0 \leqslant P(A) \leqslant 1$, (1.3.4)

(2) $P(\Omega) = 1$, (1.3.5)

(3) 对于可列个两两互不相容事件 $A_i (i=1,2,\cdots)$,有

$$P\left(\sum_{i=1}^{\infty} A_i\right) = \sum_{i=1}^{\infty} P(A_i), \qquad (1.3.6)$$

则称 $P(A)$ 为事件 A 的**概率**.

(1.3.4)式称为概率的非负性,(1.3.5)式称为概率的规范性,(1.3.6)式称为概率的可列可加性.

概率的定义是根据频率的三个性质推广而来的.在第 5 章中将进一步证明:当 $n \to \infty$ 时,频率 $f_n(A)$ 在一定的意义下收敛于概率 $P(A)$.因此概率 $P(A)$ 可以用来度量事件 A 在一次试验中发生的可能性的大小.定义 1.2 也称为概率的公理化定义.

从概率的定义可以导出计算概率常用的一些重要性质:

性质 1 不可能事件的概率为 0,即 $P(\varnothing) = 0$.

性质 2 概率具有有限可加性,即若事件 $A_i (i=1,2,\cdots,n)$ 两两互不相容,则有

$$P\left(\sum_{i=1}^{n} A_i\right) = \sum_{i=1}^{n} P(A_i).$$

性质 3 设 A, B 是两个事件,则

$$P(A-B) = P(A) - P(AB).$$

性质 3 称为减法公式.从 $A = (A-B) + AB$,且 $A-B$ 与 AB 互不相容,由性质 2 知,$P(A) = P(A-B) + P(AB)$,移项就有 $P(A-B) = P(A) - P(AB)$.

特别地,当 $B \subset A$ 时,由于 $AB = B$,得到减法公式的特殊情形,$P(A-B) = P(A) - P(B)$.进一步由于概率的非负性,$P(A) - P(B) = P(A-B) \geqslant 0$,于是有 $B \subset A$ 时,$P(A) \geqslant P(B)$.

性质 4 对于任一事件 A,有

$$P(\bar{A})=1-P(A).$$

性质 5 对于任意两个事件 A,B,有
$$P(A+B)=P(A)+P(B)-P(AB).$$

性质 5 称为两个事件的加法公式. 由 $A+B=A+(B-AB)$,由于 $A,B-AB$ 互斥,有 $P(A+B)=P(A+(B-AB))=P(A)+P(B-AB)$. 再由性质 3, $P(B-AB)=P(B)-P(AB)$,于是 $P(A+B)=P(A)+P(B)-P(AB)$.

性质 5 可以推广到多于两个事件的和事件的情形. 例如,对于任意三个事件 A,B,C,有
$$P(A+B+C)=P(A)+P(B)+P(C)-P(AB)-P(BC)-P(AC)+P(ABC).$$

例 1 设事件 A,B 的概率分别是 0.6 和 0.3,根据下列条件分别求 $P(A-B)$.
(1) $A \supset B$; (2) $P(AB)=0.2$.

解 (1) 当 $A \supset B$ 时,$P(A-B)=P(A)-P(B)=0.6-0.3=0.3$.
(2) 当 $P(AB)=0.2$ 时,$P(A-B)=P(A)-P(AB)=0.6-0.2=0.4$.

例 2 设事件 A,B,C 的概率都为 $\frac{1}{4}$,且 $P(AC)=\frac{1}{8}$,$P(AB)=P(BC)=0$,求事件 A,B,C 中至少有一个发生的概率.

解 因为 $ABC \subset AB$,故 $P(ABC) \leq P(AB)$.
由于 $P(AB)=0$,所以 $P(ABC)=0$,从而所求概率为
$P(A+B+C)=P(A)+P(B)+P(C)-P(AB)-P(BC)-P(AC)+P(ABC)=\frac{5}{8}$.

例 3 设 $P(A)=0.8,P(B)=0.6,P(AB)=0.4$,求 $P(B\bar{A}),P(\bar{A}+\bar{B})$.

解 $P(B\bar{A})=P(B-A)=P(B)-P(BA)=P(B)-P(AB)=0.6-0.4=0.2$.

由德·摩根律知,$\bar{A}+\bar{B}=\overline{AB}$,于是 $P(\bar{A}+\bar{B})=P(\overline{AB})=1-P(AB)=1-0.4=0.6$.

例 4 一电路上装有甲、乙两根保险丝,当电流强度超过一定值时,甲烧断的概率为 0.8,乙烧断的概率为 0.74,两根同时烧断的概率为 0.63,问至少烧断一根保险丝的概率是多少?

解 设 A 表示事件"甲烧断",B 表示事件"乙烧断",则 $A+B$ 表示事件"至少烧断一根保险丝",AB 表示事件"两根同时烧断". 根据题意,$P(A)=0.8$,$P(B)=0.74,P(AB)=0.63$,所以由加法公式,得

$$P(A+B)=P(A)+P(B)-P(AB)=0.8+0.74-0.63=0.91.$$

§1.4 古典概型

古典概型也称等可能概型,是最基本的随机试验模型,也是很多概率计算的基础,在实际应用中也会碰到.古典概型具有如下两个特征:

(1) 随机试验 E 的样本空间由有限多个基本事件(即样本点) $w_1, w_2, \cdots, w_n$ 组成,其样本空间为 $\Omega=\{w_1,w_2,\cdots,w_n\}$;

(2) 每个基本事件(即样本点)出现的可能性相等,即

$$P(\{w_i\})=\frac{1}{n}, i=1,2,\cdots,n.$$

在古典概型中,对于随机试验 E,若其样本空间中的样本点总数为 n,事件 A 所包含的样本点数为 m(即事件 A 包含了 m 个基本事件),则事件 A 的概率为

$$P(A)=\frac{m}{n}. \tag{1.4.1}$$

这就是古典概型的概率定义,同时也是古典概率的计算公式.古典概型的概率定义也满足 §1.3 中概率公理化定义中的三条且具有相同的性质.

例1 一枚硬币连抛三次作为一次试验,观察出现正反面的情况.

(1) 写出试验的样本空间;

(2) 设 A_0 表示事件"不出现正面",求 $P(A_0)$;

(3) 设 A_1 表示事件"仅出现一次正面",求 $P(A_1)$;

(4) 设 A_2 表示事件"第一次出现正面",求 $P(A_2)$.

解 (1) 样本空间为

$\Omega=\{(正,正,反),(正,反,正),(反,正,正),(正,正,正),(正,反,反),(反,正,反),(反,反,正),(反,反,反)\}$.

这里共有 $8(n=8)$ 个样本点且每个样本点出现的可能性相等,故属于古典概型.

(2) $A_0=\{(反,反,反)\}, m=1$,故

$$P(A_0)=\frac{m}{n}=\frac{1}{8}.$$

(3) $A_1=\{(正,反,反),(反,正,反),(反,反,正)\}, m=3$,故

$$P(A_1)=\frac{m}{n}=\frac{3}{8}.$$

(4) $A_2=\{(正,反,反),(正,正,反),(正,反,正),(正,正,正)\}$,$m=4$,故

$$P(A_2)=\frac{m}{n}=\frac{4}{8}=\frac{1}{2}.$$

例 2 号码锁上有 6 个拨号盘,每个拨号盘上有 0~9 共 10 个数字. 当这 6 个拨号盘上的数字组成某一个 6 位数(第一位数字可以为 0)时,锁才能打开. 问:如果不知开锁的密码,一次就能打开锁的概率是多少?

解 在例 1 中,我们把样本空间中所有的样本点一一列出,现在这样做不仅没有必要,也是极其烦琐的. 因为这个号码锁上,共有 10^6 个不同的 6 位数字,这就是总的样本点数 n. 在不知道开锁密码时,任何一组 6 位数号码为开锁的密码都是等可能的. 若用 A 表示事件"一次就把锁打开",显然 A 只包含一个样本点,即 $m=1$. 故

$$P(A)=\frac{m}{n}=\frac{1}{10^6}.$$

这个数很小,如果不知道开锁密码,一次要把锁打开几乎是不可能的. 因此,银行卡采用 6 位数密码是安全的.

例 3 袋中有 5 个白球和 3 个黑球. 问:(1)从袋中任意取出 1 个球,取出的球是白球的概率为多少?(2)从袋中任意取出 2 个球,取出的 2 个球都是白球和取出的 2 个球是 1 个白球 1 个黑球的概率各为多少?

解 (1) 袋中共有 8 个球,从中任取 1 个,每个球被取到的可能性相同,且共有 8 种不同的取法(可以设想 8 个球被编了不同的号码,因而是不同的 8 个球). 而取到白球的不同取法为 5 种. 设事件 A 为"取出的球是白球",则

$$P(A)=\frac{5}{8}.$$

(2) 从 8 个球中任取 2 个球的方法有 $C_8^2=\frac{8\times 7}{2!}=28$ 种,即样本点总数为 28. 而从 5 个白球中任取 2 个球的取法有 $C_5^2=\frac{5\times 4}{2!}=10$ 种. 设事件 B 为"取出的 2 个都是白球",则

$$P(B)=\frac{10}{28}=\frac{5}{14}.$$

取得 1 个白球 1 个黑球的取法有 $C_5^1 C_3^1$ 种,设事件 C 为"取出 2 个球是 1 个

白球1个黑球",则
$$P(C)=\frac{C_5^1 C_3^1}{C_8^2}=\frac{15}{28}.$$

例 4 某年级有6名同学都是9月出生的,求这6人中没有任何2人在同一天过生日的概率.

解 9月共有30天,每个人生日都可以是30天中的任一天,故基本事件总数为 30^6. 设事件 A 表示"6人中没有任何2人在同一天过生日",则 A 含有 $A_{30}^6 = 30 \times 29 \times 28 \times 27 \times 26 \times 25$ 个基本事件. 因此,所求概率为
$$P(A)=\frac{A_{30}^6}{30^6} \approx 0.5864.$$

例 5 一批产品共有100件,其中90件是合格品,10件是次品,从这批产品中任取3件,求其中有次品的概率.

解 方法1 设事件 A 表示"有次品",事件 A_i 表示"其中恰有 i 件次品", $i=1,2,3$. 故 $A=A_1+A_2+A_3$, 且 A_1, A_2, A_3 是两两互斥的. 由概率的古典定义,有
$$P(A_1)=\frac{C_{10}^1 C_{90}^2}{C_{100}^3} \approx 0.2477,$$
$$P(A_2)=\frac{C_{10}^2 C_{90}^1}{C_{100}^3} \approx 0.0250,$$
$$P(A_3)=\frac{C_{10}^3}{C_{100}^3} \approx 0.0007.$$

所以有
$$P(A)=P(A_1)+P(A_2)+P(A_3) \approx 0.2734.$$

方法2 由于事件 A 的对立事件 $\overline{A}$ 为"取出的3件产品全是合格品",故
$$P(\overline{A})=\frac{C_{90}^3}{C_{100}^3} \approx 0.7266.$$

从而
$$P(A)=1-P(\overline{A}) \approx 1-0.7266=0.2734.$$

显然,方法2比方法1的计算简单. 在原事件比较复杂而其对立事件比较简单时,常用公式 $P(\overline{A})=1-P(A)$ 进行计算.

例 6 从1到200中任取一整数. 求:(1)这个数能被6和8同时整除的概率;(2)这个数不能被6或8整除的概率.

解 记事件 A 为"这个数能被6整除", B 为"这个数能被8整除". 则 AB 为

"这个数能被6和8同时整除",即"这个数能被24整除";$A+B$为"这个数能被6或8整除",$\overline{A+B}$为"这个数不能被6或8整除". 在1到200的整数中,能被6整除的数共有33个,能被8整除的数共有25个,能被24整除的数共有8个,于是有$P(A)=\dfrac{33}{200}$,$P(B)=\dfrac{25}{200}$,且

(1) $P(AB)=\dfrac{8}{200}=\dfrac{1}{25}$;

(2) $P(\overline{A+B})=1-P(A+B)=1-P(A)-P(B)+P(AB)$

$=1-\dfrac{33}{200}-\dfrac{25}{200}+\dfrac{8}{200}=\dfrac{3}{4}.$

§1.5 几何概型

古典概型要求样本空间Ω中的样本点总数是有限的,若Ω中的样本点总数是无限个,即使具有等可能性,也不能直接利用古典概型来计算事件的概率. 但是,有类似的概率模型,我们称之为几何概型.

设样本空间Ω是一个区域(或区间),样本点ω等可能地落入G中每一点,事件A为"样本点ω落入区域(或区间)G中",其中$G\subset\Omega$(图1-7),则事件A的概率定义为

$$P(A)=\dfrac{\mu(G)}{\mu(\Omega)},$$

其中$\mu(G)$为区域(或区间)G的度量(如长度、面积、体积等). 这样定义的概率称为几何概率.

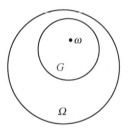

图 1-7

例1 某陀螺着地的边缘为一圆周,陀螺质地均匀,停止时该圆周上任一点着地的可能性是相等的. 现在在该圆周上均匀地刻上0到2之间的数字,求该陀螺着地时刻度的数字在0到1之间的概率.

解 陀螺着地点的所有可能刻度的全体为$\Omega=[0,2]$,记事件A为"陀螺着地时刻度的数字在0到1之间",则A发生对应刻度为$G=[0,1]$中的某一刻度,故

$$P(A)=\dfrac{\mu(G)}{\mu(\Omega)}=\dfrac{G\text{ 的长度}}{\Omega\text{ 的长度}}=\dfrac{1}{2}.$$

在例1中,如果求陀螺着地点的刻度为1的概率,易知这个概率为0. 但是陀螺着地点刻度为1不是不可能事件. 这说明概率为0的事件不一定是不可能

事件.

例2 (约会问题)两人相约 8 点到 9 点在某地会面,先到者等候 20 分钟 ($\frac{1}{3}$ 小时)后即离去,试求甲、乙两人能会面的概率.

解 设点 (x,y) 分别表示甲、乙两人到达的时刻. 由题设,两人到达时刻是 8 点到 9 点之间(即在 1 小时之内,两人等可能到达),故样本空间为
$$\Omega=\{(x,y)\mid 0\leqslant x\leqslant 1, 0\leqslant y\leqslant 1\}.$$
设事件 A 为"两人能会面",其所对应的区域为
$$G=\left\{(x,y)\left|0\leqslant x\leqslant 1, 0\leqslant y\leqslant 1, |x-y|\leqslant\frac{1}{3}\right.\right\}(图1-8中阴影部分).$$
于是所求概率为
$$P(A)=\frac{\mu(G)}{\mu(\Omega)}=\frac{G \text{ 的面积}}{\Omega \text{ 的面积}}=\frac{1^2-\left(\frac{2}{3}\right)^2}{1^2}=\frac{5}{9}.$$

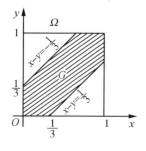

图 1-8

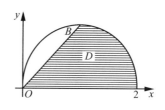

图 1-9

例3 假设一质点等可能地落入区域 $\Omega=\{(x,y)\mid x^2+y^2\leqslant 2x, y\geqslant 0\}$ 内的任一点. 求质点落地点的横坐标大于纵坐标的概率.

解 Ω 是半径为 1 的半圆,其面积为 $\frac{\pi}{2}$. 过原点 O 作线段 OB,使其与 x 轴的夹角为 $\frac{\pi}{4}$. 事件 A "质点落地点的横坐标大于纵坐标"即是质点落入区域 D,如图 1-9 所示的阴影部分.

用定积分求出 D 的面积,即
$$S=\frac{1}{2}\int_0^{\frac{\pi}{4}}4\cos^2\theta\,\mathrm{d}\theta=\int_0^{\frac{\pi}{4}}(1+\cos 2\theta)\,\mathrm{d}\theta=\frac{\pi}{4}+\frac{1}{2}.$$
于是
$$P(A)=\frac{D \text{ 的面积}}{\Omega \text{ 的面积}}=\frac{2}{\pi}\left(\frac{\pi}{4}+\frac{1}{2}\right)=\frac{1}{\pi}+\frac{1}{2}.$$

§1.6 条件概率 全概率公式

(一) 条件概率

任何一个随机试验都是在某些基本条件下进行的. 在这些基本条件下,某个事件 A 的发生具有一定的概率. 但如果除了这些基本条件外还有附加条件,所得的概率就可能不同. 这些附加条件可以看成是另外某个事件 B 已经发生.

在事件 B 发生的条件下,事件 A 发生的概率称为事件 A 关于事件 B 的**条件概率**,记作 $P(A|B)$.

在某种情况下,条件的附加意味着对样本空间进行压缩(排除了一些样本点),相应的概率可在压缩后的样本空间中直接计算. 例如,从一副扑克牌(52张)中任抽一张(样本空间中的样本点数为52),"抽到黑桃K"这一事件(记作 A)的概率 $P(A)=\dfrac{1}{52}$. 如果事先已知事件"抽到黑桃花色"(记作 B)已发生(此时压缩后的样本空间中的样本点数为13),则条件概率 $P(A|B)=\dfrac{1}{13}$. 显然,$P(A|B)\neq P(A)$.

例1 某班共有学生100人,其中男生55人,女生45人,男生中有5人为三好生,女生中有3人为三好生. 现从班上任抽取1人,设事件 A 表示"抽到三好生",事件 B 表示"抽到男生". 求 $P(A),P(B),P(AB),P(A|B)$.

解 由古典概率的定义,得

$$P(A)=\frac{8}{100}, P(B)=\frac{55}{100}, P(AB)=\frac{5}{100}.$$

若已知 B 发生,即已知抽到的为男生,此时压缩后的样本空间中的样本点数为55,故由古典概率的定义,得

$$P(A|B)=\frac{5}{55}.$$

由例1我们发现:$P(A|B)=\dfrac{P(AB)}{P(B)}$. 这个关系式不是巧合. 实际上,我们正是把这个关系式作为条件概率的一般定义.

定义 1.3 设 A,B 是两个随机事件,且 $P(B)>0$,则在事件 B 已发生的条

件下,将事件 A 发生的条件概率 $P(A|B)$ 定义为

$$P(A|B) = \frac{P(AB)}{P(B)}.\tag{1.6.1}$$

例 2 某批灯泡能用 1 000 h 的概率为 0.8,能用 1 500 h 的概率为 0.4. 求已经用了 1 000 h 的灯泡能用到 1 500 h 的概率.

解 设事件 A 为"灯泡能用到 1 500 h",B 为"灯泡能用到 1 000 h",所求概率为

$$P(A|B) = \frac{P(AB)}{P(B)}.$$

由 $A \subset B$ 得 $AB = A$,从而

$$P(A|B) = \frac{P(A)}{P(B)} = \frac{0.4}{0.8} = 0.5.$$

(二) 概率的乘法公式

由(1.6.1)式可得:

若 $P(B) > 0$,则

$$P(AB) = P(B)P(A|B);\tag{1.6.2}$$

若 $P(A) > 0$,则

$$P(AB) = P(A)P(B|A).\tag{1.6.3}$$

(1.6.2)式和(1.6.3)式都称为乘法公式.它表明:两个事件都发生的概率等于其中一个事件发生的概率与另一事件在前一事件发生的条件下的条件概率的乘积.利用条件概率去计算乘积事件的概率,在概率计算中有广泛的应用.

例 3 一批零件共 100 个,其中有 10 个次品. 从中任取一个,取出后不放回,再从余下的部分中任取一个,求两个都是合格品的概率.

解 设事件 A_1 为"第一次取得合格品",A_2 为"第二次取得合格品",则 $A_1 A_2$ 为"取得的两个都是合格品".

显然,$P(A_1) = \frac{90}{100}$. 在 A_1 已经发生的条件下,100 个零件中已取走 1 个合格品,不放回,故还有 99 个零件,其中有 89 个合格品,因此

$$P(A_2|A_1) = \frac{89}{99}.$$

由乘法公式,得

$$P(A_1A_2) = P(A_1)P(A_2|A_1) = \frac{99}{100} \times \frac{89}{99} = 0.89.$$

当然,这个问题也可采用§1.4 的例 3 中的解法.

例 4 某城市位于甲、乙两河的交汇处.已知 7 月份甲河泛滥的概率为 0.4,乙河泛滥的概率为 0.2,在甲河泛滥的条件下乙河泛滥的概率为 0.3.假设甲、乙两河只要有一条泛滥,该城市就会遭受水灾.求 7 月份该城市遭水灾的概率,并求在乙河泛滥的条件下甲河泛滥的概率.

解 设事件 A 为"甲河泛滥",B 为"乙河泛滥".依题意得
$$P(A) = 0.4, P(B) = 0.2, P(B|A) = 0.3.$$
于是,7 月份该城市遭水灾的概率为
$$\begin{aligned} P(A+B) &= P(A) + P(B) - P(AB) \\ &= P(A) + P(B) - P(A)P(B|A) \\ &= 0.4 + 0.2 - 0.4 \times 0.3 = 0.48. \end{aligned}$$
在乙河泛滥的条件下甲河泛滥的概率为
$$P(A|B) = \frac{P(AB)}{P(B)} = \frac{P(A)P(B|A)}{P(B)} = \frac{0.4 \times 0.3}{0.2} = 0.6.$$

注意 乘法公式可以推广到有限多个事件的情形.例如,对于 A_1, A_2, A_3 三个事件,若 $P(A_1A_2) > 0$,则
$$P(A_1A_2A_3) = P(A_1)P(A_2|A_1)P(A_3|A_1A_2). \tag{1.6.4}$$
一般地,我们有乘法公式:

设 $A_1, A_2, \cdots, A_n$ 为任意 n 个事件($n \geq 2$),且 $P(A_1A_2\cdots A_{n-1}) > 0$,则
$$P(A_1A_2\cdots A_n) = P(A_1)P(A_2|A_1)P(A_3|A_1A_2)\cdots P(A_n|A_1A_2\cdots A_{n-1}). \tag{1.6.5}$$

例 5 假设 n 张彩票中只有一张中奖彩票,n 个人依次摸奖(每次抽取一张且不放回).

(1) 已知前面 $k-1$ 人没摸到中奖彩票,求第 k 个人中奖的概率;

(2) 求第 k 个人中奖的概率.

解 问题(1)是求在条件"前面 $k-1$ 人没摸到中奖彩票"下的条件概率,问题(2)是求无条件概率.

设事件 A_i 为"第 i 个人中奖",$i = 1, 2, \cdots, n$.

(1) $P(A_k | \overline{A_1}\,\overline{A_2}\cdots\overline{A_{k-1}}) = \dfrac{1}{n-k+1}$.

(2) 所求的概率为 $P(A_k)$,但对于本题,$A_k = \overline{A_1}\cdots\overline{A_{k-1}}A_k$,由(1.6.5)式及

古典概率的计算公式,得

$$P(A_k) = P(\overline{A_1}\cdots\overline{A_{k-1}}A_k)$$
$$= P(\overline{A_1})P(\overline{A_2}|\overline{A_1})P(\overline{A_3}|\overline{A_1}\,\overline{A_2})\cdots P(A_k|\overline{A_1}\cdots\overline{A_{k-1}})$$
$$= \frac{n-1}{n}\cdot\frac{n-2}{n-1}\cdot\frac{n-3}{n-2}\cdot\cdots\cdot\frac{n-k+1}{n-k+2}\cdot\frac{1}{n-k+1} = \frac{1}{n}$$

或

$$P(A_k) = P(\overline{A_1}\cdots\overline{A_{k-1}}A_k) = P(\overline{A_1}\cdots\overline{A_{k-1}})P(A_k|\overline{A_1}\cdots\overline{A_{k-1}})$$
$$= \frac{C_{n-1}^{k-1}}{C_n^{k-1}}\cdot\frac{1}{n-k+1} = \frac{1}{n}.$$

这说明每个人中奖的概率与摸奖的先后顺序无关.

(三) 全概率公式

对于较为复杂的事件,需要综合运用上面提到的一些基本公式.先介绍一个基本概念.

定义 1.4 如果 n 个事件 $A_1, A_2, \cdots, A_n$ 满足条件:

(1) $A_iA_j = \varnothing$ 且 $P(A_i) > 0$ ($1 \leqslant i \neq j \leqslant n$),

(2) $\sum_{i=1}^{n} A_i = \Omega$,

则称 $A_1, A_2, \cdots, A_n$ 构成样本空间 Ω 的一个**完备事件组**,也称之为 Ω 的一个**分割**.

最简单的一个完备事件组是 $A, \overline{A}$.

定理 1.1 设 $A_1, A_2, \cdots, A_n$ 为 Ω 的一个完备事件组,且 $P(A_i) > 0$ ($i = 1, 2, \cdots, n$). 对于任意事件 B,有

$$P(B) = \sum_{i=1}^{n} P(A_i)P(B|A_i). \tag{1.6.6}$$

证 因为 $A_1 + A_2 + \cdots + A_n = \Omega$,所以 $B = B\Omega = BA_1 + BA_2 + \cdots + BA_n$.

由于 $A_1, A_2, \cdots, A_n$ 两两互斥,所以 $BA_1, BA_2, \cdots, BA_n$ 也两两互斥.由概率的加法公式,可得

$$P(B) = P(BA_1) + P(BA_2) + \cdots + P(BA_n) = \sum_{i=1}^{n} P(BA_i).$$

再由概率的乘法公式得 $P(BA_i) = P(A_i)P(B|A_i)$,代入上式,得

$$P(B) = \sum_{i=1}^{n} P(A_i)P(B|A_i).$$

此定理中的(1.6.6)式称为**全概率公式**. 全概率公式是概率论中的一个基本公式,它能把复杂事件的概率计算分解成比较简单的事件的概率之和.

例6 设甲箱中有 6 个白球、4 个黑球,乙箱中有 3 个白球、5 个黑球. 自甲箱中任取一个球放入乙箱中,然后再从乙箱中任取一个球,求从乙箱中取出的球为白球的概率.

解 设事件 A 为"从甲箱中取出的是白球",B 事件为"从乙箱中取出的是白球". 显然,$A,\overline{A}$ 构成一个完备事件组. 由于

$$P(A)=\frac{6}{10}, P(\overline{A})=\frac{4}{10}, P(B|A)=\frac{4}{9}, P(B|\overline{A})=\frac{3}{9},$$

由全概率公式,得

$$P(B)=P(A)P(B|A)+P(\overline{A})P(B|\overline{A})=\frac{6}{10}\times\frac{4}{9}+\frac{4}{10}\times\frac{3}{9}=\frac{2}{5}.$$

例7 12 个不同号码中有 2 个号码为中奖号码,甲从中抽取 1 个号码后不放回,由乙从剩余的号码中任取 1 个号码,求乙抽到中奖号码的概率.

解 设事件 A 为"甲抽到中奖号码",事件 B 为"乙抽到中奖号码". 显然,$A, \overline{A}$ 构成一个完备事件组,且有

$$P(A)=\frac{2}{12}, P(\overline{A})=\frac{10}{12}, P(B|A)=\frac{1}{11}, P(B|\overline{A})=\frac{2}{11}.$$

由全概率公式,得

$$P(B)=P(A)P(B|A)+P(\overline{A})P(B|\overline{A})=\frac{2}{12}\times\frac{1}{11}+\frac{10}{12}\times\frac{2}{11}=\frac{1}{6}.$$

例8 商店有一批收音机共 10 台,其中有 7 台一等品,3 台二等品. 现已经售出 2 台,若从剩下的收音机中任取 1 台,求它为一等品的概率.

解 设事件 A_i 为"售出的 2 台中恰有 i 台一等品"($i=0,1,2$),事件 B 为"从剩下的收音机中任取 1 台为一等品". 显然,A_0, A_1, A_2 有一个发生且只有一个发生,即 A_0, A_1, A_2 构成一个完备事件组. 由全概率公式,得

$$P(B)=P(A_0)P(B|A_0)+P(A_1)P(B|A_1)+P(A_2)P(B|A_2).$$

而

$$P(A_0)=\frac{C_3^2}{C_{10}^2}=\frac{1}{15}, P(A_1)=\frac{C_3^1 C_7^1}{C_{10}^2}=\frac{7}{15}, P(A_2)=\frac{C_7^2}{C_{10}^2}=\frac{7}{15},$$

$$P(B|A_0)=\frac{7}{8}, P(B|A_1)=\frac{6}{8}, P(B|A_2)=\frac{5}{8},$$

于是

$$P(B)=\frac{1}{15}\times\frac{7}{8}+\frac{7}{15}\times\frac{6}{8}+\frac{7}{15}\times\frac{5}{8}=0.7.$$

例9 假定某工厂甲、乙、丙 3 个车间生产同一种螺钉,产量分别占全厂的 45%,35%,20%. 如果各车间的次品率依次为 4%,2%,5%. 现从待出厂产品中任取一个螺钉,试求:

(1) 它是次品的概率;

(2) 已知取到的是次品,它是由丙车间生产的概率.

解 (1) 设事件 B 为"取到的是次品",A_1 为"取到甲车间产品",A_2 为"取到乙车间产品",A_3 为"取到丙车间产品",由以上条件,得

$$P(A_1)=0.45, P(A_2)=0.35, P(A_3)=0.20,$$
$$P(B|A_1)=0.04, P(B|A_2)=0.02, P(B|A_3)=0.05.$$

显然,A_1,A_2,A_3 构成一个完备事件组. 由全概率公式,得

$$P(B)=P(A_1)P(B|A_1)+P(A_2)P(B|A_2)+P(A_3)P(B|A_3)$$
$$=0.45\times0.04+0.35\times0.02+0.2\times0.05=0.035.$$

(2) 由条件概率、乘法公式及(1),得

$$P(A_3|B)=\frac{P(A_3B)}{P(B)}=\frac{P(A_3)P(B|A_3)}{P(B)}=\frac{0.2\times0.05}{0.035}=0.286.$$

上述例 9 第二问的求解过程可以一般化. 设 $A_1,A_2,\cdots,A_n$ 为 Ω 的一个完备事件组,且 $P(A_i)>0(i=1,2,\cdots,n)$. 对于任意事件 B,若 $P(B)>0$,则有

$$P(A_i|B)=\frac{P(A_iB)}{P(B)}=\frac{P(A_i)P(B|A_i)}{P(B)}=\frac{P(A_i)P(B|A_i)}{\sum_{i=1}^{n}P(A_i)P(B|A_i)}. \quad (1.6.7)$$

式(1.6.7)称为**贝叶斯**(Bayes)**公式**. 贝叶斯公式是概率论与统计学中的重要公式. 在实际中,各事件 A_i 可以看作是事件 B 发生的所有原因,事件 B 是结果. 那么结果发生的概率等于各个原因导致结果发生的概率的和,即是全概率公式. 也就是说,全概率公式是"知因求果". 贝叶斯公式求的是已知结果发生是由哪个原因导致的概率,即是"知果求因".

§1.7 事件的独立性与贝努里概型

(一) 事件的独立性

设 A,B 是试验 E 的两个随机事件,若 $P(A)>0$,则我们可以定义在 A 发生

的条件下 B 发生的条件概率 $P(B|A)$. 一般来说,$P(B|A)$ 与 $P(B)$ 不一定相等,即事件 A 的发生对事件 B 发生的概率有影响. 只有在这种影响不存在时,才会有 $P(B|A)=P(B)$,即有

$$P(B|A)=\frac{P(AB)}{P(A)}=P(B),$$

即 $P(AB)=P(A)P(B)$. 此时事件 A 的发生与否对事件 B 发生的概率没有影响. 这是本节要讨论的事件的独立性.

为了给出事件独立性的概念,先看下面的例子.

设袋中有 a 只红球、b 只白球($ab\neq 0$),现从此袋中取两次球,每次取一只球,分有放回与无放回两种情况. 记事件 A 为"第一次取到的球是红球",事件 B 为"第二次取到的球是红球".

(1) 有放回取球的情况:

由于 $P(A)=\dfrac{a}{a+b}$,$P(B)=\dfrac{a}{a+b}$,$P(B|A)=\dfrac{a}{a+b}$,于是

$$P(AB)=\left(\frac{a}{a+b}\right)^2=P(A)P(B).$$

这是因为在有放回时事件 A 对事件 B 没有影响.

(2) 无放回取球的情况:

由于 $P(A)=\dfrac{a}{a+b}$,$P(B)=\dfrac{a}{a+b}$(见 §1.6 的例 7),$P(B|A)=\dfrac{a-1}{a+b-1}\neq P(B)$,从而

$$P(AB)=\frac{a(a-1)}{(a+b)(a+b-1)}\neq P(A)P(B).$$

这是因为在无放回时事件 A 对事件 B 有影响.

定义 1.5 若事件 A,B 满足等式

$$P(AB)=P(A)P(B),$$

则称事件 A,B 相互独立.

例 1 甲、乙两人同时向一敌机射击,已知甲击中敌机的概率为 0.6,乙击中敌机的概率为 0.5. 求敌机被击中的概率.

解 记事件 A 为"甲击中敌机",事件 B 为"乙击中敌机",于是"敌机被击中"可表示为 $A+B$,由加法公式,得

$$P(A+B)=P(A)+P(B)-P(AB).$$

由于甲、乙同时射击,因此,可认为 A 与 B 相互独立,从而

$$P(AB)=P(A)P(B),$$
故所求概率为
$$P(A+B)=P(A)+P(B)-P(A)P(B)=0.6+0.5-0.6\times 0.5=0.8.$$
由此例可见,我们可以通过对实际问题的具体分析来判断事件的独立性,进而帮助我们计算概率.

由事件独立性的定义可以得到如下结论.

定理 1.2 若四对事件: A 与 B, A 与 $\overline{B}$, $\overline{A}$ 与 B, $\overline{A}$ 与 $\overline{B}$ 中有一对相互独立, 则另外三对也相互独立.

定义 1.6 若事件 A,B,C 满足如下四个等式:
$$P(AB)=P(A)P(B),$$
$$P(AC)=P(A)P(C),$$
$$P(BC)=P(B)P(C),$$
$$P(ABC)=P(A)P(B)P(C),$$
则称 A,B,C 三个事件相互独立. 若仅满足前面三个等式,则称三个事件 A,B,C 两两独立.

显然,相互独立一定两两独立,反之则不然.

例 2 设同时抛掷甲、乙两个质地均匀的正四面体一次,每一正四面体的四个面分别标上号码 1,2,3,4,令事件 A 为"四面体甲的向下的一个面上是偶数", B 为"四面体乙的向下的一个面上是奇数", C 为"两个四面体向下的一个面上都是偶数或奇数",于是有
$$P(A)=P(B)=P(C)=\frac{1}{2},$$
$$P(AB)=P(BC)=P(CA)=\frac{1}{4}.$$
从而 A,B,C 两两独立,但不相互独立. 因为
$$P(ABC)=0\neq \frac{1}{8}=P(A)P(B)P(C).$$

类似于三个事件的相互独立性,对于 n 个事件 $A_1,A_2,\cdots,A_n$ 的相互独立性,有如下的定义.

定义 1.7 设有 n 个事件 $A_1,A_2,\cdots,A_n$. 如果对任何正整数 $k(2\leqslant k\leqslant n)$, 有
$$P(A_{i_1}A_{i_2}\cdots A_{i_k})=P(A_{i_1})P(A_{i_2})\cdots P(A_{i_k}),$$
其中 $i_1,i_2,\cdots,i_k$ 是满足不等式 $1\leqslant i_1<i_2<\cdots<i_k\leqslant n$ 的任何 k 个自然数,则称 n

个事件 $A_1, A_2, \cdots, A_n$ 相互独立.

虽然,判别 $A_1, A_2, \cdots, A_n$ 是否相互独立比较麻烦,但若 $A_1, A_2, \cdots, A_n$ 相互独立,则有

$$P(A_1 A_2 \cdots A_n) = P(A_1) P(A_2) \cdots P(A_n). \tag{1.7.1}$$

(1.7.1)式常被我们用来通过利用相互独立性计算乘积的概率.

例3 设某型号的高射炮,每一门炮(发射一发炮弹)击中飞机的概率为 0.6. 现若干门炮同时发射(每炮发射一发炮弹).问欲以 99% 的把握击中来犯的一架敌机,至少需配置几门高射炮?

解 设 n 是以 99% 的概率击中敌机所需配置的高射炮门数. 令事件 A 为"敌机被击中", A_i 为"第 i 门炮击中敌机" $(i = 1, 2, \cdots, n)$, 于是

$$A = A_1 + A_2 + \cdots + A_n.$$

问题是要找 n,使

$$P(A) = P(A_1 + A_2 + \cdots + A_n) \geq 0.99.$$

因为 $\overline{A} = \overline{A_1 + A_2 + \cdots + A_n} = \overline{A_1}\,\overline{A_2} \cdots \overline{A_n}$, 由于"若干门炮同时发射",可认为 $A_1, A_2, \cdots, A_n$ 相互独立,从而 $\overline{A_1}, \overline{A_2}, \cdots, \overline{A_n}$ 是相互独立的,所以

$$P(A) = 1 - P(\overline{A}) = 1 - P(\overline{A_1}\,\overline{A_2} \cdots \overline{A_n})$$
$$= 1 - P(\overline{A_1}) P(\overline{A_2}) \cdots P(\overline{A_n})$$
$$= 1 - (0.4)^n.$$

因此,由不等式 $1 - (0.4)^n \geq 0.99$,得

$$n \geq \frac{\log 0.01}{\log 0.4} \approx \frac{2}{0.3979} \approx 5.026.$$

故至少需配置 6 门高射炮方能以 99% 以上的把握击中来犯的敌机.

(二) 贝努里概型与二项概率公式

定义 1.8 在完全相同的条件下重复进行 n 次试验,如果每次试验的结果互不影响,则称这 n 次重复试验为 n **重独立试验**. 特别地,如果每次试验只有两个对立的结果,即事件 A 和 $\overline{A}$, 且 $P(A) = p (0 < p < 1), P(\overline{A}) = 1 - p = q$, 则称这 n 重独立试验为 n **重贝努里概型**或 n **重贝努里试验**.

例4 将一枚纽扣抛掷 n 次,设每次正面朝上的概率为 $p (0 < p < 1)$, 反面朝上的概率为 $q = 1 - p$. 求:

(1) 前面 k 次出现正面,其余均为反面的概率;

(2) 恰好出现 k 次正面的概率.

解 设事件 A_i 为"第 i 次试验中出现正面"($i=1,2,\cdots,n$). 显然,它们相互独立,于是

(1) $P(A_1\cdots A_k \overline{A_{k+1}}\cdots \overline{A_n})=P(A_1)\cdots P(A_k)P(\overline{A_{k+1}})\cdots P(\overline{A_n})=p^k q^{n-k}$.

(2) 记事件 A 为"在 n 次试验中,恰好出现 k 次正面",我们知道,$A_1\cdots A_k \cdot \overline{A_{k+1}}\cdots \overline{A_n}$ 只是 A 发生的一种情形,而 A 发生共有 C_n^k 种情形,故
$$P(A)=C_n^k p^k q^{n-k}.$$

由例 4 的结果得到以下定理:

定理 1.3(二项概率公式) 如果在 n 重贝努里试验中,事件 A 在每一次试验中发生的概率为 $p(0<p<1)$,则事件 A 在 n 次试验中恰好发生 k 次的概率为
$$P_n(k)=C_n^k p^k q^{n-k} (k=0,1,2,\cdots,n), \tag{1.7.2}$$
其中 $q=1-p$.

例 5 某车间有 5 台车床彼此独立地工作,由于工艺原因,每台机床实际开动的概率为 0.8. 求在任一时刻,

(1) 车间内恰有 4 台车床在工作的概率;

(2) 车间内至少有 1 台车床在工作的概率.

解 因为各车床彼此独立地工作,且任一机床处于开动状态的概率为 $p=0.8$,可以看成是 $n=5$,$p=0.8$ 的贝努里试验.由(1.7.2)式知

(1) 5 台车床中恰有 4 台开动的概率为
$$P_5(4)=C_5^4 0.8^4 0.2^1=0.4096.$$

(2) 设事件 A 为"5 台中至少有 1 台开动",则 $\overline{A}$ 为"5 台中有 0 台开动",故
$$P(A)=1-P(\overline{A})=1-C_5^0 0.8^0 0.2^5=0.99968.$$

例 6 每次掷两颗骰子,观察出现的点数之和.连掷 5 次,求 5 次中只有 1 次点数之和大于 9 的概率.

解 设事件 A 为"掷一次出现点数和大于 9",设 x 为甲骰子出现的点数,y 为乙骰子出现的点数,则 $x,y=1,2,3,4,5,6$. 于是样本空间 Ω 中共有 36 个样本点 (x,y),且每个样本点 (x,y) 出现的概率相等,而事件 A 共包含了 6 个样点:$(4,6),(6,4),(5,5),(5,6),(6,5),(6,6)$,故 $P(A)=\dfrac{6}{36}=\dfrac{1}{6}$.

连掷 5 次,相当于进行了 5 重独立试验,由(1.7.2)式知,所求的概率为
$$P_5(1)=C_5^1 \left(\dfrac{1}{6}\right)^1 \left(\dfrac{5}{6}\right)^4=\left(\dfrac{5}{6}\right)^5.$$

例7 设有 N 件产品，其中有 M 件次品。(1) 从这 N 件产品中连续抽取 n 件，求抽到产品中恰有 m 件次品的概率；(2) 从这 N 件产品中连续抽取 n 件（有放回地抽取，即每取一件观察后放回，再取下一件），求抽到产品中恰有 m 件次品的概率。

解 (1) 基本事件总数（总的抽法数）为 C_N^n，每一种抽法数都是等可能的，故属于古典概型，而抽到 m 件次品的抽法共有 $C_M^m C_{N-M}^{n-m}$ 种，故所求概率为

$$P = \frac{C_M^m C_{N-M}^{n-m}}{C_N^n}.$$

(2) 采用有放回的抽取方式，则每次（抽一件）抽到次品的概率都为 $p = \frac{M}{N}$。连续抽取 n 次相当于重复进行 n 次试验。由二项概率公式(1.7.2)知，连续抽取 n 次恰有 m 次抽到次品的概率为

$$P_n(m) = C_n^m \left(\frac{M}{N}\right)^m \left(1 - \frac{M}{N}\right)^{n-m}.$$

例8 某机构有一个由 9 人组成的顾问小组，设每个顾问贡献正确意见的概率为 0.7。现该机构对某事是否可行分别单独征求各位顾问的意见，并按多数人的意见做出决策。求做出正确决策的概率。

解 设事件 B 表示"做出正确决策"，A_i 表示"恰有 i 位顾问贡献了正确的意见"（注意：$A_0, A_1, \cdots, A_i$ 互不相容，其中 $i = 0, 1, \cdots, 9$）。我们知道，当且仅当多数顾问贡献了正确的意见时，才能做出正确决策。于是有 $B = \sum_{i=5}^{9} A_i$，从而有

$$P(B) = P\left(\sum_{i=5}^{9} A_i\right) = \sum_{i=5}^{9} P(A_i).$$

另一方面，由于分别单独征求各位顾问意见，相当于进行了 9 重独立试验，于是

$$P(A_i) = C_9^i (0.7)^i (0.3)^{9-i}, \quad i = 5, 6, 7, 8, 9.$$

从而算得

$$P(B) = \sum_{i=5}^{9} P(A_i) = 0.901.$$

例8的解答结果回答了这样一个问题：现实中，对某重大事项（或工程）可行与否进行决策时，为什么总是召集一些专家学者进行表决？

本章小结

本章讨论了对随机现象进行研究所需要的一些基本概念,如随机试验、样本空间、随机事件、事件的关系与运算、事件的独立性等.定义了事件的概率、条件概率及概率的计算公式.讨论了一些特殊的随机试验,如古典模型、几何概型以及贝努里概型等.这些概念和公式是后面进一步学习概率论和数理统计的基础.

1. 随机事件和样本空间

(1) 随机试验:对某一随机现象进行的观察或试验.随机试验具有三个特点:目的性、可重复性以及随机性.

(2) 样本空间:随机试验所有可能的结果所组成的集合.每一个不能再细分的最简单的可能结果称为样本点.相同的随机试验根据目的的不同,样本空间可能不同.

(3) 随机事件:随机试验的可能发生也可能不发生的结果.它是由样本点构成的集合,为样本空间的子集.分为基本事件(包含一个样本点)和复合事件(包含多个样本点).

(4) 必然发生的事件称为必然事件,不可能发生的事件称为不可能事件.

2. 事件的关系和运算

(1) 包含关系:若事件 A 发生必然导致事件 B 发生,则称 A 包含于 B,记作 $A \subset B$.

(2) 相等关系:若事件 A 发生时事件 B 也发生,事件 B 发生时事件 A 也发生,则称 A 与 B 相等,记作 $A=B$.

(3) 事件的和:"事件 A,B 至少有一个发生"的事件称为 A 与 B 的和,记作 $A+B$ 或 $A \cup B$.

(4) 事件的积:"事件 A 与事件 B 同时发生"的事件称为 A 与 B 的积,记作 AB 或 $A \cap B$.

(5) 事件的差:"事件 A 发生但事件 B 不发生"的事件称为 A 与 B 的差,记作 $A-B$.

(6) 互斥关系:若事件 A,B 不可能同时发生,即 $AB=\varnothing$,则称 A 与 B 互斥.多个事件两两互斥指的是其中的任意两个事件互斥.

(7) 互逆关系：如果在一次试验中，A 与 B 有且仅有一个发生，即 $A+B=\Omega$ 且 $AB=\varnothing$，则称 A 与 B 互逆.

A,B 互逆，必定 A,B 互斥；A,B 互斥，不一定 A,B 互逆. $A-B=A\bar{B}$，$\bar{A}=\Omega-A$.

由于事件为样本空间的子集，故事件的运算规律类似于集合的运算规律.

3. 事件的频率与概率

(1) 频率：如果在 n 次试验中，事件 A 发生了 m 次，称 $\dfrac{m}{n}$ 为这 n 次试验中 A 发生的频率，记作 $f_n(A)$. 频率具有波动性和稳定性. 波动性指的是随着试验次数 n 不同，频率也在波动；稳定性指的是当试验次数无限增大时，频率会逐渐稳定于某个固定数值.

(2) 概率：事件的概率是一个用来反映事件发生可能性大小的量. 概率越大，说明在一次试验中，该事件发生的可能性也大. 概率的公理化定义为：

设 E 是随机试验，Ω 是它的样本空间，对于 E 的每一个事件 A，都赋予一个实数 $P(A)$，如果 $P(A)$ 满足：（Ⅰ）非负性，$0 \leqslant P(A) \leqslant 1$；（Ⅱ）规范性，$P(\Omega)=1$；（Ⅲ）可列可加性，对于可列个两两互不相容事件 A_i（$i=1,2,\cdots$），有 $P\left(\sum\limits_{i=1}^{\infty} A_i\right) = \sum\limits_{i=1}^{\infty} P(A_i)$，则称 $P(A)$ 为事件 A 的概率.

4. 概率的性质

(1) 不可能事件概率为 0，即 $P(\varnothing)=0$.

(2) 逆事件概率计算公式：$P(\bar{A})=1-P(A)$.

(3) 概率的加法公式.

两个事件：
$$P(A+B)=P(A)+P(B)-P(AB);$$

三个事件：
$$P(A+B+C)=P(A)+P(B)+P(C)-P(AB)-P(AC)-P(BC)+P(ABC);$$

在事件是两两互斥时，有 $P(A+B)=P(A)+P(B)$，$P(A+B+C)=P(A)+P(B)+P(C)$，以及一般的 $P\left(\sum\limits_{i=1}^{n} A_i\right) = \sum\limits_{i=1}^{n} P(A_i)$.

(4) 概率减法公式.
$$P(A-B)=P(A)-P(AB)=P(A\bar{B}).$$

特别地，若 $B \subset A$，有 $P(A-B)=P(A)-P(B)$，而且有 $P(B) \leqslant P(A)$.

5. 古典概型

(1) 定义.

设 Ω 为随机试验 E 的样本空间,如果:(Ⅰ)有限性,Ω 只含有有限多个样本点(基本事件);(Ⅱ)等可能性,每个基本事件发生的可能性相同,则称这种随机试验为古典概型.

(2) 古典概型中随机事件的概率计算公式.

设古典概型的样本空间由 n 个基本事件组成,随机事件 A 包含 k 个基本事件,那么 $P(A)=\dfrac{k}{n}$.

在古典概率计算时,结合概率的性质和公式有时会给计算带来方便.

6. 几何概型

当随机试验的样本空间可以用某个区域 Ω 表示,且质点落在区域内的任意一点是等可能的,那么 $P(A)=\dfrac{S_A}{S}$,其中 S 为 Ω 的度量(长度、面积、体积等),S_A 为构成事件 A 的子区域的度量.

7. 条件概率

设 A,B 为同一随机试验的两个事件,且 $P(B)>0$,则称 $P(A|B)=\dfrac{P(AB)}{P(B)}$ 为在 B 发生的条件下 A 发生的概率.

8. 三个概率公式

(1) 乘法公式.

对任意两个事件,若 $P(B)>0$,则 $P(AB)=P(B)P(A|B)$. 设 $A_1,A_2,\cdots,A_n$ 为任意 n 个事件($n\geqslant 2$),且 $P(A_1A_2\cdots A_{n-1})>0$,则

$$P(A_1A_2\cdots A_n)=P(A_1)P(A_2|A_1)P(A_3|A_1A_2)\cdots P(A_n|A_1A_2\cdots A_{n-1}).$$

(2) 全概率公式.

如果 n 个事件 $A_1,A_2,\cdots,A_n$ 满足条件:(Ⅰ)$A_iA_j=\varnothing$ 且 $P(A_i)>0$($1\leqslant i\neq j\leqslant n$),(Ⅱ)$\sum\limits_{i=1}^{n}A_i=\Omega$,则对于任意事件 B,有

$$P(B)=\sum_{i=1}^{n}P(A_i)P(B|A_i).$$

(3) 贝叶斯公式.

如果 n 个事件 $A_1,A_2,\cdots,A_n$ 满足条件:(Ⅰ)$A_iA_j=\varnothing$ 且 $P(A_i)>0$($1\leqslant i\neq j\leqslant n$),(Ⅱ)$\sum\limits_{i=1}^{n}A_i=\Omega$,则对于任意事件 B,若 $P(B)>0$,则有

$$P(A_i \mid B) = \frac{P(A_i B)}{P(B)} = \frac{P(A_i)P(B \mid A_i)}{P(B)} = \frac{P(A_i)P(B \mid A_i)}{\sum_{i=1}^{n} P(A_i)P(B \mid A_i)}.$$

9. 事件的独立性

(1) 若事件 A,B 满足等式 $P(AB)=P(A)P(B)$，则称事件 A,B 相互独立. 此时 $P(A|B)=P(B)$. A,B 独立与 A,B 互斥是不同的概念，注意区别.

(2) 若四对事件：A 与 B，A 与 $\overline{B}$，$\overline{A}$ 与 B，$\overline{A}$ 与 $\overline{B}$ 中有一对相互独立，则另外三对也相互独立.

(3) 设有 n 个事件 $A_1, A_2, \cdots, A_n$. 如果对任何正整数 $k(2 \leqslant k \leqslant n)$，有
$$P(A_{i_1} A_{i_2} \cdots A_{i_k}) = P(A_{i_1})P(A_{i_2}) \cdots P(A_{i_k}),$$
其中 $i_1, i_2, \cdots, i_k$ 是满足不等式 $1 \leqslant i_1 < i_2 < \cdots < i_k \leqslant n$ 的任何 k 个自然数，则称 n 个事件 $A_1, A_2, \cdots, A_n$ 相互独立.

若对任意 i_1, i_2 满足 $1 \leqslant i_1 < i_2 \leqslant n$，有
$$P(A_{i_1} A_{i_2}) = P(A_{i_1})P(A_{i_2}),$$
则称 n 个事件 $A_1, A_2, \cdots, A_n$ 两两独立.

若事件 $A_1, A_2, \cdots, A_n$ 相互独立，则一定两两独立，但是两两独立不一定相互独立.

10. 贝努里概型与二项概率公式

(1) 定义.

在完全相同的条件下重复进行 n 次试验，如果每次试验的结果互不影响，且每次试验只有两个对立的结果，即事件 A 和 $\overline{A}$，且 $P(A)=p(0<p<1)$，$P(\overline{A})=1-p=q$，则称这 n 重独立试验为 n 重贝努里概型或 n 重贝努里试验.

(2) 二项概率公式.

若在 n 重贝努里试验中，事件 A 在每一次试验中发生的概率为 $p(0<p<1)$，则事件 A 在 n 次试验中恰好发生 k 次的概率为
$$P_n(k) = C_n^k p^k (1-p)^{n-k} \quad (k=0,1,2,\cdots,n).$$

我们知道二项展开式 $[p+(1-p)]^n = \sum_{k=1}^{n} C_n^k p^k (1-p)^{n-k}$，$P_n(k)$ 是该二项展开式中的第 k 项，因此有二项概率公式的说法，而且还有 $\sum_{k=1}^{n} P_n(k) = 1$.

习题 1

第一部分 选择题

1. 随机试验 E：统计某路段一个月中的重大交通事故的次数，事件 A 表示"无重大交通事故"，B 表示"至少有一次重大交通事故"，C 表示"重大交通事故的次数大于 1"，D 表示"重大交通事故的次数小于 2"，则相容的事件是（　　）.

  A. A 与 C B. C 与 D C. A 与 B D. B 与 D

2. 打靶 3 发，设 A_i 表示事件"击中 i 发"，$i=0,1,2,3$，那么 $A=A_1+A_2+A_3$ 表示事件（　　）.

  A. "全部击中"　　　　　　　B. "至少有一发击中"
  C. "必然击中"　　　　　　　D. "击中不少于 3 发"

3. 若 A,B,C 为随机试验中的三个事件，则 A,B,C 中三者都出现表示为（　　）.

  A. $A\cup(B\cap C)$ 　　　　　B. $A(B\cup C)$
  C. $\overline{A\cup B\cup C}$ 　　　　　D. $A\cup B\cup C$

4. 设 A,B,C 为随机试验中的三个事件，则 $\overline{A\cup B\cup C}$ 等于（　　）.

  A. $\overline{A}\cup\overline{B}\cup\overline{C}$ B. $\overline{A}\cap\overline{B}\cap\overline{C}$ C. $A\cap B\cap C$ D. $A\cup B\cup C$

5. 若 A,B 为任意两个事件，则 $\overline{A-B}=$（　　）.

  A. $\overline{B-A}$ B. $\overline{AB}$ C. $B-A$ D. $\overline{A}\cup B$

6. 若事件 A,B 互不相容（互斥），则有（　　）.

  A. $P(A+B)=1$ 　　　　　　B. $P(AB)=P(A)P(B)$
  C. $\overline{A}$ 与 $\overline{B}$ 也互斥　　　　　　D. $A\overline{B}=A$

7. 设事件 A 与 B 互斥，且 $P(A)=p$，$P(B)=q$，则 $P(\overline{A}B)$ 等于（　　）.

  A. $(1-p)q$ B. pq C. q D. p

8. 设随机事件 A,B 互斥，且 $P(A)=p$，$P(B)=q$，则 $P(\overline{A}\cup B)=$（　　）.

  A. q B. $1-q$ C. p D. $1-p$

9. 设 A,B 为任意两个事件并适合 $A\subset B$，$P(B)>0$，则下列结论必然成立的是（　　）.

  A. $P(A)<P(A|B)$ 　　　　　B. $P(A)\leqslant P(A|B)$
  C. $P(A)>P(A|B)$ 　　　　　D. $P(A)\geqslant P(A|B)$

10. 设事件 A,B 相互独立,且 $P(A)=0.75, P(B)=0.8$,则 $P(\overline{A}\cup\overline{B})=($).

A. 0.45   B. 0.4   C. 0.6   D. 0.55

11. 设事件 A 与 B 互斥(互不相容),则下列结论肯定正确的是( ).

A. $\overline{A}$ 与 $\overline{B}$ 不相容   B. $\overline{A}$ 与 $\overline{B}$ 必相容

C. $P(AB)=P(A)P(B)$ D. $P(A-B)=P(A)$

12. 设袋中有6个球,其中有2个红球、4个白球,随机等可能地作无放回抽样,连续抽两次,则使 $P(A)=\dfrac{1}{3}$ 成立的事件 A 是( ).

A. 两次都取得红球

B. 第二次取得红球

C. 两次抽样中至少有一次抽到红球

D. 第一次抽得白球,第二次抽得红球

13. 设有10人抓阄抽取两张戏票,则第三个人抓到戏票的事件的概率等于( ).

A. 0   B. $\dfrac{1}{4}$ C. $\dfrac{1}{8}$ D. $\dfrac{1}{5}$

14. 设事件 A,B 相互独立,且 $P(A\cup B)=0.76, P(\overline{B})=0.4$,则 $P(A)=$ ( ).

A. 0.16   B. 0.36   C. 0.4   D. 0.6

15. 设 A,B,C 是三个相互独立的随机事件,且 $0<P(C)<1$,则在下列各对事件中,不相互独立的一对是( ).

A. $\overline{A+B}$ 与 C B. $\overline{AC}$ 与 $\overline{C}$ C. $\overline{A-B}$ 与 $\overline{C}$ D. $\overline{AB}$ 与 $\overline{C}$

16. 将一枚硬币抛掷两次,若以 A 表示事件"掷第一次出现正面", B 表示事件"掷第二次出现正面", C 表示事件"正、反面各出现一次", D 表示事件"正面出现两次",则有( ).

A. A,B,C 相互独立   B. B,C,D 相互独立

C. A,B,C 两两独立   D. B,C,D 两两独立

17. 若 A,B 为任意两个事件,则下列结论错误的是( ).

A. 若 $P(A)=0$,则 A 为不可能事件   B. $P(A)+P(B)\geqslant P(A\cup B)$

C. $P(B-A)\geqslant P(B)-P(A)$ D. $P(B-A)\geqslant P(B)-P(BA)$

18. 若 A,B 为任意两个事件,则下列命题正确的是( ).

A. 若 A,B 互不相容,则 $\overline{A},\overline{B}$ 也互不相容

B. 若 A,B 相互独立,则 $\bar{A},\bar{B}$ 也相互独立

C. 若 A,B 相容,则 $\bar{A},\bar{B}$ 也相容

D. $\overline{AB}=\bar{A}\cdot\bar{B}$

19. 设 A,B 为两个不同事件,则下列等式正确的是（　　）.

A. $\overline{A\cap B}=\bar{A}\cap\bar{B}$　　　　　B. $\overline{A\cap B}=\bar{A}\cup\bar{B}$

C. $\overline{A\cup B}=\bar{A}\cup\bar{B}$　　　　　D. $\overline{A\cup B}=(\bar{A}\cap\bar{B})\cup(AB)$

20. 已知 $P(A)=0.8,P(B)=0.6,P(A\cup B)=0.96$,则 $P(B|A)=($ 　　$)$.

A. 0.44　　　B. 0.55　　　C. $\dfrac{2.2}{3}$　　　D. 0.48

21. 设当事件 A,B 同时发生时必导致事件 C 发生,则（　　）.

A. $P(AB)=P(C)$　　　　　B. $P(AB)\geqslant P(C)$

C. $P(C)\geqslant P(A)+P(B)-1$　　　　　D. $P(C)\leqslant P(A)+P(B)-1$

22. 设一批产品的废品率为 0.01,从中随机抽取 10 件,则 10 件中废品数是 2 件的概率为（　　）.

A. $C_{10}^{2}(0.01)^2$　　　　　B. $C_{10}^{2}(0.01)^8(0.99)^2$

C. $C_{10}^{8}(0.01)^2(0.99)^8$　　　　　D. $C_{10}^{8}(0.01)^8(0.99)^2$

23. 设某人射击的命中率为 0.4,共进行了 n 次独立射击,恰能使至少命中一次的概率大于 0.9,则实数 n 的值为（　　）.

A. 3　　　B. 4　　　C. 5　　　D. 6

24. 同时抛掷 3 枚匀称的硬币,则恰好有两枚正面向上的概率为（　　）.

A. 0.75　　　B. 0.25　　　C. 0.125　　　D. 0.375

25. 某厂有 9 台同种设备,各台设备是否正常运转是相互独立的,若在任一时刻每台设备处于正常运转状态的概率为 $\dfrac{1}{3}$,则在任一时刻至少有 8 台设备处于正常运转状态的概率为（　　）.

A. $\dfrac{9\times 2+1}{3^9}$　　　B. $\dfrac{8\times 2+1}{3^9}$　　　C. $\dfrac{2^8+1}{3^9}$　　　D. $\dfrac{8+3}{3^9}$

26. 若每次试验的成功率为 $p(0<p<1)$,则在三次独立重复试验中,至少失败一次的概率为（　　）.

A. $(1-p)^3$　　　　　B. $1-p^3$

C. $3(1-p)$　　　　　D. $(1-p)+(1-p)^2+(1-p)^3$

第二部分 填空题

1. 随机试验 E 是记录某电话交换台每分钟内接到的呼唤次数,则 E 的样本空间是_____.

2. 设事件 A_i 表示"掷一颗骰子恰好出现 i 点", A 表示"掷三颗骰子的点数和不大于5",若用 A_i 表示 A,则 $A=$_____.

3. 设事件 A 表示"掷一颗骰子出现偶数点", B 表示"掷一颗骰子出现2点",则 A 与 B 的关系是_____.

4. 设 A,B 是两个互不相容的随机事件,且知 $P(A)=\dfrac{1}{2}, P(B)=\dfrac{1}{3}$,则 $P(AB)=$_____.

5. 已知 $P(AB)=0.72, P(A\bar{B})=0.18$,则 $P(A)=$_____.

6. 从 $1,2,\cdots,10$ 共十个数字中任取一个,然后放回,先后取出五个数字,则所得五个数字全不相同的事件的概率等于_____.

7. 任意投掷四颗均匀的骰子,则四颗骰子出现的点数全不相同的事件的概率等于_____.

8. 一批产品1 000件,其中有10件次品,无放回地从中任取两件,则取得的都是正品的事件的概率等于_____.

9. 一批产品1 000件,其中有10件次品,每次任取一件,取出后仍放回去,连取两次,则取得的都是正品的事件的概率等于_____.

10. 某班级有10名女生、20名男生,从中选出3名学生代表,则恰好选出1名女生和2名男生的概率是_____.

11. 在区间 $[0,1]$ 中随机地取两个数,则这两个数之差的绝对值小于 $\dfrac{1}{2}$ 的概率为_____.

12. 设 $P(A)=P(B)=\dfrac{1}{4}, P(C)=\dfrac{1}{2}, P(AB)=0, P(AC)=P(BC)=\dfrac{1}{8}$,则 A,B,C 三者都不发生的概率 $P(\bar{A}\bar{B}\bar{C})=$_____.

13. 已知 $P(A)=0.1, P(B)=0.3, P(A|B)=0.2$,则 $P(A|\bar{B})=$_____.

14. 已知 $P(A)=\dfrac{1}{2}, P(B|A)=\dfrac{3}{4}, P(B)=\dfrac{5}{8}$,则 $P(A|B)=$_____.

15. 设 A_1,A_2,A_3 是随机试验 E 的三个相互独立的事件,已知 $P(A_1)=\alpha, P(A_2)=\beta, P(A_3)=\gamma$,则 A_1,A_2,A_3 至少有一个发生的概率是_____.

16. 从 $1,2,\cdots,10$ 共十个数字中任取一个,然后放回,先后取出五个数字,则这五个数字中不含 5 与 10 的概率是_____.

17. 设 $A_1,A_2,\cdots,A_n$ 两两互斥,且 $A_1 \cup A_2 \cup \cdots \cup A_n \supset B$,又 $P(A_i)>0$ 及 $P(B|A_i)(i=1,2,3,\cdots,n)$ 均为已知,则 $P(B)=$_____.

18. 设有三批产品,第一批产品的优质品率为 0.2,第二批产品的优质品率为 0.5,第三批产品的优质品率为 0.35.现从这三批中任取一批,再从该批中任取一件产品,则取得优质品的概率为_____.

19. 设 n 个事件 $A_1,A_2,\cdots,A_n$ 互相独立,且 $P(A_K)=p(K=1,2,\cdots,n)$,则这 n 个事件至少有一件不发生的概率是_____.

20. 设在三次独立试验中,事件 A 发生的概率都相等.若已知 A 至少发生一次的概率为 0.784,则 A 在一次试验中发生的概率为_____.

21. 设在一次试验中事件 A 发生的概率为 p,则在 4 次重复独立试验中,事件 A 至多有一次不发生的概率是_____.

22. 某柜台有 4 个服务员,他们是否用台秤是独立的,在 1 小时内每人需用台秤的概率为 $\frac{1}{4}$,则 4 人中同时使用台秤不超过 2 人的概率为_____.

23. 已知 $P(A)=\frac{1}{3}$,$P(B|A)=\frac{3}{7}$,$P(B)=\frac{3}{4}$,则 $P(B|\overline{A})=$_____.

24. 已知 $P(A)=0.6$,$P(B)=0.5$,$P(A|B)=0.8$,则 $P(A\cup B)=$_____.

25. 设 X,Y 分别是将一颗骰子接连掷两次先后出现的点数,则关于 x 的一元二次方程 $x^2+Xx+Y=0$ 有重根的概率为_____.

26. 假设某厂家生产的每台仪器可以直接出厂的概率为 0.7,需进一步调试的概率为 0.3,经调试后可以出厂的概率为 0.8,定为不合格产品不能出厂的概率为 0.2.现该厂新生产了 $n(n\geqslant 2)$ 台仪器(假设各台仪器的生产过程相互独立),则这批产品全部能出厂的概率为_____,恰有两台不能出厂的概率为_____.

第三部分 解答题

1. 连续抛掷两枚硬币,观察其出现正反面的情况.写出这个随机试验的样本空间.

2. 任取一个有三个孩子的家庭,记录三个孩子的性别情况.写出这个随机试验的样本空间.

3. 从一批零件中任取 2 个,设事件 A 为"第一个零件为合格品",B 为"第二个零件为合格品". 问 $AB, \bar{A}, \bar{B}, \overline{AB}, A-B, A+B$ 及 $\overline{AB}$ 分别表示什么事件?

4. 设 A, B, C 表示三个随机事件，试以 A, B, C 的运算来表示下列事件：

(1) 仅 A 发生；

(2) A, B, C 都发生；

(3) A, B, C 都不发生；

(4) A, B, C 中至少有一个发生；

(5) A, B, C 中恰有一个发生；

(6) A 不发生，而 B, C 中至少有一个发生；

(7) A, B, C 中不多于一个发生；

(8) A, B, C 中至少两个发生；

(9) A, B, C 中不多于两个发生；

(10) A, B, C 中恰有两个发生.

5. 已知一批产品中有 3 个次品，从这批产品中任取 5 件产品来检查. 设事件 A_i 为"取出的 5 件产品中恰有 i 件次品 $(i=0,1,2,3)$".

(1) 事件 A_0, A_1, A_2, A_3 是否互不相容？

(2) 事件 $A_0+A_1+A_2+A_3$ 是否为必然事件？

(3) 设事件 B 为"取出的 5 个产品中有次品"，试用 A_0, A_1, A_2, A_3 表示 B.

6. 设 $P(A)=0.6, P(B)=0.7, P(AB)=0.5$，求：(1) $P(A+B)$；(2) $P(A+\bar{B})$；(3) $P(B\bar{A})$.

7. 设某地有甲、乙、丙三种报纸，据统计该地成年人中有 20% 读甲报，16% 读乙报，14% 读丙报，其中有 8% 兼读甲、乙报，5% 兼读甲、丙报，4% 兼读乙、丙报，又有 2% 兼读甲、乙、丙三种报纸. 求该地区成年人至少读一种报纸的概率.

8. 连掷两颗骰子，求点数和大于 10 的概率.

9. 某种产品共 40 件，其中有 3 件次品，现从中任取 2 件，求其中至少有一件次品的概率.

10. 某人有 5 把钥匙，但忘记了开房门的是哪一把，逐把试开. 问：(1) 恰好第三次打开房门锁的概率是多少？(2) 三次内打开房门锁的概率是多少？

11. 将 3 个球随机地放入 4 个杯子中去，问杯子中球的最大个数分别为 1, 2, 3 的概率各为多少？

12. 某个小码头专供甲、乙两船停泊，但不能同时停两艘船. 甲、乙两船在一昼夜内的任一时刻到达此码头是等可能的. 如果甲船的停泊时间是 1 h，乙船的停泊时间是 2 h,求它们中的任何一艘船都不需要等待码头空出的概率.

13. 假设一批产品中一等品、二等品、三等品各占 60%,30%,10%,从中任取一件,结果不是三等品,求取到的是一等品的概率.

14. 设某种动物能活到 20 岁的概率为 0.8,能活到 25 岁的概率为 0.4,某个这种动物现龄 20 岁,问它能活到 25 岁的概率是多少?

15. 某地某月份刮大风的概率为 $\frac{11}{30}$,在刮大风的条件下降雨的概率为 $\frac{7}{8}$,求该地该月份任一时刻既刮大风又降雨的概率.

16. 一批产品分为次品和合格品两大类,其中次品率为 4%,在合格品中一等品率为 75%.现从这批产品中任取一件,试求恰好取到一等品的概率.

17. 两台机床加工同样的零件,第一台机床出废品的概率是 3%,第二台机床出废品的概率是 2%,两台机床加工出来的零件放在一起,并且已知第一台加工的零件比第二台加工的多一倍.

(1) 任取一个零件,求该零件是合格品的概率;

(2) 如果任取一个零件,该零件是废品,问它是由第二台机床加工的概率是多少?

18. 在一种数字通信中,信号是由数字 0 和 1 的序列组成的,设发报台分别以概率 0.6 与 0.4 发出信号 0 和 1.由于通信系统受到随机干扰,当发出信号为 0 时,收报台未必收到信号 0,而是分别以概率 0.8 与 0.2 收到信号 0 和 1.同理,当发出信号 1 时,收报台分别以概率 0.9 与 0.1 收到信号 1 和 0.求:

(1) 收报台收到信号 0 的概率;

(2) 当收报台收到信号 0 时,发报台确系发出信号 0 的概率.

19. 设 A,B 为两个相互独立的事件,且 $P(A+B)=0.6$,$P(A)=0.4$,求 $P(B)$.

20. 两台机器相互独立地运转,它们不发生故障的概率依次为 0.8,0.9,求这两台机器至少有一台发生故障的概率.

21. 设三人各自独立地破译一密码,他们能单独译出的概率分别是 $\frac{1}{5}$,$\frac{1}{3}$,$\frac{1}{4}$,求此密码被译出的概率.

22. 设加工一个产品要经过三道相互独立的工序,第一、二、三道工序不出废品的概率分别为 0.9,0.95,0.8,求经过三道工序不出废品的概率.

23. 一个工人照看三台机床,在 1 h 内,甲、乙、丙三台机床需要人照看的概率分别是 0.8,0.9,0.85. 求在 1 h 内:

(1) 没有一台机床需要照看的概率;

(2) 至少有一台机床不需要照看的概率.

24. 一电路由电池 A 与两个并联的电池 B,C 串联而成. 若电池 A,B,C 损坏与否是相互独立的,且它们损坏的概率依次为 0.3,0.2,0.1,求该电路发生断路的概率.

25. 用三台机床分别加工一批零件的 50%,30% 和 20%. 若各机床加工零件为合格品的概率分别为 0.94,0.9,0.95,求这批零件的合格率.

26. 一批产品有 30% 的一等品,进行重复抽样检查,共取 5 个样品. 求:

(1) 取出的 5 个样品中恰有 2 个一等品的概率;

(2) 取出的 5 个样品中至少有 2 个一等品的概率.

27. 甲、乙两个篮球运动员,投篮命中率分别为 0.7 和 0.6,每人投篮三次. 求:

(1) 二人进球数相等的概率;

(2) 甲比乙进球数多的概率.

28. 某工厂有 10 台同类型的机床,每台机床配备的电动机功率为 10 kW,已知每台机床平均每小时开动 12 min,且各机床开动与否是相互独立的. 若供电部门只提供 50 kW 的电力给这 10 台机床,问这 10 台机床能够正常工作的概率是多少?

第 2 章 随机变量及其分布

内容概要 本章首先给出随机变量的概念;而后讨论离散型随机变量的分布列及性质,并给出三种常见的离散型分布:0-1 分布、二项分布及泊松分布;讨论连续型随机变量的密度函数及性质,并给出三种常见的连续型分布:均匀分布、指数分布和正态分布;接着讨论随机变量分布函数的概念与计算,讨论正态分布的概率计算;最后讨论随机变量函数的概率分布.

学习要求 理解随机变量的概念;掌握离散型随机变量的分布列的概念与性质,会求分布列;知道三种常见离散型随机变量的分布列及其应用;理解连续型随机变量的密度函数及性质,知道三种常见连续型随机变量的密度函数,了解正态分布的密度曲线,掌握标准正态分布密度曲线的特点;理解分布函数的概念,会求离散型、连续型随机变量的分布函数;会查标准正态分布表,会把一般正态分布转化为标准正态分布进行概率计算;会求离散型随机变量函数的分布列及连续型随机变量函数的密度函数.

本章将引入随机变量来描述随机现象.随机变量的实质是把随机试验的结果与实数对应起来,从而将随机试验的结果数量化,把随机事件转化为随机变量的取值情况.有了随机变量这个重要的根据,就可以利用微积分的理论和方法对随机现象进行更深入的研究.

§2.1 随机变量的概念

一个随机试验可能有很多种结果,怎样能方便地把这一系列结果及其相应的概率一起表达出来,并且运用现代数学的方法来研究呢? 本章讨论的随机变量就是这样一种工具.

为了更深入地研究随机现象,我们需要把随机试验的结果数量化,也就是要引进新的变量来描述随机试验的结果.

例如,在抛硬币试验中,将一枚硬币抛掷一次,观察其正反面的情况. 为将事件 $A=\{正面\}$,$\overline{A}=\{反面\}$ 数量化,定义 X 为出现正面的次数,于是有 $A=\{X=1\}$,$\overline{A}=\{X=0\}$. 由于 X 的取值为 1 或 0,因而 X 为变量,而 X 取值 1 或 0 是由随机试验的结果决定的. 记 ω_1,ω_2 分别表示出现正面和反面(即样本点),于是有 $X(\omega_1)=1$ 及 $X(\omega_2)=0$. 因此,可以说 X 是样本点的函数,同时它具有随机性,我们称之为随机变量.

又如,测试某电子元件的使用寿命. 用 X 表示该元件的使用寿命,则 X 的取值由实验结果确定,随着试验结果的不同而取某一实数区间内的值. 因此 X 也是变量,在某个区间内取值,具体取什么值是由试验结果(样本点)确定的. X 的取值也具有随机性,试验没有完成,不知道 X 的具体取值. X 是样本点的函数,同时它具有随机性,所以 X 也是随机变量. 一般地,有如下的随机变量的定义.

定义 2.1 设随机试验 E 的样本空间为 Ω,如果对于每一个可能的试验结果(样本点)$\omega \in \Omega$,有唯一实数 $X(\omega)$ 与之对应,那么这个定义在 Ω 上的实值函数 $X(\omega)$ 称为**随机变量**,简记为 X.

常用大写字母 X,Y,Z 或希腊字母 ξ,η,ζ 等表示随机变量.

注意 随机变量与普通的函数不同. 随机变量定义在样本空间 Ω 上,而普通的函数定义在实数的某个子集上;随机变量随着试验结果的不同而可能取不同的值;随机变量取各个值有一定的概率. 这些是随机变量与普通的函数的本质区别.

有了随机变量的概念,随机事件就可以由随机变量的取值情况来描述. 例如,X 表示某电子元件的寿命(单位:h),那么 $\{X=1\,000\}$ 表示随机事件"该电子元件寿命为 1 000 h",而 $\{1200 \leqslant X \leqslant 1\,500\}$ 表示随机事件"该电子元件的寿命不少于 1 200 h 且不超过 1 500 h". 随机事件的概率可以通过随机变量取值情况的概率来表示,如 $P\{X=1\,000\}$ 表示"该电子元件寿命为 1 000 h 的概率". $P\{X \geqslant 1\,200 | X \geqslant 1\,000\}$ 表示在 $\{X \geqslant 1\,000\}$ 条件下 $\{X \geqslant 1\,200\}$ 的条件概率,即是求"已知该电子元件寿命不小于 1 000 h 条件下该电子元件寿命不小于 1 200 h"的概率.

§2.2 离散型随机变量

（一）离散型随机变量的分布列

若某随机变量的所有可能的取值只有有限个或可列个,则称这种随机变量为**离散型随机变量**.

要了解离散型随机变量 X,就是要知道 X 的所有可能取值以及取其中每一个值的概率.

例1 设有 10 件产品,其中有 2 件次品,从中任取 3 件,设 X 为所取到的次品数.求 X 的可能取值以及取这些值的概率.

解 这里 X 显然是随机变量.由于产品中只有 2 个次品,所以任取的 3 件产品不可能全为次品,即 X 的取值不能为 3,它的所有可能取值为 0,1,2.

欲求 X 取上述值的概率,必须将这些值与事件对应起来,即找出相应的随机事件,随机事件的概率即为随机变量 X 取相应值的概率.

$$P\{X=0\}=P\{3\text{ 件产品全是正品}\}=\frac{C_8^3}{C_{10}^3}=\frac{7}{15},$$

$$P\{X=1\}=P\{1\text{ 件次品},2\text{ 件正品}\}=\frac{C_2^1 C_8^2}{C_{10}^3}=\frac{7}{15},$$

$$P\{X=2\}=P\{2\text{ 件次品},1\text{ 件正品}\}=\frac{C_2^2 C_8^1}{C_{10}^3}=\frac{1}{15}.$$

由于 X 的取值范围为 $\{0,1,2\}$,因此,必有 $P\{X=0\}+P\{X=1\}+P\{X=2\}=1$.

将此例的结果进行推广,并给出如下定义:

定义 2.2 设离散型随机变量 X 的所有可能取值为 $x_n (n=1,2,\cdots)$,p_n 为 X 取值 x_n 时的概率,即

$$P\{X=x_n\}=p_n, n=1,2,3,\cdots. \quad (2.2.1)$$

称上式为**随机变量 X 的概率函数**或**分布列**.分布列也可用表格的形式来表示:

X	x_1	x_2	x_3	$\cdots$	x_n	$\cdots$
P	p_1	p_2	p_3	$\cdots$	p_n	$\cdots$

由定义 2.2 知,分布列应满足以下性质:

(1) $0 \leqslant p_n \leqslant 1, n=1,2,\cdots$; $\quad (2.2.2)$

(2) $\sum_{n=1}^{\infty} p_n = 1.$ (2.2.3)

例2 试用随机变量去描述掷一颗骰子的试验情况.

解 设 X 为掷一颗骰子所出现的点数,那么它可以取 1 到 6 这 6 个自然数,相应的概率都是 $\frac{1}{6}$. X 的分布列如下表：

X	1	2	3	4	5	6
P	$\frac{1}{6}$	$\frac{1}{6}$	$\frac{1}{6}$	$\frac{1}{6}$	$\frac{1}{6}$	$\frac{1}{6}$

也可用概率函数表示为

$$P\{X=i\} = \frac{1}{6}, i=1,2,\cdots,6.$$

例3 设离散型随机变量 X 的分布列为

$$P\{X=k\} = 3a\left(\frac{1}{2}\right)^k, k=1,2,\cdots.$$

试确定常数 a.

解 由 (2.2.3) 式知

$$\sum_{k=1}^{\infty} P\{X=k\} = 3a \sum_{k=1}^{\infty} \left(\frac{1}{2}\right)^k = 3a \times \frac{\frac{1}{2}}{1-\frac{1}{2}} = 3a = 1,$$

所以 $a = \frac{1}{3}$.

$P\{X<3 \mid X\leqslant 3\}$ 是条件概率,根据条件概率计算公式 $P\{X<3 \mid X\leqslant 3\} = \frac{P\{X<3, X\leqslant 3\}}{P\{X\leqslant 3\}} = \frac{P\{X<3\}}{P\{X\leqslant 3\}}$,再由 X 的分布列,$\{X<3\} = \{X=1\} \bigcup \{X=2\}$,且 $\{X=1\}$ 与 $\{X=2\}$ 互斥,所以 $P\{X<3\} = P\{X=1\} + P\{X=2\} = \frac{1}{2} + \frac{1}{4} = \frac{3}{4}$. 类似地,$P\{X\leqslant 3\} = P\{X=1\} + P\{X=2\} + P\{X=3\} = \frac{7}{8}$. 最后 $P\{X<3 \mid X\leqslant 3\} = \frac{P\{X<3\}}{P\{X\leqslant 3\}} = \frac{6}{7}$.

注意 在 $0<q<1$ 时,等比级数的和 $\sum_{k=1}^{\infty} q^k = q+q^2+\cdots+q^n+\cdots = \frac{q}{1-q}$,等比数列的和 $\sum_{k=1}^{n} q^k = q+q^2+\cdots+q^n = \frac{q(1-q^n)}{1-q}$.

例 4 设在某种无穷重贝努里试验中,每次试验成功的概率为 $\frac{3}{4}$,以 X 表示首次成功所在的试验次数,写出 X 的分布列,并计算 X 取偶数的概率.

解 X 表示首次成功所在的试验次数,因此 X 的可能取值为 $1,2,\cdots,n,\cdots$. 由 X 的定义知,"$X=1$"表示第 1 次试验就成功了,"$X=n$"表示直到第 n 次试验才成功,于是 X 的分布列为

$$P\{X=n\}=\left(\frac{1}{4}\right)^{n-1}\times\frac{3}{4}, n=1,2,\cdots.$$

从而有

$$P\{X=2k, k \text{ 为自然数}\}=\sum_{k=1}^{\infty}P\{X=2k\}=\frac{3}{4}\times\sum_{k=1}^{\infty}\left(\frac{1}{4}\right)^{2k-1}=\frac{1}{5}.$$

(二) 几种常见的离散型随机变量

1. 0-1 分布

定义 2.3 设随机变量 X 只可能取 0 与 1 两个值,它的概率函数为

$$P\{X=k\}=p^k(1-p)^{1-k}\quad(0<p<1, k=0,1), \tag{2.2.4}$$

即分布列为

X	1	0
P	p	$1-p$

称 X 服从参数为 p 的 **0-1 分布**或**两点分布**,记作 $X\sim B(1,p)$.

0-1 分布虽简单但很有用. 当随机试验只有两个可能结果,且都有正概率时,就确定一个服从 0-1 分布的随机变量. 例如,检查产品质量是否合格,某车间的电力消耗是否超过负荷,某射手对目标的一次射击是否中靶等试验,都可以用服从 0-1 分布的随机变量来描述.

例 5 100 件产品中有 95 件正品、5 件次品,现从中随机抽取一件,假如抽得每件产品的机会都相同. 试用随机变量来描述"抽得正品的概率为 0.95","抽得次品的概率为 0.05".

解 设 X 为抽得正品的个数. 显然,X 为随机变量,它的可能取值为 0,1,且有

$$P\{X=1\}=0.95, P\{X=0\}=0.05.$$

即 X 服从参数为 0.95 的 0-1 分布.

2. 二项分布

定义 2.4 如果随机变量 X 的概率函数为

$$P\{X=k\}=C_n^k p^k q^{n-k} \quad (k=0,1,2,\cdots,n)\ (0<p<1, q=1-p), \quad (2.2.5)$$

则称 X 服从参数为 n,p 的**二项分布**,记作 $X \sim B(n,p)$.

特别地,当 $n=1$ 时,二项分布即为 0-1 分布.

在第 1 章中,我们给出了二项分布的随机变量的实际背景,即在 n 重贝努里试验中,事件 A 发生的次数 X 是服从二项分布的随机变量.

例 6 某一仪器由三个相同的独立工作的元件构成. 该仪器工作时每个元件发生故障的概率为 0.1. 试求该仪器工作时发生故障的元件数 X 的分布列.

解 可以看出,X 为随机变量,它的可能取值为 0,1,2,3.

$X=0$ 表示"仪器中没有元件发生故障",

$X=1$ 表示"仪器中恰有一个元件发生故障",

$X=2$ 表示"仪器中恰有两个元件发生故障",

$X=3$ 表示"仪器中恰有三个元件发生故障".

若将对每个元件的一次观察看成一次试验,因每次观察的结果只有两个:发生故障或正常. 而发生故障的概率都是 0.1,又各元件发生故障与否是相互独立的,因此,属于 $n(n=3)$ 重贝努里试验. 从而有 $X \sim B(3,0.1)$. 于是 X 的分布列为

$$P\{X=k\}=C_3^k (0.1)^k (0.9)^{3-k} \quad (k=0,1,2,3),$$

或写成

$$P\{X=0\}=0.9^3=0.729,$$
$$P\{X=1\}=C_3^1 (0.1)(0.9)^2=0.243,$$
$$P\{X=2\}=C_3^2 (0.1)^2 (0.9)=0.027,$$
$$P\{X=3\}=0.1^3=0.001.$$

X 的分布列也可用表格形式表示为

X	0	1	2	3
P	0.729	0.243	0.027	0.001

例 7 从学校乘汽车到火车站的途中有 3 个交通岗,假设在各个交通岗遇到红灯的事件是相互独立的,各交通岗红灯亮的时间占 $\dfrac{2}{5}$. 设 X 为途中遇到红灯的次数,求至多遇到 1 次红灯的概率.

解 所求概率为 $P\{X\leqslant 1\}=P\{X=0\}+P\{X=1\}$.

依题意知, X 服从二项分布 $B\left(3,\dfrac{2}{5}\right)$, 即有

$$P\{X=0\}=C_3^0\left(\dfrac{2}{5}\right)^0\left(\dfrac{3}{5}\right)^3=\dfrac{27}{125},$$

$$P\{X=1\}=C_3^1\left(\dfrac{2}{5}\right)\left(\dfrac{3}{5}\right)^2=\dfrac{54}{125},$$

故

$$P\{X\leqslant 1\}=\dfrac{27}{125}+\dfrac{54}{125}=\dfrac{81}{125}.$$

3. 泊松分布

定义 2.5 如果随机变量 X 的概率函数为

$$P\{X=k\}=\dfrac{\lambda^k \mathrm{e}^{-\lambda}}{k!}\quad (k=0,1,2,\cdots), \tag{2.2.6}$$

其中参数 $\lambda>0$, 则称 X 服从参数为 λ 的**泊松分布**, 记作 $X\sim P(\lambda)$.

泊松分布是概率论中最重要的分布之一. 在实际问题中的随机变量有不少是服从泊松分布的. 例如, 在某时间段内电话交换台接到的呼叫次数, 某车站在某时间段内的候车人数, 纺织厂生产的一批布匹上疵点的个数等, 这些都服从或近似服从泊松分布.

例 8 某电话服务中心每分钟接到的呼叫次数 X 为随机变量, 设 X 服从参数为 λ 的泊松分布且 $P\{X=0\}=\mathrm{e}^{-4}$, 求:

(1) 参数 λ 的值;

(2) 1 分钟内呼叫次数恰为 8 的概率;

(3) 1 分钟内呼叫次数不超过 1 的概率.

解 因为 X 服从参数为 λ 的泊松分布, 由 (2.2.6) 式, 得

(1) 由 $P\{X=0\}=\mathrm{e}^{-4}$, 得 $\lambda=4$.

(2) $P\{X=8\}=\dfrac{4^8}{8!}\mathrm{e}^{-4}=0.029\,8$.

(3) $P\{X\leqslant 1\}=P\{X=0\}+P\{X=1\}=\dfrac{4^0}{0!}\mathrm{e}^{-4}+\dfrac{4}{1!}\mathrm{e}^{-4}=0.091\,6$.

例 9 某商店每天进店的顾客数 X 是随机变量, 它服从参数为 λ 的泊松分布. 设每个进店的顾客购买商品的概率为 p, 且顾客之间购买商品与否是相互独立的, 试求该商店每天购买商品的顾客数的概率分布.

解 设 Y 为购买商品的人数, 则由题意有

$$P\{X=k\}=\frac{\lambda^k}{k!}e^{-\lambda}, k=0,1,2,\cdots,$$

且
$$P\{Y=i|X=n\}=C_n^i p^i(1-p)^{n-i}, i=0,1,2,\cdots,n.$$

于是由全概率公式得

$$P\{Y=k\}=\sum_{n=k}^{\infty}P\{X=n\}\cdot P\{Y=k|X=n\}$$

$$=\sum_{n=k}^{\infty}\frac{\lambda^n}{n!}e^{-\lambda}\cdot C_n^k p^k(1-p)^{n-k}$$

$$=\frac{(\lambda p)^k}{k!}e^{-\lambda p}, k=0,1,2,\cdots.$$

即得每天购买商品的顾客数 Y 服从参数为 λp 的泊松分布.

§2.3 连续型随机变量

(一) 连续型随机变量及其密度函数

在实际中,有很多随机现象所出现的试验结果是不可列的. 例如,某种电子元件的使用寿命,它是在某个区间上连续取值的,因而称之为**连续型随机变量**,它的概率分布不能像离散型随机变量那样用分布列描述,必须采用适合于连续型随机变量的描述方法. 人们在大量的社会实践中发现,连续型随机变量落在任一区间 $[a,b]$ 上的概率,可用某一函数 $f(x)$ 在 $[a,b]$ 上的定积分来表示. 于是有如下的定义:

定义 2.6 对于随机变量 X,如果存在非负可积函数 $f(x)$,使得对任意 a,b $(a<b)$ 都有

$$P\{a\leqslant X\leqslant b\}=\int_a^b f(x)\mathrm{d}x, \tag{2.3.1}$$

则称 X 为**连续型随机变量**,并称 $f(x)$ 为**连续型随机变量 X 的概率密度函数**,简称**概率密度**或**密度函数**.

我们把密度函数的函数图象称为**密度曲线**(图 2-1).

由此定义知,概率密度函数 $f(x)$ 具有下列性质:

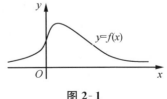

图 2-1

性质 1　$f(x) \geqslant 0$.

性质 2　$\int_{-\infty}^{+\infty} f(x)\mathrm{d}x = 1$. 　　　　　　　　　　　　　(2.3.2)

这是因为 $\int_{-\infty}^{+\infty} f(x)\mathrm{d}x = P\{-\infty < X < +\infty\} = P(\Omega) = 1$. 结合积分的几何意义,性质 2 说明位于密度曲线下方、x 轴上方部分的几何图形的面积为 1.

性质 3　对于连续型随机变量 X 和任意一个给定的实数 a,有
$$P\{X=a\} = 0. \quad (2.3.3)$$

性质 3 表明:连续型随机变量取任一给定实数的概率为 0. 这说明一个事件的概率为 0,该事件未必就是不可能事件;一个事件的概率为 1,此事件也不一定是必然事件. 性质 3 还说明在计算连续型随机变量落在某一区间上的概率时,不必考虑区间是开区间还是闭区间,区间是否包括端点并不影响概率值.

性质 4　对连续型随机变量 X 和任意实数 $a,b(a<b)$,有
$$P\{a<X<b\} = P\{a \leqslant X < b\} = P\{a < X \leqslant b\}$$
$$= P\{a \leqslant X \leqslant b\} = \int_a^b f(x)\mathrm{d}x. \quad (2.3.4)$$

例 1　设随机变量 X 具有密度函数
$$f(x) = \begin{cases} A\mathrm{e}^{-3x}, & x>0, \\ 0, & x \leqslant 0. \end{cases}$$
求常数 A 并计算概率 $P\{-1<X \leqslant 2\}$ 和 $P\{X \leqslant 1\}$.

解　由于 $\int_{-\infty}^{+\infty} f(x)\mathrm{d}x = 1$,所以有
$$\int_0^{+\infty} A\mathrm{e}^{-3x}\mathrm{d}x = 1,$$
由此求得 $A=3$. 于是 X 的概率密度函数为
$$f(x) = \begin{cases} 3\mathrm{e}^{-3x}, & x>0, \\ 0, & x \leqslant 0. \end{cases}$$
从而有　$P\{-1<X \leqslant 2\} = \int_{-1}^{2} f(x)\mathrm{d}x = \int_{-1}^{0} f(x)\mathrm{d}x + \int_{0}^{2} f(x)\mathrm{d}x$
$$= \int_{-1}^{0} 0\mathrm{d}x + \int_{0}^{2} 3\mathrm{e}^{-3x}\mathrm{d}x = 1 - \mathrm{e}^{-6},$$
$$P\{X \leqslant 1\} = P\{-\infty < X \leqslant 1\} = \int_{-\infty}^{1} f(x)\mathrm{d}x$$
$$= \int_{-\infty}^{0} 0\mathrm{d}x + \int_{0}^{1} 3\mathrm{e}^{-3x}\mathrm{d}x = 1 - \mathrm{e}^{-3}.$$

由条件概率的计算

$$P\{X\leqslant 1|-1<X\leqslant 2\}=\frac{P\{X\leqslant 1,-1<X\leqslant 2\}}{P\{-1<X\leqslant 2\}}=\frac{P\{-1<X\leqslant 1\}}{P\{-1<X\leqslant 2\}}$$
$$=\frac{1-e^{-3}}{1-e^{-6}}.$$

(二) 几种常见的连续型分布

1. 均匀分布

设连续型随机变量 X 的概率密度为

$$f(x)=\begin{cases}\dfrac{1}{b-a}, & a\leqslant x\leqslant b,\\ 0, & \text{其他},\end{cases} \quad (2.3.5)$$

则称 X 服从区间 $[a,b]$ 上的**均匀分布**,记作 $X\sim U[a,b]$.

如果 X 服从区间 $[a,b]$ 上的均匀分布,则对满足 $a\leqslant c<c+l\leqslant b$ 的任意实数 $c,l(l>0)$,都有

$$P\{c\leqslant X\leqslant c+l\}=\int_c^{c+l}f(x)\mathrm{d}x=\int_c^{c+l}\frac{1}{b-a}\mathrm{d}x=\frac{l}{b-a}.$$

这表明:不论 c 点在 $[a,b]$ 上的位置如何,X 落入子区间 $[c,c+l]$ 的概率与该子区间的长度 l 成正比,而与该子区间的位置无关,故称该分布为均匀分布.

在通常情况下,这种分布是需要我们去判断的.请看下面的例题.

例 2 设公共汽车每隔 5 分钟一班,乘客到站是随机的.求乘客等车时间 X 的密度函数,并求乘客候车时间不超过 3 分钟的概率.

解 由于乘客到站是随机的,可以认为 X 服从区间 $[0,5]$ 上的均匀分布,其密度函数为

$$f(x)=\begin{cases}\dfrac{1}{5}, & 0\leqslant x\leqslant 5,\\ 0, & \text{其他},\end{cases}$$

故候车时间不超过 3 分钟的概率为

$$P\{0\leqslant X\leqslant 3\}=\int_0^3\frac{1}{5}\mathrm{d}x=\frac{3}{5}.$$

2. 指数分布

设连续型随机变量 X 的概率密度为

$$f(x)=\begin{cases}\lambda e^{-\lambda x}, & x>0,\\ 0, & x\leqslant 0\end{cases} \quad (\lambda>0), \quad (2.3.6)$$

则称 X 服从参数为 λ 的**指数分布**,记作 $X \sim E(\lambda)$.

指数分布常用来描述各种"寿命"的分布,它在可靠性理论中起着重要的作用.电子元件等的寿命常假定为服从指数分布.

例 3 设某种型号人造卫星的寿命 X(单位:年)服从参数为 $\frac{1}{12}$ 的指数分布. 若三颗这样的卫星同时升空并投入使用,求:(1) 两年内有 3 颗卫星都正常运行的概率;(2) 两年内至少有 1 颗卫星仍正常运行的概率.

解 X 的密度函数为

$$f(x)=\begin{cases} \dfrac{1}{12}e^{-\frac{1}{12}x}, & x>0, \\ 0, & x\leqslant 0, \end{cases}$$

故一颗卫星两年内正常运行的概率为

$$P\{X\geqslant 2\}=\int_{2}^{+\infty}\frac{1}{12}e^{-\frac{1}{12}x}dx=e^{-\frac{1}{6}}.$$

记 Y 表示 3 颗卫星在 2 年内正常运行的颗数,则

$$Y \sim B(3,e^{-\frac{1}{6}})(即服从二项分布).$$

(1) 两年内有 3 颗卫星都正常运行的概率为

$$P\{Y=3\}=\left(e^{-\frac{1}{6}}\right)^{3}=e^{-0.5}.$$

(2) 两年内至少有 1 颗正常运行的概率为

$$P\{Y\geqslant 1\}=1-P\{Y=0\}=1-\left(1-e^{-\frac{1}{6}}\right)^{3}.$$

3. 正态分布

正态分布在概率论中起着非常重要的作用,在各种分布中,它居于首要的地位.我们在实际中常常遇到一些随机变量,它们的分布近似于正态分布,如产品的各种质量指标,测量误差,某地区的年降雨量,成年人的身高等.

定义 2.7 若连续型随机变量 X 的密度函数为

$$f(x)=\frac{1}{\sqrt{2\pi}\sigma}e^{-\frac{(x-\mu)^{2}}{2\sigma^{2}}},-\infty<x<+\infty, \qquad (2.3.7)$$

其中 $\mu,\sigma(\sigma>0)$ 为参数,则称 X 服从参数为 μ,σ 的**正态分布**,记作 $X \sim N(\mu,\sigma^{2})$.

易知正态分布的概率密度函数的性态如下:

(1) 曲线 $y=f(x)$ 以 $x=\mu$ 为对称轴,函数 $y=f(x)$ 在 μ 处达到最大,最大值为 $\dfrac{1}{\sqrt{2\pi}\sigma}$.

(2) 当 $x \to \pm\infty$ 时，$f(x) \to 0$，即曲线 $y = f(x)$ 以 x 轴为水平渐近线.

(3) $x = \mu \pm \sigma$ 为曲线 $y = f(x)$ 的两个拐点的横坐标，σ 为拐点到对称轴 $x = \mu$ 的距离.

(4) 若固定 σ 而改变 μ 的值，则正态分布曲线沿着 x 轴平行移动，而不改变其形状，可见曲线的位置完全由参数 μ 确定；若固定 μ 而改变 σ 的值，则当 σ 越小时图形变得越陡峭，反之，当 σ 越大时图形变得越平缓(图 2-2).

特别地，如果正态分布 $N(\mu, \sigma^2)$ 中的两个参数 $\mu = 0, \sigma = 1$，则称 X 服从标准正态分布，记作 $X \sim N(0, 1)$.

在本书中，我们用 $\varphi(x)$ 表示标准正态分布的概率密度函数，即

$$\varphi(x) = \frac{1}{\sqrt{2\pi}} e^{-\frac{x^2}{2}}. \tag{2.3.8}$$

标准正态分布的密度曲线 $y = \varphi(x)$ 关于 y 轴对称(图 2-3).

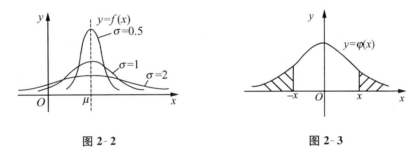

图 2-2　　　　　　　　　　图 2-3

§2.4 分布函数

（一）分布函数的概念

在前面的讨论中，离散型随机变量是用分布列来描述的，而连续型随机变量是用密度函数来刻画的. 为了在数学上能统一地研究离散型随机变量和连续型随机变量，下面引进随机变量的分布函数的概念.

定义 2.8　设 X 是一个随机变量，x 是任一实数，称函数

$$F(x) = P\{X \leqslant x\} \quad (-\infty < x < +\infty) \tag{2.4.1}$$

为随机变量 X 的**分布函数**.

对于任意实数 $a, b (a < b)$，由分布函数的定义有

$$P\{a<X\leqslant b\}=P\{X\leqslant b\}-P\{X\leqslant a\}=F(b)-F(a). \qquad (2.4.2)$$

(2.4.2)式的意义在于它能将复杂问题转化为简单问题:如果已知随机变量 X 的分布函数为 $F(x)$,随机变量 X 落入区间 $(a,b]$ 的概率可用函数值 $F(b)-F(a)$ 来表示,即将概率问题转化为函数问题.

分布函数 $F(x)$ 是一个定义在区间 $(-\infty,+\infty)$ 上的函数,我们通过分布函数来研究随机变量.

如果将 X 看成是数轴上随机点的坐标,那么分布函数
$$F(x)=P\{X\leqslant x\}=P\{-\infty<X\leqslant x\}$$
表示点 X 落在区间 $(-\infty,x]$ 上的概率.

$F(x)=P\{X\leqslant x\}$ 是随机变量 X 的分布函数的统一性定义,对于离散型随机变量和连续型随机变量,$F(x)$ 的表达式的形式是不同的.

若 X 为离散型随机变量,其分布列为(2.2.1)式,则可由其分布列确定分布函数:
$$F(x)=P\{X\leqslant x\}=\sum_{x_i\leqslant x}P\{X=x_i\}, \qquad (2.4.3)$$
即把满足"$x_i\leqslant x$"的所有的概率 $P\{X=x_i\}$ 相加;

若 X 为连续型随机变量,其密度函数为 $f(x)$,则可由其密度函数确定分布函数:
$$F(x)=P\{X\leqslant x\}=\int_{-\infty}^{x}f(t)\mathrm{d}t. \qquad (2.4.4)$$

对于连续型随机变量 X,结合(2.3.3)式和(2.4.2)式知
$$P\{a<X<b\}=P\{a\leqslant X<b\}=P\{a<X\leqslant b\}$$
$$=P\{a\leqslant X\leqslant b\}=F(b)-F(a).$$

但对于离散型随机变量 X,
$$P\{a<X<b\}=F(b)-F(a)-P\{X=b\}.$$

(二) 分布函数的性质

分布函数具有以下基本性质:

(1) $F(x)$ 是一个不减的函数,即当 $x_1<x_2$ 时,$F(x_1)\leqslant F(x_2)$;

(2) $0\leqslant F(x)\leqslant 1$ $(-\infty<x<+\infty)$,且
$F(-\infty)=\lim\limits_{x\to-\infty}F(x)=0, F(+\infty)=\lim\limits_{x\to+\infty}F(x)=1$;

(3) $F(x+0)=F(x)$,即 $F(x)$ 是右连续的.(证明略)

这三条性质对离散型随机变量和连续型随机变量的分布函数均成立.

特别地,对于连续型随机变量而言,其分布函数 $F(x)$ 为连续函数,且在其密度函数 $f(x)$ 的连续点 x 处,有

$$F'(x)=f(x). \tag{2.4.5}$$

例1 设袋中装有 10 个球,其中有 2 个 1 号球、3 个 2 号球、5 个 3 号球. 现从袋中任取一个球,设该球号码为 X,求:(1) X 的分布函数 $F(x)$;(2) $F\left(\dfrac{5}{2}\right)$;(3) $P\{X>2\}$ 及 $P\left\{\dfrac{3}{2}<X\leqslant 7\right\}$.

解 显然,X 只能取 1,2,3 三个值,且其分布列为

$$P\{X=1\}=\frac{1}{5},\ P\{X=2\}=\frac{3}{10},\ P\{X=3\}=\frac{1}{2}.$$

(1) 当 $x<1$ 时,$\{X\leqslant x\}$ 是不可能事件,故

$$F(x)=P\{X\leqslant x\}=0;$$

当 $1\leqslant x<2$ 时,$\{X\leqslant x\}=\{X=1\}$,故

$$F(x)=P\{X\leqslant x\}=P\{X=1\}=\frac{1}{5}=0.2;$$

当 $2\leqslant x<3$ 时,$\{X\leqslant x\}=\{X=1 \text{ 或 } X=2\}$,故

$$F(x)=P\{X\leqslant x\}=P\{X=1\}+P\{X=2\}$$
$$=\frac{1}{5}+\frac{3}{10}=\frac{1}{2}=0.5;$$

当 $x\geqslant 3$ 时,$\{X\leqslant x\}=\{X=1 \text{ 或 } X=2 \text{ 或 } X=3\}$,故

$$F(x)=P\{X\leqslant x\}=P\{X=1\}+P\{X=2\}+P\{X=3\}$$
$$=\frac{1}{5}+\frac{3}{10}+\frac{1}{2}=1.$$

因此,X 的分布函数为

$$F(x)=\begin{cases} 0, & x<1, \\ 0.2, & 1\leqslant x<2, \\ 0.5, & 2\leqslant x<3, \\ 1, & x\geqslant 3. \end{cases}$$

(2) 因 $2\leqslant \dfrac{5}{2}<3$,故 $F\left(\dfrac{5}{2}\right)=0.5.$

(3) $P\{X>2\}=1-P\{X\leqslant 2\}=1-F(2)=1-0.5=0.5,$

$$P\left\{\frac{3}{2}<X\leqslant 7\right\}=F(7)-F\left(\frac{3}{2}\right)=1-0.2=0.8.$$

从此例可以看出，由离散型随机变量的分布列求其分布函数，以及利用分布函数求概率的方法。

例2 设随机变量 X 服从 $[a,b]$ 上的均匀分布，求 X 的分布函数。

解 由于 X 的密度函数为 $f(x)=\begin{cases}\dfrac{1}{b-a}, & a\leqslant x\leqslant b,\\ 0, & \text{其他}.\end{cases}$ X 的分布函数为

$F(x)=\int_{-\infty}^{x}f(t)\mathrm{d}t$，故

当 $x<a$ 时，$F(x)=\int_{-\infty}^{x}f(t)\mathrm{d}t=\int_{-\infty}^{x}0\mathrm{d}t=0$；

当 $a\leqslant x\leqslant b$ 时，$F(x)=\int_{-\infty}^{x}f(t)\mathrm{d}t=\int_{-\infty}^{a}f(t)\mathrm{d}t+\int_{a}^{x}f(t)\mathrm{d}t$

$$=\int_{-\infty}^{a}0\mathrm{d}t+\int_{a}^{x}\frac{1}{b-a}\mathrm{d}t=\frac{x-a}{b-a};$$

当 $x>b$ 时，$F(x)=\int_{-\infty}^{x}f(t)\mathrm{d}x=\int_{-\infty}^{a}f(t)\mathrm{d}x+\int_{a}^{b}f(t)\mathrm{d}x+\int_{b}^{x}f(t)\mathrm{d}x$

$$=\int_{-\infty}^{a}0\mathrm{d}t+\int_{a}^{b}\frac{1}{b-a}\mathrm{d}t+\int_{b}^{x}0\mathrm{d}t=1.$$

所以，X 的分布函数为

$$F(x)=\begin{cases}0, & x<a,\\ \dfrac{x-a}{b-a}, & a\leqslant x\leqslant b,\\ 1, & x>b.\end{cases}$$

例3 设连续型随机变量 X 的分布函数为

$$F(x)=\begin{cases}A+B\mathrm{e}^{-2x}, & x>0,\\ 0, & x\leqslant 0.\end{cases}$$

求：(1) 常数 A,B；(2) 概率 $P\{-1\leqslant X\leqslant 1\}$；(3) X 的概率密度函数。

解 (1) 由分布函数的性质知 $F(+\infty)=1$，即 $\lim\limits_{x\to+\infty}(A+B\mathrm{e}^{-2x})=1$，所以 $A=1$。

又因为 $F(x)$ 在点 $x=0$ 处连续（连续型随机变量的分布函数在任意点处都连续），所以 $\lim\limits_{x\to 0^{+}}F(x)=F(0)$，即 $0=A+B$，故 $B=-1$。

从而分布函数 $F(x)=\begin{cases} 1-e^{-2x}, & x>0, \\ 0, & x\leqslant 0. \end{cases}$

(2) 由(2.3.3)式及(2.4.2)式,得
$$P\{-1\leqslant X\leqslant 1\}=F(1)-F(-1)=(1-e^{-2})-0=1-e^{-2}.$$

(3) X 的密度函数为 $f(x)=F'(x)$,故
$$f(x)=\begin{cases} 2e^{-2x}, & x>0, \\ 0, & x\leqslant 0. \end{cases}$$

例2、例3讨论了连续型随机变量的密度函数和分布函数的相互确定的问题. 一般地,这两者之间的关系见(2.4.4)式和(2.4.5)式.

(三) 正态分布的概率计算

1. 标准正态分布的概率计算

由(2.3.8)式(标准正态分布的密度函数)及(2.4.4)式知,标准正态分布的分布函数 $\Phi(x)$ 由下式给出

$$\Phi(x)=\int_{-\infty}^{x}\frac{1}{\sqrt{2\pi}}e^{-\frac{t^2}{2}}dt. \tag{2.4.6}$$

由于由(2.4.6)式给出的函数 $\Phi(x)$ 的函数值很难计算,人们为了方便,编制了 $\Phi(x)$ 的函数值表,以便查用. 附录D中的附表1中给出了 $x\geqslant 0$ 时 $\Phi(x)$ 的函数值.

标准正态分布函数具有性质

$$\Phi(-x)=1-\Phi(x). \tag{2.4.7}$$

(2.4.7)式可利用标准正态分布的概率密度 $\varphi(x)$ 是偶函数和 $\int_{-\infty}^{+\infty}\varphi(x)dx=1$ 而得到证明.

当 $x<0$ 时,函数值 $\Phi(x)$ 可利用(2.4.7)式通过查表(附录D中的附表1)来计算.

例4 设 $X\sim N(0,1)$,求:

(1) $P\{|X|<1\}, P\{|X|<2\}, P\{|X|<3\}$;

(2) $P\{0.59<X<1.56\}, P\{-2<X\leqslant 1\}$;

(3) $P\{|X|>1\}$.

解 (1) $P\{|X|<1\}=P\{-1<X<1\}=\Phi(1)-\Phi(-1)$
$=\Phi(1)-[1-\Phi(1)]=2\Phi(1)-1$

$$= 2 \times 0.8413 - 1 = 0.6826.$$

同理可得
$$P\{|X|<2\}=0.9544, P\{|X|<3\}=0.9974.$$

(2) $P\{0.59<X<1.56\}=\Phi(1.56)-\Phi(0.59)$
$$=0.9406-0.7224=0.2182,$$
$P\{-2<X\leqslant 1\}=\Phi(1)-\Phi(-2)=\Phi(1)-1+\Phi(2)$
$$=0.8413-1+0.9772=0.8185.$$

(3) $P\{|X|>1\}=1-P\{|X|\leqslant 1\}$(利用(1)的结果)
$$=1-0.6826=0.3174.$$

例 5 设 $X \sim N(0,1)$,求常数 x,使 $P\{|X|>x\}=0.05$.

解 由 $P\{|X|>x\}=0.05$ 得 $P\{|X|\leqslant x\}=0.95$,且 $x>0$. 于是
$$P\{-x\leqslant X\leqslant x\}=\Phi(x)-\Phi(-x)=\Phi(x)-[1-\Phi(x)]$$
$$=2\Phi(x)-1=0.95.$$

由此解得 $\Phi(x)=0.975$,根据附录 D 中的附表 1 得 $x=1.96$.

2. 一般正态分布的概率计算

定理 2.1 设随机变量 $X \sim N(\mu, \sigma^2)$,则
$$\frac{X-\mu}{\sigma} \sim N(0,1). \tag{2.4.8}$$

该证明见 §2.5 的例 3. 利用这个定理的结论,将服从一般正态分布的随机变量的概率计算转化为服从标准正态分布的随机变量的概率计算.

例 6 设 $X \sim N(1.5, 4)$,求 $P\{-4<X<3.5\}$ 和 $P\{X>2\}$.

解 已知 $\mu=1.5, \sigma=2$,根据(2.4.8)式,有
$$\frac{X-1.5}{2} \sim N(0,1),$$

于是有
$$P\{-4<X<3.5\}=P\left\{\frac{-4-1.5}{2}<\frac{X-1.5}{2}<\frac{3.5-1.5}{2}\right\}$$
$$=\Phi\left(\frac{3.5-1.5}{2}\right)-\Phi\left(\frac{-4-1.5}{2}\right)$$
$$=\Phi(1)-\Phi(-2.75)$$
$$=\Phi(1)-[1-\Phi(2.75)]$$
$$=0.8413-(1-0.9970)=0.8383;$$

$$P\{X>2\}=1-P\{X\leqslant 2\}=1-P\left\{\frac{X-1.5}{2}\leqslant\frac{2-1.5}{2}\right\}$$
$$=1-\Phi(0.25)=1-0.5987=0.4013.$$

例7 公共汽车门的高度是按成年男子与车门碰头的概率在 0.01 以下来设计的. 设成年男子身高 X 服从参数为 $\mu=170$ cm, $\sigma=6$ cm 的正态分布, 即 $X\sim N(170,6^2)$, 试问: 车门高度应如何确定?

解 设车门高度为 h(cm), 按设计要求
$$P\{X\geqslant h\}\leqslant 0.01,$$
即 $1-P\{X<h\}\leqslant 0.01$, 也即 $P\{X<h\}\geqslant 0.99.$

由于 $X\sim N(170,6^2)$, 从而有
$$\frac{X-170}{6}\sim N(0,1),$$

于是 $P\{X<h\}=P\{X\leqslant h\}=P\left\{\frac{X-170}{6}\leqslant\frac{h-170}{6}\right\}=\Phi\left\{\frac{h-170}{6}\right\}\geqslant 0.99,$

查表知 $\Phi(2.33)=0.9901>0.99,$

所以 $\dfrac{h-170}{6}\geqslant 2.33,$

即 $h\geqslant 170+6\times 2.33=183.98.$

因此, 当设计的车门高度为 184 cm 时, 可使成年男子与车门碰头的概率不超过 0.01.

例8 某单位招聘 155 人, 按考试成绩录取, 共有 526 人报名并参加考试. 假设报名者的考试成绩 $X\sim N(\mu,\sigma^2)$. 已知考试成绩优秀的有 12 人(90 分以上为优秀), 不及格的有 83 人(60 分为及格线). 若从高分到低分依次录取, 某人成绩为 78 分, 问此人能否被录取?

解 这是利用正态分布的特性解决实际问题的一个很好的例子.

根据题意及(2.4.8)式知 $\dfrac{X-\mu}{\sigma}\sim N(0,1)$, 但不知 μ,σ 的值是多少, 所以应首先求出 μ 和 σ 的值. 由于
$$P\{X\geqslant 90\}=\frac{12}{526}\approx 0.0228,$$
所以
$$P\{X<90\}=1-\frac{12}{526}\approx 0.9772,$$

又因为
$$P\{X<90\}=P\left\{\frac{X-\mu}{\sigma}<\frac{90-\mu}{\sigma}\right\}=\varPhi\left(\frac{90-\mu}{\sigma}\right),$$
所以
$$\varPhi\left(\frac{90-\mu}{\sigma}\right)=0.977\ 2.$$
反查标准正态分布表,得
$$\frac{90-\mu}{\sigma}\approx 2, \qquad ①$$
又
$$P\{X<60\}=\frac{83}{526}\approx 0.158\ 8,$$
另一方面,
$$P\{X<60\}=P\left\{\frac{X-\mu}{\sigma}<\frac{60-\mu}{\sigma}\right\}=\varPhi\left(\frac{60-\mu}{\sigma}\right),$$
所以
$$\varPhi\left(\frac{60-\mu}{\sigma}\right)\approx 0.158\ 8,$$
从而
$$\varPhi\left(\frac{\mu-60}{\sigma}\right)\approx 1-0.158\ 8=0.841\ 2.$$
反查标准正态分布表,得
$$\frac{\mu-60}{\sigma}\approx 1. \qquad ②$$

由①②联立解出 $\mu=70,\sigma=10$,所以
$$X\sim N(70,10^2).$$

已知录取率为 $\frac{155}{526}\approx 0.294\ 7$,某人成绩 78 分,能否被录取,关键在于有百分之几的人的成绩大于或等于 78 分. 为此
$$P\{X\geqslant 78\}=1-P\{X<78\}=1-P\left\{\frac{X-70}{10}<0.8\right\}$$
$$=1-\varPhi(0.8)=1-0.788\ 1=0.211\ 9.$$

因为 $0.211\ 9<0.297\ 4$(录取率),所以在通常情况下此人能被录取.

§2.5 随机变量函数的分布

设 X 是一个随机变量,$g(x)$ 是一个连续实函数,则 $Y=g(X)$ 也是一个随机变量,称 $Y=g(X)$ 为随机变量 X 的函数. 例如,设分子运动的速率 X 是一个随机变量,而 Y 是分子的动能,则 $Y=\frac{1}{2}mX^2$ 为随机变量 X 的函数(m 是分子的质量). 那么,Y 的分布与 X 的分布有什么关系? 本节将讨论的是,如何由已知的 X 的概率分布去求 $Y=g(X)$ 的概率分布. 下面我们分离散型和连续型两种情况讨论.

(一) 离散型随机变量的函数的分布

X	x_1	x_2	$\cdots$	x_k	$\cdots$
P	p_1	p_2	$\cdots$	p_k	$\cdots$

记 $y_i=g(x_i)(i=1,2,\cdots)$,则

(1) 当 $y_1,y_2,\cdots$ 各值互不相等时,$Y=g(X)$ 的分布列为

X	y_1	y_2	$\cdots$	y_k	$\cdots$
P	p_1	p_2	$\cdots$	p_k	$\cdots$

(2) 当 $y_1,y_2,\cdots$ 各值不是互不相等时,应把相等的值合并为一个值,同时把相应的概率之和作为该值所对应的概率.

例 1 设随机变量 X 的分布列为

X	-2	-1	0	1	2
P	0.2	0.3	0.3	0.1	0.1

试求:(1) $Y=2X+1$ 的分布列;(2) $Y=X^2$ 的分布列.

解 (1) X 取 $-2,-1,0,1,2$,对应的 $Y=2X+1$ 分别取 $-3,-1,1,3,5$. Y 的取值中没有相等的,故 $Y=2X+1$ 的分布列为

Y	-3	-1	1	3	5
P	0.2	0.3	0.3	0.1	0.1

(2) X 取 $-2,-1,0,1,2$,对应的 $Y=X^2$ 分别取 $4,1,0,1,4$,Y 的取值有相

同的,如 $X=-2$ 或 $X=2$,都对应于 $Y=4$,故
$$P\{Y=4\}=P\{X=-2 \text{ 或 } X=2\}$$
$$=P\{X=-2\}+P\{X=2\}=0.2+0.1=0.3.$$
同理可得 $P\{Y=1\}=P\{X=-1\}+P\{X=1\}=0.3+0.1=0.4$,
$$P\{Y=0\}=P\{X=0\}=0.3.$$
故 $Y=X^2$ 的分布列为

Y	0	1	4
P	0.3	0.4	0.3

(二) 连续型随机变量的函数的分布

当 X 是连续型随机变量时,由于 $g(x)$ 是连续函数,因而 $Y=g(X)$ 自然也是连续型的随机变量. 先通过关系式 $Y=g(X)$ 利用 X 的密度函数找出 Y 的分布函数的积分表示,再对此分布函数求导,即得到 Y 的密度函数. 这种求随机变量函数的密度的方法称为**分布函数法**. 很多时候不需要具体求出 Y 的分布函数,而是利用高等数学中的积分限函数(假设可导)的求导公式

$$\frac{\mathrm{d}}{\mathrm{d}x}\int_{\varphi(x)}^{\psi(x)}f(t)\mathrm{d}t=f(\psi(x))\psi'(x)-f(\varphi(x))\varphi'(x)$$

即可. 下面我们通过例子来说明这种求解方法.

例 2 设随机变量 X 的密度函数为
$$f(x)=\begin{cases}2x^3\mathrm{e}^{-x^2}, & x>0,\\ 0, & x\leqslant 0.\end{cases}$$
试求:(1) $Y=2X+3$ 的密度函数; (2) $Y=\ln X$ 的密度函数.

解 我们可先求出 Y 的分布函数 $F_Y(y)$,再由 $F_Y(y)$ 对 y 求导得 Y 的密度函数.

(1) 设 $Y=2X+3$ 的分布函数为 $F_Y(y)$,$F_X(x)$ 为 X 的分布函数,由分布函数的定义,有
$$F_X(x)=P\{X\leqslant x\}=\int_{-\infty}^{x}f(t)\mathrm{d}t,$$
于是
$$F_Y(y)=P\{Y\leqslant y\}=P\{2X+3\leqslant y\}$$
$$=P\left\{X\leqslant\frac{y-3}{2}\right\}=\int_{-\infty}^{\frac{y-3}{2}}f(x)\mathrm{d}x.$$

将此式两边对 y 求导,得 $Y=2X+3$ 的密度函数为

$$f_Y(y)=F'_Y(y)=f\left(\frac{y-3}{2}\right)\cdot\left(\frac{y-3}{2}\right)'=\frac{1}{2}f\left(\frac{y-3}{2}\right)$$

$$=\begin{cases}\dfrac{(y-3)^3}{8}\mathrm{e}^{-\left(\frac{y-3}{2}\right)^2}, & y\geqslant 3,\\ 0, & y<3.\end{cases}$$

(2) 设 $Y=\ln X$ 的分布函数为 $F_Y(y)$,则

$$F_Y(y)=P\{Y\leqslant y\}=P\{\ln X\leqslant y\}$$

$$=P\{X\leqslant \mathrm{e}^y\}=\int_{-\infty}^{\mathrm{e}^y}f(x)\mathrm{d}x.$$

$F_Y(y)$ 对 y 求导,得 Y 的密度函数为

$$f_Y(y)=F'_Y(y)=f(\mathrm{e}^y)(\mathrm{e}^y)'=\mathrm{e}^y f(\mathrm{e}^y).$$

因为 e^y 总大于 0,故 $f(\mathrm{e}^y)=2(\mathrm{e}^y)^3\mathrm{e}^{-\mathrm{e}^{2y}}$,即 $Y=\ln X$ 的密度函数为

$$f_Y(y)=2\mathrm{e}^{4y}\cdot \mathrm{e}^{-\mathrm{e}^{2y}}=2\mathrm{e}^{4y-\mathrm{e}^{2y}}.$$

例 3 已知 $X\sim N(\mu,\sigma^2)$,求 $Y=\dfrac{X-\mu}{\sigma}$ 的密度函数.

解 设 Y 的分布函数为 $F_Y(y)$,于是

$$F_Y(y)=P\{Y\leqslant y\}=P\left\{\frac{X-\mu}{\sigma}\leqslant y\right\}$$

$$=P\{X\leqslant \sigma y+\mu\}(因为 \sigma>0)$$

$$=\int_{-\infty}^{\sigma y+\mu}\frac{1}{\sqrt{2\pi}\sigma}\mathrm{e}^{-\frac{(x-\mu)^2}{2\sigma^2}}\mathrm{d}x\ [\text{参考}(2.3.7)\text{式及}(2.4.4)\text{式}].$$

将上式两端对 y 求导,得 Y 的密度函数为

$$\varphi_Y(y)=F'_Y(y)=\frac{1}{\sqrt{2\pi}\sigma}\mathrm{e}^{-\frac{(\sigma y+\mu-\mu)^2}{2\sigma^2}}\cdot(\sigma y+\mu)'=\frac{1}{\sqrt{2\pi}}\mathrm{e}^{-\frac{y^2}{2}}.$$

结合例 3 的结论及 (2.3.8) 式有:

若 $X\sim N(\mu,\sigma^2)$,则 $Y=\dfrac{X-\mu}{\sigma}\sim N(0,1)$.

例 4 设 $X\sim N(0,1)$,求 $Y=X^2$ 的概率密度函数.

解 设 Y 的分布函数为 $F_Y(y)$,则

$$F_Y(y)=P\{Y\leqslant y\}=P\{X^2\leqslant y\}.$$

当 $y\leqslant 0$ 时,因 $\{X^2\leqslant y\}\subset\{x^2\leqslant 0\}=\{x=0\}$,所以

$$F_Y(y)=0,$$

从而,当 $y \leqslant 0$ 时,$f_Y(y)=0$;

当 $y>0$ 时,$F_Y(y)=P\{Y \leqslant y\}=P\{X^2 \leqslant y\}=P\{-\sqrt{y} \leqslant X \leqslant \sqrt{y}\}$,
由于 $X \sim N(0,1)$,所以有

$$F_Y(y) = \frac{1}{\sqrt{2\pi}}\int_{-\sqrt{y}}^{\sqrt{y}} e^{-\frac{t^2}{2}} dt = \frac{2}{\sqrt{2\pi}}\int_0^{\sqrt{y}} e^{-\frac{t^2}{2}} dt,$$

于是 $f_Y(y)=F'_Y(y)=\dfrac{2}{\sqrt{2\pi}}e^{-\frac{(\sqrt{y})^2}{2}} \cdot \dfrac{1}{2\sqrt{y}}=\dfrac{1}{\sqrt{2\pi}}y^{-\frac{1}{2}}e^{-\frac{y}{2}}$.

综合以上得

$$f_Y(y)=\begin{cases} \dfrac{1}{\sqrt{2\pi}}y^{-\frac{1}{2}}e^{-\frac{y}{2}}, & y>0, \\ 0, & y \leqslant 0. \end{cases}$$

例 5 设 X 服从区间 $[1,2]$ 上的均匀分布,试求 $Y=e^{2X}$ 的概率密度函数.

解 已知 X 的密度函数为 $f_X(x)=\begin{cases} 1, & 1 \leqslant x \leqslant 2, \\ 0, & \text{其他}. \end{cases}$ 设 Y 的分布函数为 $F_Y(y)$.

当 $y \leqslant 0$ 时,$F_Y(y)=0$;

当 $y>0$ 时,$F_Y(y)=P\{Y \leqslant y\}=P\{e^{2X} \leqslant y\}=P\left\{X \leqslant \dfrac{1}{2}\ln y\right\}=\int_{-\infty}^{\frac{1}{2}\ln y} f_X(x)dx$.

于是有 $f_Y(y)=F'_Y(y)=\begin{cases} \dfrac{1}{2y}f_X\left(\dfrac{1}{2}\ln y\right), & y>0, \\ 0, & \text{其他} \end{cases}$

$$=\begin{cases} \dfrac{1}{2y}, & e^2 \leqslant y \leqslant e^4, \\ 0, & \text{其他}. \end{cases}$$

例 2—例 5 介绍的都是求随机变量函数的密度函数问题,如果改求其分布函数,情形会怎样呢? 当然,可以利用例 2—例 5 的结果通过密度函数积分来求得分布函数. 但是实际上,从例 2—例 5 的求解过程知道,$F_Y(y)$ 已经表示为 X 的密度函数的积分,进一步计算出这个积分就得到 $F_Y(y)$. 为此,请看下面的例 6.

例 6 设 X 服从区间 $[1,2]$ 上的均匀分布,试求 $Y=e^{2X}$ 的分布函数.

解 已知 X 的密度函数为 $f_X(x)=\begin{cases} 1, & 1 \leqslant x \leqslant 2, \\ 0, & \text{其他}. \end{cases}$ 设 Y 的分布函数为 $F_Y(y)$.

当 $y \leqslant 0$ 时,$F_Y(y)=0$;

当 $y>0$ 时，$F_Y(y)=P\{Y\leqslant y\}=P\{e^{2X}\leqslant y\}=P\left\{X\leqslant\frac{1}{2}\ln y\right\}=\int_{-\infty}^{\frac{1}{2}\ln y}f_X(x)\mathrm{d}x$；

当 $0<y<e^2$ 时，$F_Y(y)=0$；

当 $e^2\leqslant y\leqslant e^4$ 时，$F_Y(y)=\int_{-\infty}^{\frac{1}{2}\ln y}f_X(x)\mathrm{d}x=\int_1^{\frac{1}{2}\ln y}1\mathrm{d}x=\frac{1}{2}\ln y$；

当 $y>e^4$ 时，$F_Y(y)=\int_{-\infty}^{\frac{1}{2}\ln y}f_X(x)\mathrm{d}x=\int_1^2 1\mathrm{d}x=1$.

故
$$F_Y(y)=\begin{cases}0, & y<e^2,\\ \dfrac{1}{2}\ln y, & e^2\leqslant y\leqslant e^4,\\ 1, & y>e^4.\end{cases}$$

本 章 小 结

本章引入的随机变量的概念能够为利用微积分的理论与方法对随机现象进行定量研究带来方便．注意离散型随机变量和连续型随机变量在处理时的不同和相同之处，清楚几种常见分布的分布列或密度函数．

1. 随机变量

设随机试验 E 的样本空间为 Ω，如果对于每一个样本点 $\omega\in\Omega$，有唯一实数 $X(\omega)$ 与之对应，那么这个定义在 Ω 上的实值函数 $X(\omega)$ 称为随机变量，简记为 X．

2. 离散型随机变量及分布列

若某随机变量的所有可能的取值只有有限个或可列个，则称这种随机变量为离散型随机变量．设离散型随机变量 X 的所有可能取值为 $x_n(n=1,2,\cdots)$，p_n 为 X 取值 x_n 时的概率，即 $P\{X=x_n\}=p_n$，$n=1,2,3,\cdots$．称此式为随机变量 X 的分布列或概率函数．分布列也可用表格的形式来表示：

X	x_1	x_2	x_3	$\cdots$	x_n	$\cdots$
P	p_1	p_2	p_3	$\cdots$	p_n	$\cdots$

离散型随机变量的概率分布由其分布列确定．确定离散型随机变量的分布列要确定该随机变量所有可能的取值以及相应取这些值的概率．分布列具有性质：

(1) $0 \leqslant p_n \leqslant 1, n=1,2,\cdots$;

(2) $\sum_{n=1}^{\infty} p_n = 1$.

3. 几种常见离散分布及分布列

(1) 0-1 分布.

设随机变量 X 只可能取 0 与 1 两个值,它的分布列为
$$P\{X=k\}=p^k(1-p)^{1-k}(0<p<1,k=0,1),$$
即

X	1	0
P	p	$1-p$

称 X 服从参数为 p 的 0-1 分布或两点分布,记作 $X \sim B(1,p)$.

(2) 二项分布.

如果随机变量 X 的分布列为 $P\{X=k\}=C_n^k p^k q^{n-k}(k=0,1,2,\cdots,n)(0<p<1,q=1-p)$,则称 X 服从参数为 n,p 的二项分布,记作 $X \sim B(n,p)$. 二项分布的实际背景是 n 重贝努里试验,X 即是事件 A 发生的次数,$P(A)=p$.

(3) 泊松分布.

如果随机变量 X 的分布列为 $P\{X=k\}=\dfrac{\lambda^k \mathrm{e}^{-\lambda}}{k!}(k=0,1,2,\cdots)$,其中参数 $\lambda>0$,则称 X 服从参数为 λ 的泊松分布,记作 $X \sim P(\lambda)$.

4. 连续型随机变量及其密度函数

对于随机变量 X,如果存在非负可积函数 $f(x)$,使得对任意 $a,b(a<b)$ 都有
$$P\{a \leqslant X \leqslant b\} = \int_a^b f(x) \mathrm{d}x,$$
则称 X 为连续型随机变量,并称 $f(x)$ 为连续型随机变量 X 的概率密度函数,简称**概率密度**或**密度函数**. 密度函数的曲线称为密度曲线. 密度函数具有性质:

(1) $f(x) \geqslant 0$;

(2) $\int_{-\infty}^{+\infty} f(x) \mathrm{d}x = 1$;

(3) 对于连续型随机变量 X 和任意一个给定的实数 a,有 $P\{X=a\}=0$;

(4) 对连续型随机变量 X 和任意实数 $a,b(a<b)$,有
$$P\{a<X<b\}=P\{a \leqslant X<b\}=P\{a<X \leqslant b\}=P\{a \leqslant X \leqslant b\}=\int_b^a f(x) \mathrm{d}x.$$

5. 几种常见连续型分布及其密度函数

(1) 均匀分布.

设连续型随机变量 X 的概率密度为

$$f(x)=\begin{cases} \dfrac{1}{b-a}, & a\leqslant x\leqslant b,\\ 0, & \text{其他}, \end{cases}$$

则称 X 服从区间 $[a,b]$ 上的均匀分布,记作 $X\sim U[a,b]$.

(2) 指数分布.

设连续型随机变量 X 的概率密度为

$$f(x)=\begin{cases} \lambda e^{-\lambda x}, & x>0,\\ 0, & x\leqslant 0 \end{cases} (\lambda>0),$$

则称 X 服从参数为 λ 的指数分布,记作 $X\sim E(\lambda)$.

(3) 正态分布.

若连续型随机变量 X 的密度函数为

$$f(x)=\dfrac{1}{\sqrt{2\pi}\sigma}e^{-\dfrac{(x-\mu)^2}{2\sigma^2}}, -\infty<x<+\infty,$$

其中 $\mu,\sigma(\sigma>0)$ 为参数,则称 X 服从参数为 μ,σ 的正态分布,记作 $X\sim N(\mu,\sigma^2)$.

特别地,如果 $\mu=0,\sigma=1$,则称 X 服从标准正态分布.标准正态分布的概率密度函数为

$$\varphi(x)=\dfrac{1}{\sqrt{2\pi}}e^{-\dfrac{x^2}{2}}.$$

标准正态分布的密度曲线 $y=\varphi(x)$ 关于 y 轴对称.

6. 分布函数

(1) 分布函数的定义.

设 X 是一个随机变量,x 是任一实数,称函数 $F(x)=P\{X\leqslant x\}(-\infty<x<+\infty)$ 为随机变量 X 的分布函数.

(2) 分布函数的性质.

① $F(x)$ 是一个不减的函数,即当 $x_1<x_2$ 时,$F(x_1)\leqslant F(x_2)$;

② $0\leqslant F(x)\leqslant 1(-\infty<x<+\infty)$,且 $F(-\infty)=\lim\limits_{x\to-\infty}F(x)=0$,$F(+\infty)=\lim\limits_{x\to+\infty}F(x)=1$;

③ $F(x+0)=F(x)$,即 $F(x)$ 是右连续的.

特别地,对于连续型随机变量而言,其分布函数 $F(x)$ 为连续函数,在其密度

函数 $f(x)$ 的连续点 x 处可导,且 $F'(x)=f(x)$.

(3) 分布函数的计算.

若 X 为离散型随机变量,分布列为 $P\{X=x_n\}=p_n, n=1,2,3,\cdots$,则 $F(x)=P\{X\leqslant x\}=\sum_{x_i\leqslant x}P\{X=x_i\}$,即把满足"$x_i\leqslant x$"的所有的概率 $P\{X=x_i\}$ 相加;若 X 为连续型随机变量,其密度函数为 $f(x)$,则可由其密度函数确定分布函数

$$F(x)=P\{X\leqslant x\}=\int_{-\infty}^{x}f(t)\mathrm{d}t.$$

7. 正态分布的概率计算

(1) 标准正态分布.

设 $X\sim N(0,1)$,X 的分布函数 $\Phi(x)$ 由 $\Phi(x)=\int_{-\infty}^{x}\frac{1}{\sqrt{2\pi}}\mathrm{e}^{-\frac{t^2}{2}}\mathrm{d}t$ 给出. 对给定的 $x\geqslant 0$,$\Phi(x)$ 可通过标准正态分布表查出. 标准正态分布函数具有性质 $\Phi(-x)=1-\Phi(x)$,利用此式可以得到 $x<0$ 时的 $\Phi(x)$ 值. 一般地,$P\{a\leqslant X\leqslant b\}=\Phi(b)-\Phi(a)$.

注意 (1) $\Phi(0)=\dfrac{1}{2}$;(2) $\Phi(x)$ 为关于 x 的单调增加函数.

(2) 一般正态分布.

设随机变量 $X\sim N(\mu,\sigma^2)$,则 $\dfrac{X-\mu}{\sigma}\sim N(0,1)$. 利用这个结论,将服从一般正态分布的随机变量的概率计算转化为服从标准正态分布的随机变量的概率计算,即是 $P\{a\leqslant X\leqslant b\}=\Phi\left(\dfrac{b-\mu}{\sigma}\right)-\Phi\left(\dfrac{a-\mu}{\sigma}\right)$.

8. 随机变量函数的概率分布

设 X 是一个随机变量,$g(x)$ 是一个连续实函数,则 $Y=g(X)$ 也是一个随机变量,称 $Y=g(X)$ 为随机变量 X 的函数.

(1) 当 X 是离散型随机变量时,$Y=g(X)$ 自然一般也是离散型的随机变量. 设 X 的分布列为

X	x_1	x_2	$\cdots$	x_k	$\cdots$
P	p_1	p_2	$\cdots$	p_k	$\cdots$

记 $y_i=g(x_i)(i=1,2,\cdots)$,则

(Ⅰ)当 $y_1,y_2,\cdots$ 各值互不相等时,$Y=g(X)$ 的分布列为

X	y_1	y_2	$\cdots$	y_k	$\cdots$
P	p_1	p_2	$\cdots$	p_k	$\cdots$

（Ⅱ）当 $y_1, y_2, \cdots$ 各值不是互不相等时，应把相等的值合并为一个值，同时把相应的概率之和作为该值所对应的概率.

(2) 当 X 是连续型随机变量时，由于 $g(x)$ 是连续函数，因而 $Y=g(X)$ 一般也是连续型的随机变量．先通过关系式 $Y=g(X)$ 利用 X 的密度函数找出 Y 的分布函数的积分表示，再对此分布函数求导，即得到 Y 的密度函数，即分布函数法．如果要求 Y 的分布函数，将 Y 的分布函数写成 X 的密度函数的积分后，将此积分求出来即可.

习题 2

第一部分　选择题

1. $P(X=k)=b\lambda^k (k=1,2,\cdots)$ 为离散型随机变量 X 的分布列的充要条件是（　）.

   A. $b>0$ 且 $0<\lambda<1$　　　　B. $b=1-\lambda$ 且 $0<\lambda<1$

   C. $b=\dfrac{1}{\lambda}-1$ 且 $\lambda<1$　　　　D. $\lambda=\dfrac{1}{1+b}$ 且 $b>0$

2. 设随机变量 X 服从 0-1 分布，又知 X 取 1 的概率为它取 0 的概率的一半，则 $P\{X=1\}=$（　）.

   A. $\dfrac{1}{3}$　　　　B. 0　　　　C. $\dfrac{1}{2}$　　　　D. 1

3. 设离散型随机变量 X 的分布列为 $P\{X=k\}=\dfrac{A}{3^k k!}, k=0,1,2,\cdots,n,\cdots$，则常数 A 应为（　）.

   A. $e^{\frac{1}{3}}$　　　　B. $e^{-\frac{1}{3}}$　　　　C. e^{-3}　　　　D. e^3

4. 若函数 $f(x)=\begin{cases}\sin x, & x\in D,\\ 0, & x\overline{\in} D\end{cases}$ 是某随机变量的密度函数，则区间 D 是（　）.

   A. $[0,\pi]$　　B. $\left[0,\dfrac{\pi}{2}\right]$　　C. $\left[-\dfrac{\pi}{2},\pi\right]$　　D. $\left[0,\dfrac{3\pi}{2}\right]$

5. 任一个连续型的随机变量 X 的概率密度为 $f(x)$，则 $f(x)$ 必满足（　　）.

　　A. $0 \leqslant f(x) \leqslant 1$　　　　　　　　B. 单调不减

　　C. $\int_{-\infty}^{+\infty} f(x)\mathrm{d}x = 1$　　　　　　D. $\lim\limits_{x \to +\infty} f(x) = 1$

6. 设随机变量 X 的概率密度为 $f(x) = Ae^{-\frac{|x|}{2}}$，则 $A = ($　　$)$.

　　A. 2　　　　B. 1　　　　C. $\dfrac{1}{2}$　　　　D. $\dfrac{1}{4}$

7. 设 $f(x) = \begin{cases} \dfrac{x}{c}e^{-\frac{x^2}{2c}}, & x>0, \\ 0, & x \leqslant 0 \end{cases}$ 是随机变量 X 的概率密度，则常数 $C($　　$)$.

　　A. 可以是任意非零常数　　　　B. 只能是任意正常数

　　C. 仅取 1　　　　　　　　　　D. 仅取 -1

8. 函数 $F(x) = \begin{cases} 0, & x < -2, \\ \dfrac{1}{2}, & -2 \leqslant x < 0, \\ 1, & x \geqslant 0 \end{cases}$（　　）.

　　A. 是某一离散型随机变量 X 的分布函数

　　B. 是某一连续型随机变量 X 的分布函数

　　C. 既不是连续型也不是离散型随机变量的分布函数

　　D. 不可能为某一随机变量的分布函数

9. 设 X 的分布函数为 $F_1(x)$，Y 的分布函数为 $F_2(x)$，而 $F(x) = aF_1(x) - bF_2(x)$ 是某随机变量 Z 的分布函数，则实数 a, b 可取（　　）.

　　A. $a = \dfrac{3}{5}, b = -\dfrac{2}{5}$　　　　　　B. $a = b = \dfrac{2}{3}$

　　C. $a = -\dfrac{1}{2}, b = \dfrac{3}{2}$　　　　　　D. $a = \dfrac{1}{2}, b = -\dfrac{3}{2}$

10. 函数 $F(x) = \begin{cases} 0, & x < 0, \\ \sin x, & 0 \leqslant x < \pi, \\ 1, & x \geqslant \pi \end{cases}$（　　）.

　　A. 是某一离散型随机变量的分布函数

　　B. 是某一连续型随机变量的分布函数

　　C. 既不是连续型也不是离散型随机变量的分布函数

D. 不可能为某一随机变量的分布函数

11. 设 X 的分布列为

X	0	1	2
P	0.25	0.35	0.4

而 $F(x)=P\{X\leqslant x\}$，则 $F(\sqrt{2})=(\quad)$.

A. 0.6　　　　B. 0.35　　　　C. 0.25　　　　D. 0

12. 设 X 是一个连续型变量，其概率密度为 $f(x)$，分布函数为 $F(x)$，则对于任意 x 值，有(　　).

A. $P(X=0)=0$　　　　　　B. $F'(x)=f(x)$
C. $P(X=x)=f(x)$　　　　D. $P(X=x)=F(x)$

13. 设连续型随机变量 X 的分布函数 $F(x)=\dfrac{1}{\pi}\arctan x+\dfrac{1}{2}(-\infty<x<+\infty)$，则 $P\{X=-\sqrt{3}\}=(\quad)$.

A. $\dfrac{1}{6}$　　　　B. $\dfrac{5}{6}$　　　　C. 0　　　　D. $\dfrac{2}{3}$

14. 设随机变量 X 服从正态分布 $N(1,4)$，$Y=f(X)$ 服从标准正态分布，则 $f(X)=(\quad)$.

A. $\dfrac{X-1}{4}$　　　B. $\dfrac{X-1}{3}$　　　C. $\dfrac{X-1}{2}$　　　D. $3X+1$

15. 若 X 的概率密度函数为 $f(x)=\dfrac{1}{\sqrt{\pi}}e^{-x^2+4x-4}$，则有(　　).

A. $X\sim N(0,1)$　　　　　　B. $X\sim N\left(2,\left(\dfrac{1}{\sqrt{2}}\right)^2\right)$

C. $X\sim N\left(4,\left(\dfrac{1}{2}\right)^2\right)$　　　　D. $X\sim N(2,1^2)$

16. 已知随机变量 X 的分布函数 $\Phi(x)=\dfrac{1}{\sqrt{2\pi}}\displaystyle\int_{-\infty}^{x}e^{-\frac{t^2}{2}}dt$，则 $\Phi(-x)$ 的值等于(　　).

A. $\Phi(x)$　　　B. $1-\Phi(x)$　　　C. $-\Phi(x)$　　　D. $\dfrac{1}{2}+\Phi(x)$

17. 设 $X\sim N(a,4^2)$，$Y\sim N(a,5^2)$，记 $p_1=P\{X\leqslant a-4\}$，$p_2=P\{Y\geqslant a+5\}$，则(　　).

A. 对任意实数 a, $p_1=p_2$ B. 对任意实数 a, $p_1<p_2$

C. 对任意实数 a, $p_1>p_2$ D. 仅对某些 a 值可使 $p_1=p_2$

18. 设 X 在 $[-3,5]$ 上服从均匀分布,事件 B 为"方程 $x^2-Xx+1=0$ 有实根",则 $P(B)=(\quad)$.

A. $\dfrac{1}{2}$ B. $\dfrac{3}{4}$ C. $\dfrac{3}{8}$ D. 1

19. 设随机变量 $X\sim N(a,\sigma^2)$,记 $g(\sigma)=P\{|X-a|<\sigma\}$,则随着 σ 的增大,$g(\sigma)$ 之值( ).

A. 保持不变 B. 单调增大

C. 单调减少 D. 增减性不确定

20. 设随机变量 X,Y 都服从二项分布:$X\sim B(2,p)$,$Y\sim B(4,p)$,已知 $P\{X\geqslant 1\}=\dfrac{5}{9}$,则 $P\{Y\geqslant 1\}=(\quad)$.

A. $\dfrac{65}{81}$ B. $\dfrac{56}{81}$ C. $\dfrac{80}{81}$ D. 1

21. 设 X 的密度函数为 $f(x)=\dfrac{1}{\pi(1+x^2)}$,而 $Y=2X$,则 Y 的密度函数 $f(y)=(\quad)$.

A. $\dfrac{1}{\pi(1+y^2)}$ B. $\dfrac{1}{\pi\left(1+\dfrac{y^2}{4}\right)}$ C. $\dfrac{1}{\pi(4+y^2)}$ D. $\dfrac{2}{\pi(4+y^2)}$

22. 设连续型随机变量 X 的分布函数为 $F(x)$,则 $Y=1-\dfrac{1}{2}X$ 的分布函数为( ).

A. $F(2-2y)$ B. $\dfrac{1}{2}F\left(1-\dfrac{y}{2}\right)$

C. $2F(2-2y)$ D. $1-F(2-2y)$

23. 设随机变量 X 的概率密度为 $f(x)$,$Y=1-2X$,则 Y 的分布密度为( ).

A. $\dfrac{1}{2}f\left(\dfrac{1-y}{2}\right)$ B. $1-f\left(\dfrac{1-y}{2}\right)$

C. $-f\left(\dfrac{y-1}{2}\right)$ D. $2f(1-2y)$

24. 设 X 的概率密度函数为 $f(x)=\dfrac{1}{2}e^{-|x|}$ $(-\infty<x<+\infty)$,又 $F(x)=P\{X\leqslant x\}$,则 $x<0$ 时,$F(x)=(\quad)$.

A. $1-\frac{1}{2}e^x$ B. $1-\frac{1}{2}e^{-x}$ C. $\frac{1}{2}e^{-x}$ D. $\frac{1}{2}e^x$

25. 设随机变量 X 服从指数分布,则随机变量 $Y=\min(X,2)$ 的分布函数（ ）.

A. 是连续函数 B. 至少有两个间断点
C. 是阶梯函数 D. 恰好有一个间断点

第二部分　填空题

1. 已知随机变量 X 的分布列为

X	1	2	3	4	5
P	$2a$	0.1	0.3	a	0.3

则常数 $a=$ ＿＿＿＿＿＿＿.

2. 重复独立地掷一枚均匀硬币,直到出现正面为止,设 X 表示首次出现正面的试验次数,则 X 的分布列 $P\{X=k\}=$ ＿＿＿＿＿＿＿.

3. 若事件 A 在一次试验中发生的概率为 p,X 表示在 n 次重复独立试验中事件 A 发生的次数,则 $P\{X\geq 1\}=$ ＿＿＿＿＿＿＿.

4. 设某离散型随机变量 X 的分布列是 $P\{X=k\}=c(0.75)^k, k=1,2,3,\cdots$,则 c 的值应是＿＿＿＿＿＿＿.

5. 设某离散型随机变量 X 的分布列是 $P(X=k)=C\dfrac{\lambda^k}{k!}, k=0,1,2,\cdots$,常数 $\lambda>0$,则 C 的值应是＿＿＿＿＿＿＿.

6. 设 X 服从参数为 λ 的泊松分布,且已知 $P\{X=2\}=P\{X=4\}$,则 $\lambda=$ ＿＿＿＿＿＿＿.

7. 设随机变量 X 的分布密度为 $f(x)=\begin{cases}12x(1-x)^2, & x\in(0,1),\\ 0, & x\notin(0,1),\end{cases}$ 则 $P\{0<X<0.5\}=$ ＿＿＿＿＿＿＿.

8. 设某种电子管使用寿命的密度函数 $f(x)=\begin{cases}\dfrac{100}{x^2}, & x>100,\\ 0, & x\leq 100\end{cases}$ (单位:h),则在 150 h 内独立使用 3 只该电子管,全部损坏的概率是＿＿＿＿＿＿＿.

9. 设离散型随机变量 X 的分布函数是 $F(x)=P\{X\leq x\}$,则用 $F(x)$ 表示概率 $P\{X=x_0\}=$ ＿＿＿＿＿＿＿.

10. 设随机变量 X 的分布函数为 $F(x)=\begin{cases} 0, & x<0, \\ \dfrac{x^2}{25}, & 0\leqslant x<5, \\ 1, & x\geqslant 5, \end{cases}$ 则 $P\{3\leqslant X<6\}=$ _____.

11. 设离散型随机变量 X 的分布函数为 $F(x)=\begin{cases} 0, & x<-2, \\ \dfrac{1}{3}, & -2\geqslant x<0, \\ 1, & x\geqslant 0, \end{cases}$ 则其分布列为 _____.

12. 设 $X\sim N(0,1)$,已知 $F(x)=P\{X\leqslant x\}(0\leqslant x<+\infty)$,又 $Y\sim N(5, 0.5^2)$,用 $F(x)$ 之值表示概率 $P\{4.5<Y\leqslant 6\}=$ _____.

13. 设 $X\sim N(-1.5,2^2)$,且有 $\Phi(4)=1,\Phi(2)=0.977\,25,\Phi(2.5)=0.993\,79,\Phi(1.25)=0.894\,4$,则 $P\{X<2.5\}=$ _____.

14. 设某随机变量 X 的密度函数为 $f(x)=\dfrac{2A}{1+x^2}(-\infty<x<+\infty)$,其中常数 $A>0$,则常数 $A=$ _____ ,且 $P\{0<X<1\}=$ _____.

15. 设 $X\sim N(0.5,0.25)$,且有 $\Phi(2)=0.977\,25,\Phi(4)=1,\Phi(1)=0.841\,3$,则 $P\{X<0$ 或 $X>1\}=$ _____.

16. 设随机变量 X 服从参数 $\lambda=2$ 的指数分布,则 $P\{X\geqslant 1\}=$ _____.

17. 设随机变量 X 的分布函数为 $F(x)=\begin{cases} 0, & x<2, \\ (x-2)^2, & 2\leqslant x\leqslant 3, \\ 1. & x>3, \end{cases}$ 则 $P\{2.6\leqslant X\leqslant 4\}=$ _____.

18. 若函数 $F(x)=\begin{cases} A, & x>0, \\ \dfrac{1}{1+x^2}, & x\leqslant 0 \end{cases}$ 是某随机变量的分布函数,则 $A=$ _____.

19. 设 $X\sim N(0,1)$,已知 X 的分布函数 $P\{X\leqslant x\}=F(x)$ $(0\leqslant x<+\infty)$ 且 $a>0$,用分布函数 $F(x)$ 之值表示概率 $P\{|X|<a\}=$ _____.

20. 设随机变量 X 服从 $N(\mu,\sigma^2)$(其中 μ,σ^2 已知,且 $\sigma>0$),若 $P\{X<k\}=\dfrac{1}{2}$,则 $k=$ _____.

21. 设 X 的分布列为

X	-3	-2	-1	0	1
P	0.05	0.10	0.20	0.35	0.30

则 $Y=|2X+1|$ 的分布列为_____.

22. 若随机变量 X 的概率密度为 $f(x)$,则随机变量 $Y=3X+1$ 的概率密度是_____.

23. 设 X 服从 $N(0,1)$,则 $Y=aX+b$ 服从正态分布_____.

24. 若 X 服从二项分布 $X\sim B(4,p)$,且知 $P\{X\geq 1\}=\dfrac{65}{81}$,则 $p=$_____.

第三部分 解答题

1. 盒中有 10 个形状相同的灯泡,其中 7 个螺口灯泡,3 个卡口灯泡,灯口向下放着看不见.需要取出一个螺口灯泡,若取出的为卡口灯泡,就放到另一个空盒中.求取到螺口灯泡前已取出卡口灯泡的个数的分布列.

2. 现有 10 个号码(1 号到 10 号),从中任抽取 3 个号码,记这 3 个号码中最小号码为 X,求 X 的分布列及 $P\{2<X\leq 5\}$.

3. 对一目标进行射击,直到击中为止.如果每次射击的命中率为 p,求射击次数 X 的分布列.

4. 有人求得一离散型随机变量的分布列为

X	0	1	2
P	$\dfrac{1}{2}$	$\dfrac{1}{3}$	$\dfrac{1}{4}$

试说明这个计算结果是否正确.

5. 10 门火炮各自独立地同时向一敌船射击一次,设命中两发或两发以上的炮弹时,敌船被击沉.若每门炮射击一次的命中率都为 0.6,求敌船被击沉的概率.

6. 某地每年遭台风袭击的次数服从参数为 4 的泊松分布,求:(1)该地一年遭受 8 次台风的概率;(2)该地一年内遭受台风次数大于 8 的概率.

7. 设 X 服从泊松分布,且已知 $P\{X=1\}=P\{X=2\}$,求 $P\{X=4\}$.

8. 设某种电子元件的使用寿命 T 的概率密度函数为

$$f(t)=\begin{cases}\dfrac{a}{t^2}, & t\geq 100,\\ 0, & t<100\end{cases}\quad(\text{单位}:h).$$

(1) 确定常数 a；(2) 若某种仪器中有 3 个这种元件,则从最初开始使用算起的 150 h 内,3 个元件至少损坏一个的概率是多少?

9. 设随机变量 X 的概率密度为
$$f(x)=\begin{cases}cx, & 0\leqslant x\leqslant 1,\\ 0, & 其他.\end{cases}$$
(1) 求常数 c；(2) 计算 $P\{0.3<X<0.7\}$ 和 $P\{-1<X<0.5\}$.

10. 设随机变量 X 的概率密度函数为
$$f(x)=ce^{-|x|},\quad -\infty<x<+\infty,$$
求：(1) 常数 c；(2) X 落入区间 $(0,1)$ 的概率.

11. 设 X 服从区间 $[0,5]$ 上的均匀分布,求关于 x 的方程 $4x^2+4Xx+X+2=0$ 有实根的概率.

12. 设顾客在某银行的服务窗口等待服务的时间 X（单位：min）服从参数为 10 min 的指数分布. 某顾客在服务窗口等待服务,若超过 10 min,他就离去. 他一个月要到银行 5 次,以 Y 表示该顾客一个月内未等到服务而离去的次数,试写出 Y 的分布列,并求 $P\{Y\geqslant 1\}$.

13. 设某种动物的寿命服从指数分布,试证明在已知这种动物的寿命长于 s 年的条件下其再活 t 年的概率与年龄 s 无关,即
$$P\{X>s+t\mid X>s\}=P\{X>s+t\}.$$

14. 设随机变量 X 的分布列为

X	0	1	3
P	$\frac{1}{4}$	$2a$	a

求：(1) 常数 a；

(2) $P\{X>0.5\}$ 及 $P\{1<X\leqslant 5\}$；

(3) X 的分布函数 $F(x)$,并作出 $F(x)$ 的图形.

15. 设随机变量 X 的分布函数为
$$F(x)=\begin{cases}1-e^{-x}, & x\geqslant 0,\\ 0, & x<0,\end{cases}$$
求：(1) $P\{X\leqslant 2\}$, $P\{X>3\}$ 和 $P\{-1\leqslant X<3\}$；

(2) X 的密度函数 $f(x)$.

16. 设连续型随机变量 X 的分布函数 $F(x)=A+B\arctan x$, $-\infty<x<+\infty$. 求：(1) 常数 A,B；(2) $P\{-1\leqslant X\leqslant 1\}$；(3) 随机变量 X 的密度函数.

17. 设 $X \sim N(0,1)$，求：

(1) $P\{X<2.4\}$；(2) $P\{X\leqslant -1\}$；(3) $P\{|x|<1.5\}$.

18. 设 $X \sim N(3,2^2)$，求：

(1) $P\{2<X\leqslant 5\}$；   (2) $P\{-1<X<7\}$；

(3) $P\{|X|>2\}$；   (4) $P\{X>-1\}$.

19. 某产品的质量指标 $X \sim N(160,\sigma^2)$，若要求 $P\{120<X<200\}\geqslant 0.8$，问允许 σ 最多为多少？

20. 设测量从某地到某一目标的距离时发生的误差 $X \sim N(20,40^2)$（单位：m）.

(1) 求测量一次产生的误差的绝对值不超过 30 m 的概率；

(2) 如果接连测量三次，各次测量是相互独立进行的，求至少有一次误差不超过 30 m 的概率.

21. 设某批材料的强度 $X \sim N(200,18^2)$.

(1) 从中任取一件，求其强度不低于 180 的概率；

(2) 如果所用的材料要求以 99% 的概率保证强度不低于 150，问这批材料是否符合这个要求？

22. 设离散型随机变量 X 的分布列为

X	-1	0	1	2
P	0.35	0.2	0.2	0.25

求 $Y=X^2$，$Z=2X-1$ 及 $W=|X|+1$ 的分布列.

23. 设连续型随机变量 X 的密度函数为

$$f(x)=\begin{cases} 3x^2, & 0\leqslant x\leqslant 1, \\ 0, & x<0 \text{ 或 } x>1, \end{cases}$$

求：(1) $Y=-2X+1$ 的密度函数；(2) $Z=X^2$ 的密度函数.

24. 设 $X \sim N(0,1)$，求：

(1) $Y=e^X$ 的密度函数；(2) $Y=|X|$ 的密度函数.

第3章 多维随机变量

内容概要 本章主要以二维随机变量为例,讨论多维随机变量的相关概念及概率计算.先讨论联合分布函数的定义与性质;而后讨论二维离散型随机变量的联合分布列及性质,二维连续型随机变量的联合密度函数及性质;接着讨论二维随机变量的边缘分布和随机变量独立性的概念与判别;讨论二维随机变量函数的概率分布,其中二维连续型随机变量的函数以和、极大、极小分布为主;最后讨论二维随机变量的条件分布.

学习要求 理解二维随机变量联合分布函数的概念、几何意义和性质;理解二维离散型随机变量的联合分布列及其性质与表示;理解二维连续型随机变量的联合密度函数及性质;会求二维连续型随机变量在平面内某个区域取值的概率,知道二维连续型随机变量的联合密度函数与联合分布函数的关系及相互求解;掌握二维均匀分布的密度函数,知道二维正态分布;会根据离散型随机变量的联合分布列求其边缘分布列;会根据连续型随机变量的联合密度函数求其边缘密度函数;理解随机变量独立性的概念,会判别随机变量的独立性;掌握离散型随机变量函数的分布列的求法;知道二维连续型随机变量的和、极大以及极小函数的概率分布求解方法;了解二维随机变量的条件分布的概念,知道条件分布列、条件概率密度函数的计算公式.

在有些随机现象中,随机试验的结果不能只用一个随机变量来描述.例如,考察射手打靶命中点的位置用到两个随机变量的值(X,Y)来描述命中点的位置;在研究分子运动的速度时,就需要用三个随机变量(X_1,X_2,X_3)来刻画速度的三个分量;考察人体健康状况,需要考虑到身高、体重、视力、听力、肺活量、血压等,就要用到更多的随机变量.一般地,我们把n个随机变量$X_1,X_2,\cdots,X_n$构成的n元数组$(X_1,X_2,\cdots,X_n)$称为n**维随机变量**或n**维随机向量**.

因为 n 维随机变量的讨论方法和二维随机变量的讨论方法没有本质的差别,所以本章主要讨论二维随机变量及其概率分布.

§3.1 二维随机变量的分布

(一) 二维随机变量的联合分布函数

对于二维随机变量 (X,Y),把它当成两个一维随机变量 X 和 Y 分别研究是不够的,因为 X 和 Y 常常不是相互割裂的,而是相互关联的.例如,人的身高 X 和体重 Y,两者是关联的.把 (X,Y) 当成一个整体来研究,不仅能研究各个随机变量的性质,还可以研究它们之间的关系,这对解决问题是很必要的.

首先,类似一维的情况,我们定义二维随机变量的分布函数的概念.

定义 3.1 设 (X,Y) 是二维随机变量,x,y 是任意实数,则称二元函数
$$F(x,y)=P\{X\leqslant x, Y\leqslant y\} \qquad (3.1.1)$$
为二维随机变量 (X,Y) 的分布函数或 X 与 Y 的联合分布函数.

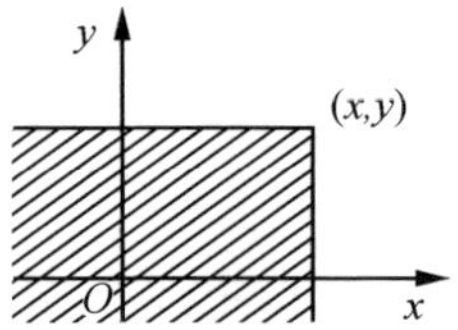

在几何上,$F(x,y)$ 表示随机点 (X,Y) 落入以点 (x,y) 为顶点的左下方无限矩形域内(图 3-1 中斜线部分)的概率.

借助于图 3-2 容易得到随机点 (X,Y) 落在矩形域 $\{(x,y)\mid x_1<x\leqslant x_2, y_1<y\leqslant y_2\}$ 内的概率
$$P\{x_1<X\leqslant x_2, y_1<Y\leqslant y_2\}=F(x_2,y_2)-F(x_2,y_1)-F(x_1,y_2)+F(x_1,y_1).$$

分布函数 $F(x,y)$ 具有如下基本性质:

性质 1 $F(x,y)$ 是变量 x 或 y 的不减函数,即对于任意固定的 y,当 $x_2>x_1$ 时,$F(x_2,y)\geqslant F(x_1,y)$;对于任意固定的 x,当 $y_2>y_1$ 时,$F(x,y_2)\geqslant F(x,y_1)$.

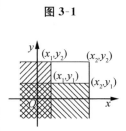

图 3-1

图 3-2

性质 2 对于任意的 x,y,有 $0\leqslant F(x,y)\leqslant 1$,且
$$F(-\infty,y)=F(x,-\infty)=F(-\infty,-\infty)=0, \qquad (3.1.2)$$
$$F(+\infty,+\infty)=1. \qquad (3.1.3)$$

性质 3 $F(x,y)$ 关于 x 右连续,关于 y 也右连续.

性质 4 对于任意 $(x_1,y_1),(x_2,y_2),x_1<x_2,y_1<y_2$,有
$$F(x_2,y_2)-F(x_2,y_1)-F(x_1,y_2)+F(x_1,y_1)\geqslant 0.$$
关于前三条性质,可类同于一维随机变量分布函数的性质去解释. 对于第四条性质,不等式的左边就是概率 $P\{x_1<X\leqslant x_2,y_1<Y\leqslant y_2\}$,所以显然成立.

(二)二维离散型随机变量及其分布列

定义 3.2 如果二维随机变量 (X,Y) 只能取有限对或者无穷可列对值 $(x_i,y_j)(i,j=1,2,\cdots)$,则称 (X,Y) 是**二维离散型随机变量**,并称
$$P\{X=x_i,Y=y_j\}=p_{ij}(i,j=1,2,\cdots)$$
为二维离散型随机变量 (X,Y) 的**分布列**(或概率函数)或 X 与 Y 的**联合分布列**.

分布列也可用表格形式表示:

X	Y				
	y_1	y_2	$\cdots$	y_j	$\cdots$
x_1	p_{11}	p_{12}	$\cdots$	p_{1j}	$\cdots$
x_2	p_{21}	p_{22}	$\cdots$	p_{2j}	$\cdots$
$\vdots$	$\vdots$	$\vdots$		$\vdots$	
x_i	p_{i1}	p_{i2}	$\cdots$	p_{ij}	$\cdots$
$\vdots$	$\vdots$	$\vdots$		$\vdots$	

由概率的性质可知
$$p_{ij}\geqslant 0,\sum_{i=1}^{\infty}\sum_{j=1}^{\infty}p_{ij}=1. \tag{3.1.4}$$

例 1 袋中装有标上号码 $0,0,1,1,1$ 的 5 个球,从中任取一个并且不放回,然后再从袋中任取一球. 以 X,Y 分别记第一次、第二次取到的球上的号码数. 求 X,Y 的联合分布列.

解 $P\{X=0,Y=0\}=\dfrac{2}{5}\times\dfrac{1}{4}=\dfrac{1}{10}$,

$P\{X=0,Y=1\}=\dfrac{2}{5}\times\dfrac{3}{4}=\dfrac{3}{10}$,

$P\{X=1,Y=0\}=\dfrac{3}{5}\times\dfrac{2}{4}=\dfrac{3}{10}$,

$P\{X=1,Y=1\}=\dfrac{3}{5}\times\dfrac{2}{4}=\dfrac{3}{10}$,

所以 X 与 Y 的联合分布列可用表格的形式表示为

X	Y	
	1	0
0	$\frac{1}{10}$	$\frac{3}{10}$
1	$\frac{3}{10}$	$\frac{3}{10}$

如果已知二维离散型随机变量(X,Y)的分布列

$$P\{X=x_i, Y=y_j\}=p_{ij}\ (i,j=1,2,\cdots),$$

则(X,Y)的分布函数为

$$F(x,y)=\sum_{x_i\leqslant x}\sum_{y_j\leqslant y}p_{ij}. \tag{3.1.5}$$

(三) 二维连续型随机变量及其密度函数

定义 3.3 设$F(x,y)$是二维随机变量(X,Y)的分布函数,如果存在一个非负可积函数$f(x,y)$,使对任意实数x,y,都有

$$F(x,y)=\int_{-\infty}^{x}\mathrm{d}u\int_{-\infty}^{y}f(u,v)\mathrm{d}v, \tag{3.1.6}$$

则称(X,Y)为二维连续型随机变量,并称函数$f(x,y)$为(X,Y)的概率密度函数或X与Y的联合密度函数.

由定义知道,联合密度函数具有以下基本性质:

性质 1 $f(x,y)\geqslant 0.$

性质 2 $\int_{-\infty}^{+\infty}\int_{-\infty}^{+\infty}f(x,y)\mathrm{d}x\mathrm{d}y=F(+\infty,+\infty)=1. \tag{3.1.7}$

性质 3 若$f(x,y)$在点(x,y)处连续,则有

$$\frac{\partial^2 F(x,y)}{\partial x\partial y}=f(x,y). \tag{3.1.8}$$

性质 4 点(X,Y)落入区域D中的概率为

$$P\{(X,Y)\in D\}=\iint_{D}f(x,y)\mathrm{d}x\mathrm{d}y. \tag{3.1.9}$$

性质 4 表明,二维连续型随机变量(X,Y)落在平面任一区域D内的概率,等于联合密度函数$f(x,y)$在区域D上的二重积分,从而把概率计算化为二重积分的计算. (3.1.9)式是很重要的一个公式.

例 2 设二维连续型随机变量(X,Y)的概率密度为

$$f(x,y) = \begin{cases} kxy, & 0 \leqslant x \leqslant 1, 0 \leqslant y \leqslant 1, \\ 0, & \text{其他}. \end{cases}$$

(1) 求常数 k；(2) 计算概率 $P\{X+Y \geqslant 1\}$；(3) 求 X 与 Y 的联合分布函数.

解 (1) 由密度函数的性质知

$$\int_{-\infty}^{+\infty}\int_{-\infty}^{+\infty} f(x,y)\mathrm{d}x\mathrm{d}y = 1,$$

故有

$$\int_0^1\int_0^1 kxy\,\mathrm{d}x\mathrm{d}y = 1,$$

由此求得 $k=4$.

(2) 因为 $f(x,y)$ 在矩形区域 $D_1 = \{0 \leqslant x \leqslant 1, 0 \leqslant y \leqslant 1\}$ 之外恒为零，记 $D = \{(x,y) \mid x+y \geqslant 1\}$，参考图 3-3，则

$$P\{X+Y \geqslant 1\} = \iint_D f(x,y)\mathrm{d}x\mathrm{d}y = \iint_{D \cap D_1} 4xy\,\mathrm{d}x\mathrm{d}y = \int_0^1 \mathrm{d}x\int_{1-x}^1 4xy\,\mathrm{d}y = \frac{5}{6}.$$

(3) 由(3.1.6)式，联合分布函数

$$F(x,y) = \int_{-\infty}^x \mathrm{d}u \int_{-\infty}^y f(u,v)\mathrm{d}v,$$

该积分的积分区域 S 是以点 (x,y) 为顶点的左下方无限矩形域. 进行积分时，要讨论不同的 x,y 取值时，积分区域 S 与联合密度函数不为 0 的区域 D_1 的交集，不同的交集上的二重积分结果不同，即 $F(x,y)$ 的表达式不同. 结合本题的 D_1，共有五种情况：

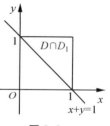

图 3-3

① 当 $x<0$ 或 $y<0$ 时，在区域 $\{(u,v) \mid -\infty < u \leqslant x, -\infty < v \leqslant y\}$ 内 $f(u,v)=0$，故

$$F(x,y) = \int_{-\infty}^x \mathrm{d}u \int_{-\infty}^y 0\,\mathrm{d}v = 0;$$

② 当 $0 \leqslant x \leqslant 1$ 且 $0 \leqslant y \leqslant 1$ 时，

$$F(x,y) = \int_0^x \mathrm{d}u \int_0^y 4uv\,\mathrm{d}v = x^2 y^2;$$

③ 当 $x>1$ 且 $0 \leqslant y \leqslant 1$ 时，

$$F(x,y) = \int_0^1 \mathrm{d}u \int_0^y 4uv\,\mathrm{d}v = y^2;$$

④ 当 $0 \leqslant x \leqslant 1$ 且 $y>1$ 时，

$$F(x,y)=\int_0^x du\int_0^1 4uv\,dv = x^2;$$

⑤ 当 $x>1$ 且 $y>1$ 时,
$$F(x,y)=\int_0^1 du\int_0^1 4uv\,dv = 1.$$

故联合分布函数
$$F(x,y)=\begin{cases} 0, & x<0 \text{ 或 } y<0, \\ x^2 y^2, & 0\leqslant x\leqslant 1, 0\leqslant y\leqslant 1, \\ y^2, & x>1, 0\leqslant y\leqslant 1, \\ x^2, & 0\leqslant x\leqslant 1, y>1, \\ 1, & x>1, y>1. \end{cases}$$

例 3 设二维连续型随机变量 (X,Y) 的分布函数为
$$F(x,y)=A\left(B+\arctan\frac{x}{2}\right)\left(C+\arctan\frac{y}{3}\right),$$
求:(1) 常数 A,B,C; (2) (X,Y) 的联合密度函数 $f(x,y)$.

解 (1) 由联合分布函数的性质知
$$1=F(+\infty,+\infty)=A\left(B+\frac{\pi}{2}\right)\left(C+\frac{\pi}{2}\right),$$
$$0=F(x,-\infty)=A\left(B+\arctan\frac{x}{2}\right)\left(C-\frac{\pi}{2}\right),$$
$$0=F(-\infty,y)=A\left(B-\frac{\pi}{2}\right)\left(C+\arctan\frac{y}{3}\right).$$

由上面三式中的第一式知 $A\neq 0$. 在第二、三式中,由 x,y 的任意性得 $B=C=\frac{\pi}{2}$ 及 $A=\frac{1}{\pi^2}$. 因此
$$F(x,y)=\frac{1}{\pi^2}\left(\frac{\pi}{2}+\arctan\frac{x}{2}\right)\left(\frac{\pi}{2}+\arctan\frac{y}{3}\right).$$

(2) 根据式(3.1.8),联合密度函数
$$f(x,y)=\frac{\partial^2 F(x,y)}{\partial x\partial y}=\frac{1}{\pi^2}\cdot\frac{\frac{1}{2}}{1+\left(\frac{x}{2}\right)^2}\cdot\frac{\frac{1}{3}}{1+\left(\frac{y}{3}\right)^2}=\frac{6}{\pi^2(x^2+4)(y^2+9)}.$$

（四）两个常用的二维连续型随机变量的分布

1. 平面区域上的均匀分布

设 D 为有界的平面闭区域，其面积为 S. 若二维随机变量 (X,Y) 的概率密度函数为

$$f(x,y) = \begin{cases} \dfrac{1}{S}, & (x,y) \in D, \\ 0, & (x,y) \notin D, \end{cases} \tag{3.1.10}$$

则称 (X,Y) 服从平面区域 D 上的**均匀分布**.

2. 二维正态分布

如果二维随机变量 (X,Y) 的概率密度为

$$f(x,y) = \frac{1}{2\pi\sigma_1\sigma_2\sqrt{1-\rho^2}} e^{-\frac{1}{2(1-\rho^2)}\left[\frac{(x-\mu_1)^2}{\sigma_1^2} - 2\rho\frac{(x-\mu_1)(y-\mu_2)}{\sigma_1\sigma_2} + \frac{(y-\mu_2)^2}{\sigma_2^2}\right]}, \tag{3.1.11}$$

其中 $-\infty < x < +\infty, -\infty < y < +\infty, \mu_1, \mu_2, \sigma_1^2, \sigma_2^2, \rho$ 都是参数，且 $\sigma_1 > 0, \sigma_2 > 0$, $|\rho| < 1$，则称 (X,Y) 服从参数为 $\mu_1, \sigma_1, \mu_2, \sigma_2, \rho$ 的**二维正态分布**，记为 $(X,Y) \sim N(\mu_1, \sigma_1^2; \mu_2, \sigma_2^2; \rho)$.

§3.2 边缘分布与随机变量的独立性

（一）边缘分布

设二维随机变量 (X,Y) 的分布函数为 $F(x,y)$，X, Y 的分布函数分别为 $F_X(x), F_Y(y)$，称 $F_X(x)$ 为二维随机变量 (X,Y) 关于 X 的边缘分布函数，称 $F_Y(y)$ 为 (X,Y) 关于 Y 的边缘分布函数.

联合分布函数完全确定边缘分布函数. 这是因为

$$\begin{aligned} F_X(x) &= P\{X \leqslant x\} = P\{X \leqslant x, Y \leqslant +\infty\} \\ &= \lim_{y \to +\infty} P\{X \leqslant x, Y \leqslant y\} \\ &= \lim_{y \to +\infty} F(x,y) = F(x, +\infty), \end{aligned}$$

所以

$$F_X(x) = \lim_{y \to +\infty} F(x,y) = F(x, +\infty). \tag{3.2.1}$$

同理有
$$F_Y(y) = \lim_{x \to +\infty} F(x,y) = F(+\infty, y). \tag{3.2.2}$$

上面的结论对二维离散型、连续型随机变量都适用. 下面分别来进行讨论.

1. 二维离散型随机变量的边缘分布列

设 (X,Y) 为二维离散型随机变量,则 X,Y 都是离散型随机变量. 称 X 的分布列为二维随机变量 (X,Y) 关于 X 的边缘分布列,称 Y 的分布列为二维随机变量 (X,Y) 关于 Y 的边缘分布列. 从二维离散型随机变量 (X,Y) 的联合分布列 $P\{X=x_i, Y=y_j\} = p_{ij} (i,j=1,2,\cdots)$ 可以完全确定其两个分量 X 和 Y 的边缘分布列. 实际上 X 的可能取值即是 x_i,且

$$\begin{aligned} P\{X=x_i\} &= P\{X=x_i, Y<+\infty\} \\ &= P\{X=x_i, Y=y_1\} + P\{X=x_i, Y=y_2\} + \cdots \\ &= \sum_{j=1}^{\infty} p_{ij} \stackrel{\triangle}{=\!=} p_{i\cdot} \ (i=1,2,\cdots), \end{aligned}$$

所以,关于 X 的边缘分布列即是

$$P\{X=x_i\} = \sum_{j=1}^{\infty} p_{ij} \ (i=1,2,\cdots). \tag{3.2.3}$$

同理,有关于 Y 的边缘分布列为

$$P\{Y=y_j\} = \sum_{i=1}^{\infty} p_{ij} \stackrel{\triangle}{=\!=} p_{\cdot j} \ (j=1,2,\cdots). \tag{3.2.4}$$

(3.2.3)式、(3.2.4)式给出了求二维离散型随机变量 (X,Y) 的两个边缘分布列的计算公式. 二维离散型随机变量 (X,Y) 的分布列及其两个边缘分布列也可以用同一个表格来表示,这也是边缘分布名称的由来(见下表).

X	Y				$P\{X=x_i\}$
	y_1	y_2	$\cdots$	y_j $\cdots$	
x_1	p_{11}	p_{12}	$\cdots$	p_{1j} $\cdots$	$\sum_j p_{1j}$
x_2	p_{21}	p_{22}	$\cdots$	p_{2j} $\cdots$	$\sum_j p_{2j}$
$\vdots$	$\vdots$	$\vdots$		$\vdots$	$\vdots$
x_i	p_{i1}	p_{i2}	$\cdots$	p_{ij} $\cdots$	$\sum_j p_{ij}$
$\vdots$	$\vdots$	$\vdots$		$\vdots$	$\vdots$
$P\{Y=y_j\}$	$\sum_i p_{i1}$	$\sum_i p_{i2}$	$\cdots$	$\sum_i p_{ij}$ $\cdots$	

例 1 设随机变量 X 在 $1,2,3$ 三个正整数中等可能地取值,另一个随机变量 Y 在不超过 X 的正整数中等可能地取值. 试求 (X,Y) 的分布列及关于 X,Y 的边缘分布列.

解 由题意得

$$P\{X=1,Y=1\}=P\{X=1\}\times P\{Y=1|X=1\}=\frac{1}{3}\times 1=\frac{1}{3},$$

$$P\{X=1,Y=2\}=P\{X=1,Y=3\}=0,$$

$$P\{X=2,Y=1\}=P\{X=2\}\times P\{Y=1|X=2\}=\frac{1}{3}\times\frac{1}{2}=\frac{1}{6}.$$

同理有 $P\{X=2,Y=2\}=\frac{1}{6}, P\{X=2,Y=3\}=0,$

$$P\{X=3,Y=1\}=P\{X=3,Y=2\}=P\{X=3,Y=3\}=\frac{1}{9}.$$

这些等式给出了 (X,Y) 的联合分布列. 由联合分布列求得边缘分布列如下:
关于 X 的边缘分布列为

$$P\{X=1\}=P\{X=1,Y=1\}+P\{X=1,Y=2\}+P\{X=1,Y=3\}=\frac{1}{3},$$

$$P\{X=2\}=P\{X=2,Y=1\}+P\{X=2,Y=2\}+P\{X=2,Y=3\}=\frac{1}{3},$$

$$P\{X=3\}=P\{X=3,Y=1\}+P\{X=3,Y=2\}+P\{X=3,Y=3\}=\frac{1}{3};$$

关于 Y 的边缘分布列为

$$P\{Y=1\}=P\{X=1,Y=1\}+P\{X=2,Y=1\}+P\{X=3,Y=1\}=\frac{11}{18},$$

$$P\{Y=2\}=P\{X=1,Y=2\}+P\{X=2,Y=2\}+P\{X=3,Y=2\}=\frac{5}{18},$$

$$P\{Y=3\}=P\{X=1,Y=3\}+P\{X=2,Y=3\}+P\{X=3,Y=3\}=\frac{1}{9}.$$

由于联合分布确定边缘分布,(X,Y) 的分布列及关于 X,Y 的边缘分布列还可以以简洁的表格形式给出:

X	Y			$P\{X=x_i\}$
	1	2	3	
1	$\frac{1}{3}$	0	0	$\frac{1}{3}$
2	$\frac{1}{6}$	$\frac{1}{6}$	0	$\frac{1}{3}$
3	$\frac{1}{9}$	$\frac{1}{9}$	$\frac{1}{9}$	$\frac{1}{3}$
$P\{Y=y_j\}$	$\frac{11}{18}$	$\frac{5}{18}$	$\frac{1}{9}$	

2. 二维连续型随机变量的边缘密度函数

设二维连续型随机变量 (X,Y) 的联合密度函数为 $f(x,y)$，$F(x,y)$ 为 (X,Y) 的联合分布函数，$f_X(x)$，$F_X(x)$ 和 $f_Y(y)$，$F_Y(y)$ 分别为 X 和 Y 的密度函数、分布函数，则有

$$F_X(x)=F(x,+\infty)=\int_{-\infty}^{x}\left[\int_{-\infty}^{+\infty}f(u,v)\,\mathrm{d}v\right]\mathrm{d}u,$$

从而有

$$f_X(x)=\frac{\mathrm{d}}{\mathrm{d}x}[F_X(x)]=\int_{-\infty}^{+\infty}f(x,v)\mathrm{d}v=\int_{-\infty}^{+\infty}f(x,y)\mathrm{d}y. \quad (3.2.5)$$

同理可得

$$f_Y(y)=\frac{\mathrm{d}}{\mathrm{d}y}[F_Y(y)]=\int_{-\infty}^{+\infty}f(u,y)\mathrm{d}u=\int_{-\infty}^{+\infty}f(x,y)\mathrm{d}x. \quad (3.2.6)$$

$f_X(x)$ 称为 (X,Y) 关于 X 的边缘密度函数，$f_Y(y)$ 称为 (X,Y) 关于 Y 的边缘密度函数.

例 2 设 D 为抛物线 $y=x^2$ 和直线 $y=x$ 所围的闭区域(图 3-4)，(X,Y) 服从区域 D 上的均匀分布. 求 (X,Y) 的密度函数及关于 X,Y 的边缘密度函数.

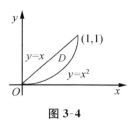

图 3-4

解 D 的面积为

$$S=\int_0^1(x-x^2)\mathrm{d}x=\frac{1}{6}.$$

由(3.1.10)式得 (X,Y) 的联合密度函数为

$$f(x,y)=\begin{cases}6, & (x,y)\in D,\\ 0, & (x,y)\notin D.\end{cases}$$

当 $0\leqslant x\leqslant 1$ 时，$f_X(x)=\int_{-\infty}^{+\infty}f(x,y)\mathrm{d}y=\int_{x^2}^{x}6\mathrm{d}y=6(x-x^2)$；

当 $x<0$ 或 $x>1$ 时, $f_X(x) = \int_{-\infty}^{+\infty} 0 \mathrm{d}y = 0$, 所以关于 X 的边缘密度为

$$f_X(x) = \begin{cases} 6(x-x^2), & 0 \leqslant x \leqslant 1, \\ 0, & \text{其他;} \end{cases}$$

当 $0 \leqslant y \leqslant 1$ 时, $f_Y(y) = \int_{-\infty}^{+\infty} f(x,y) \mathrm{d}x = \int_y^{\sqrt{y}} 6 \mathrm{d}x = 6(\sqrt{y} - y)$;

当 $y<0$ 或 $y>1$ 时, $f_Y(y) = \int_{-\infty}^{+\infty} 0 \mathrm{d}x = 0$, 所以关于 Y 的边缘密度为

$$f_Y(y) = \begin{cases} 6(\sqrt{y} - y), & 0 \leqslant y \leqslant 1, \\ 0, & \text{其他.} \end{cases}$$

（二）随机变量的独立性

第1章介绍了随机事件的独立性,即若 $P(AB) = P(A)P(B)$,则称随机事件 A,B 相互独立. 对于随机变量也有类似的结论.

定义 3.4 设 X,Y 是随机变量,若对任意实数 x,y,有

$$P\{X \leqslant x, Y \leqslant y\} = P\{X \leqslant x\} P\{Y \leqslant y\},$$

即

$$F(x,y) = F_X(x) F_Y(y), \tag{3.2.7}$$

则称**随机变量 X 与 Y 相互独立**（简称 X 与 Y 独立）.

由(3.2.7)式知道,随机变量 X 与 Y 相互独立的充要条件是,它们的联合分布函数等于各自分布函数（即边缘分布函数）的乘积. 在实际判别 X 与 Y 的独立性时,根据 (X,Y) 是连续型还是离散型,经常应用如下的结论.

定理 3.1 设二维连续型随机变量 (X,Y) 的联合密度函数为 $f(x,y)$, $f_X(x), f_Y(y)$ 分别为 X,Y 的密度函数（即边缘密度函数）,则 X 与 Y 相互独立的充分必要条件是对任意的实数 x,y,有

$$f(x,y) = f_X(x) f_Y(y), \tag{3.2.8}$$

即 X 与 Y 独立的充要条件是联合密度函数等于边缘密度函数之积.

证 先证必要性. 设随机变量 X 与 Y 相互独立,则由定义有

$$F(x,y) = F_X(x) F_Y(y)$$

对任意实数 x,y 成立. 对上式两边求关于 x 和 y 的二阶混合偏导数,得

$$\frac{\partial^2 F(x,y)}{\partial x \partial y} = \frac{\mathrm{d}[F_X(x)]}{\mathrm{d}x} \cdot \frac{\mathrm{d}[F_Y(y)]}{\mathrm{d}y},$$

即对任意实数 x,y,有
$$f(x,y)=f_X(x)f_Y(y).$$

再证充分性. 设 $f(u,v)=f_X(u)f_Y(v)$ 对任意实数 u,v 都成立,则对上式两边积分得
$$\int_{-\infty}^{y}\int_{-\infty}^{x}f(u,v)\mathrm{d}u\mathrm{d}v=\int_{-\infty}^{y}\int_{-\infty}^{x}f_X(u)f_Y(v)\mathrm{d}u\mathrm{d}v$$
$$=\int_{-\infty}^{x}f_X(u)\mathrm{d}u\int_{-\infty}^{y}f_Y(v)\mathrm{d}v,$$

即对任意实数 x,y,有
$$F(x,y)=F_X(x)F_Y(y).$$

因此,随机变量 X,Y 相互独立.

对于离散的情形,有类似于定理 3.1 的结论.

定理 3.2 设 (X,Y) 是二维离散型随机变量,则 X 与 Y 相互独立的充分必要条件是对于 (X,Y) 的所有可能的取值 (x_i,y_j),都有
$$P\{X=x_i,Y=y_j\}=P\{X=x_i\}P\{Y=y_j\}(i,j=1,2,\cdots). \quad (3.2.9)$$

从前面的讨论知道,二维随机变量 (X,Y) 的分布可以确定其两个分量 X 和 Y 的边缘分布. 但是反过来,知道了二维随机变量 (X,Y) 的关于 X 和 Y 的边缘分布,一般不能确定二维随机变量 (X,Y) 的分布. 而定理 3.1 和定理 3.2 告诉我们:当 X 与 Y 独立时,由 X 和 Y 的边缘分布也可以确定 (X,Y) 的分布.

例 3 设 (X,Y) 的联合密度函数为
$$f(x,y)=\begin{cases}Ce^{-(2x+y)}, & x\geqslant 0,y\geqslant 0,\\ 0, & 其他.\end{cases}$$

(1) 求常数 C;

(2) 判断 X 与 Y 的独立性;

(3) 计算 $P\{0<X<1,0<Y<1\}$.

解 (1) 由联合密度的性质知
$$\int_{-\infty}^{+\infty}\int_{-\infty}^{+\infty}f(x,y)\mathrm{d}x\mathrm{d}y=1,$$
即
$$\int_{0}^{+\infty}\int_{0}^{+\infty}Ce^{-(2x+y)}\mathrm{d}x\mathrm{d}y=\frac{C}{2}=1,$$
故 $C=2$.

(2) 当 $x\geqslant 0$ 时,$f_X(x)=\int_{-\infty}^{+\infty}f(x,y)\mathrm{d}y=\int_{0}^{+\infty}2e^{-(2x+y)}\mathrm{d}y=2e^{-2x}$;

当 $x<0$ 时,$f_X(x)=\int_{-\infty}^{+\infty}f(x,y)\mathrm{d}y=0.$

故 $$f_X(x)=\begin{cases}2\mathrm{e}^{-2x}, & x\geqslant 0,\\ 0, & x<0.\end{cases}$$

当 $y\geqslant 0$ 时,$f_Y(y)=\int_{-\infty}^{+\infty}f(x,y)\mathrm{d}x=\int_{0}^{+\infty}2\mathrm{e}^{-(2x+y)}\mathrm{d}x=\mathrm{e}^{-y};$

当 $y<0$ 时,$f_Y(y)=\int_{-\infty}^{+\infty}f(x,y)\mathrm{d}x=0.$

故 $$f_Y(y)=\begin{cases}\mathrm{e}^{-y}, & y\geqslant 0,\\ 0, & y<0.\end{cases}$$

因此,有 $f(x,y)=f_X(x)f_Y(y)$,由此得出 X 与 Y 相互独立.

(3) $P\{0<X<1,0<Y<1\}=\int_0^1\int_0^1 f(x,y)\mathrm{d}x\mathrm{d}y=\int_0^1\int_0^1 2\mathrm{e}^{-(2x+y)}\mathrm{d}x\mathrm{d}y$
$$=\int_0^1 2\mathrm{e}^{-2x}\mathrm{d}x\cdot\int_0^1\mathrm{e}^{-y}\mathrm{d}y=(1-\mathrm{e}^{-2})(1-\mathrm{e}^{-1}).$$

例 4 设二维随机变量 (X,Y) 的联合密度函数为
$$f(x,y)=\begin{cases}2(x+y), & 0\leqslant y\leqslant x\leqslant 1,\\ 0, & \text{其他}.\end{cases}$$

(1) 求关于 X,Y 的边缘密度函数;(2) 讨论 X 与 Y 的独立性;

(3) 计算 $P\{X+Y\leqslant 1\}$.

解 (1) 当 $0\leqslant x\leqslant 1$ 时,
$$f_X(x)=\int_{-\infty}^{+\infty}f(x,y)\mathrm{d}y=\int_0^x 2(x+y)\mathrm{d}y=3x^2;$$

当 $x<0$ 或 $x>1$ 时,$f_X(x)=\int_{-\infty}^{+\infty}f(x,y)\mathrm{d}y=0.$

故 $$f_X(x)=\begin{cases}3x^2, & 0\leqslant x\leqslant 1,\\ 0, & \text{其他}.\end{cases}$$

当 $0\leqslant y\leqslant 1$ 时,$f_Y(y)=\int_{-\infty}^{+\infty}f(x,y)\mathrm{d}x=\int_y^1 2(x+y)\mathrm{d}x=1+2y-3y^2;$

当 $y<0$ 或 $y>1$ 时,$f_Y(y)=\int_{-\infty}^{+\infty}f(x,y)\mathrm{d}x=0.$

故 $$f_Y(y)=\begin{cases}1+2y-3y^2, & 0\leqslant y\leqslant 1,\\ 0, & \text{其他}.\end{cases}$$

(2) 因为 $f_X(x)f_Y(y)\not\equiv f(x,y)$(比如 $f_X(1)f_Y(1)\neq f(1,1)$),所以 X 与 Y

不独立.

(3) $P\{X+Y\leqslant 1\} = \iint\limits_{x+y\leqslant 1} f(x,y)\mathrm{d}x\mathrm{d}y = \iint\limits_{\substack{x+y\leqslant 1\\ 0\leqslant y\leqslant x\leqslant 1}} 2(x+y)\mathrm{d}x\mathrm{d}y$

$= \int_0^{\frac{1}{2}} \mathrm{d}y \int_y^{1-y} 2(x+y)\mathrm{d}x = \frac{1}{3}.$

例 5 设随机变量 X,Y 相互独立,X 服从区间 $[0,1]$ 上的均匀分布,Y 的密度函数为

$$f_Y(y) = \begin{cases} \mathrm{e}^{-y}, & y>0, \\ 0, & y\leqslant 0. \end{cases}$$

(1) 求 (X,Y) 的联合密度函数 $f(x,y)$;

(2) 设有关于 t 的二次方程 $t^2+2t\sqrt{X}+Y=0$,求方程有实根的概率.

解 (1) 因为 X 的密度函数为

$$f_X(x) = \begin{cases} 1, & 0\leqslant x\leqslant 1, \\ 0, & \text{其他}, \end{cases}$$

又 X,Y 相互独立,所以 X 与 Y 的联合密度函数为

$$f(x,y) = f_X(x)f_Y(y) = \begin{cases} \mathrm{e}^{-y}, & 0\leqslant x\leqslant 1, y>0, \\ 0, & \text{其他}. \end{cases}$$

(2) 由于方程有实根的充要条件是 $\Delta = (2\sqrt{X})^2 - 4Y \geqslant 0$,于是

$P\{\Delta\geqslant 0\} = P\{Y\leqslant X\} = \iint\limits_{y\leqslant x} f(x,y)\mathrm{d}x\mathrm{d}y = \int_0^1 \mathrm{d}x\int_0^x \mathrm{e}^{-y}\mathrm{d}y = \int_0^1 (1-\mathrm{e}^{-x})\mathrm{d}x = \mathrm{e}^{-1}.$

例 6 设二维离散型随机变量 (X,Y) 的分布列为

X	Y		
	1	2	3
1	$\frac{1}{6}$	$\frac{1}{9}$	$\frac{1}{18}$
2	$\frac{1}{3}$	a	b

问 a,b 为何值时,X 与 Y 独立?

解 不难求出关于 X 的边缘分布列为

X	1	2
$p_i.$	$\frac{1}{3}$	$\frac{1}{3}+a+b$

关于 Y 的边缘分布列为

Y	1	2	3
$p._j$	$\frac{1}{2}$	$\frac{1}{9}+a$	$\frac{1}{18}+b$

若 X 与 Y 独立,则
$$\begin{cases} P\{X=1,Y=2\}=P\{X=1\}P\{Y=2\}, \\ \frac{1}{6}+\frac{1}{9}+\frac{1}{18}+\frac{1}{3}+a+b=1, \end{cases}$$

即
$$\begin{cases} \frac{1}{9}=\frac{1}{3}\left(\frac{1}{9}+a\right), \\ a+b=\frac{1}{3}, \end{cases}$$

解得 $a=\frac{2}{9}, b=\frac{1}{9}$.

可验证:当 $a=\frac{2}{9}, b=\frac{1}{9}$ 时, $P\{X=i,Y=j\}=P\{X=i\}P\{Y=j\}$ ($i=1,2$; $j=1,2,3$)都成立,故这时 X 与 Y 独立.

例 7 设 (X,Y) 为本节例 1 中的随机变量,试判断 X 与 Y 的独立性.

解 例 1 中已求得 (X,Y) 的联合分布列和边缘分布列:

X	Y			$P\{X=x_i\}$
	1	2	3	
1	$\frac{1}{3}$	0	0	$\frac{1}{3}$
2	$\frac{1}{6}$	$\frac{1}{6}$	0	$\frac{1}{3}$
3	$\frac{1}{9}$	$\frac{1}{9}$	$\frac{1}{9}$	$\frac{1}{3}$
$P\{Y=y_j\}$	$\frac{11}{18}$	$\frac{5}{18}$	$\frac{1}{9}$	

显然, $P\{X=1,Y=3\}=0\neq\frac{1}{3}\times\frac{1}{9}=P\{X=1\}P\{Y=3\}$,所以 X 与 Y 不独立.

另外,我们给出一个有用的结论:若 (X,Y) 服从二维正态分布 $N(\mu_1,\sigma_1^2;\mu_2,\sigma_2^2;\rho)$,则 X 与 Y 独立的充要条件是 $\rho=0$.

在实际应用中,两个随机变量是否相互独立,一般并不是用数学式子去检验,而是由它们的实际意义来判断的. 当它们之间没有影响或者影响很弱时,就可认为它们是相互独立的.

§3.3 两个随机变量的函数的分布

在§2.5中,我们讨论了单个随机变量的函数的分布问题,即已知 X 的分布,求 X 的函数 $Y=g(X)$ 的分布.本节将讨论两个随机变量(或二维随机变量)的函数的分布,但我们只就几个具体的函数的例子来说明解决问题的方法.

(一) 离散型情形的举例

例1 设二维离散型随机变量 (X,Y) 的联合分布列为

X	Y	
	-1	1
0	0.1	0.4
1	0.2	0.3

求:(1) $Z=X+Y$ 的分布列;(2) $Z=XY$ 的分布列;(3) $Z=X^2+Y^2$ 的分布列.

解 (1) $Z=X+Y$ 只能取 $-1,0,1,2$ 共四个值,
$$P\{Z=-1\}=P\{X=0,Y=-1\}=0.1.$$
同理可得 $P\{Z=0\}=0.2, P\{Z=1\}=0.4, P\{Z=2\}=0.3.$
所以 $Z=X+Y$ 的分布列为

$Z=X+Y$	-1	0	1	2
P	0.1	0.2	0.4	0.3

(2) $Z=XY$ 只能取 $-1,0,1$ 共三个值,
$P\{Z=-1\}=P\{X=1,Y=-1\}=0.2,$
$P\{Z=0\}=P\{X=0,Y=-1\}+P\{X=0,Y=1\}=0.5,$
$P\{Z=1\}=P\{X=1,Y=1\}=0.3.$
即 $Z=XY$ 的分布列为

$Z=XY$	-1	0	1
P	0.2	0.5	0.3

(3) $Z=X^2+Y^2$ 只取 $1,2$ 两个值,
$$P\{Z=1\}=P\{X=0,Y=-1\}+P\{X=0,Y=1\}=0.5.$$
类似地,可得 $P\{Z=2\}=0.5$.
所以 $Z=X^2+Y^2$ 的分布列为

$Z=X^2+Y^2$	1	2
P	0.5	0.5

对于离散型随机变量,一般地可以证明:若 $X \sim B(n,p), Y \sim B(m,p)$, 且 X 与 Y 独立,则 $X+Y \sim B(n+m,p)$;若 $X \sim P(\lambda_1), Y \sim P(\lambda_2)$, 且 X 与 Y 独立,则 $X+Y \sim P(\lambda_1+\lambda_2)$. 还可以推广到有限多个随机变量的情况.

(二) 连续型情形的举例

1. 和 $Z=X+Y$ 的分布

设 (X,Y) 的联合密度函数为 $f(x,y)$, 求 $Z=X+Y$ 的分布函数 $F_Z(z)$.

记 D 表示平面区域 $\{(x,y) | x+y \leqslant z\}$, 如图 3-5 所示.

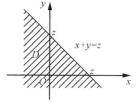

图 3-5

由分布函数的定义和性质,知
$$F_Z(z)=P\{Z \leqslant z\}=P\{X+Y \leqslant z\}=P\{(X,Y) \in D\}$$
$$=\iint_D f(x,y)\mathrm{d}x\mathrm{d}y = \iint_{x+y \leqslant z} f(x,y)\mathrm{d}x\mathrm{d}y.$$

由此可得密度函数
$$f_Z(z)=\frac{\mathrm{d}}{\mathrm{d}z}[F_Z(z)]=\frac{\mathrm{d}}{\mathrm{d}z}\Big[\iint_{x+y \leqslant z} f(x,y)\mathrm{d}x\mathrm{d}y\Big].$$

以上给我们提供了求 $Z=X+Y$ 的分布函数和密度函数的一般方法与主要步骤.

例 2 设 X 和 Y 是两个相互独立的随机变量,它们都服从标准正态分布 $N(0,1)$, 即它们的密度函数分别为
$$f_X(x)=\frac{1}{\sqrt{2\pi}}\mathrm{e}^{-\frac{x^2}{2}}(-\infty<x<+\infty), f_Y(y)=\frac{1}{\sqrt{2\pi}}\mathrm{e}^{-\frac{y^2}{2}}(-\infty<y<+\infty),$$

求 $Z=X+Y$ 的概率密度.

解 由于 X,Y 相互独立,所以它们的联合密度为

$$f(x,y)=f_X(x)f_Y(y)=\frac{1}{2\pi}e^{-\frac{x^2+y^2}{2}},$$

于是

$$F_Z(z)=P\{Z\leqslant z\}=P\{X+Y\leqslant z\}=\iint\limits_{x+y\leqslant z}f(x,y)dxdy$$

$$=\iint\limits_{x+y\leqslant z}\frac{1}{2\pi}e^{-\frac{x^2+y^2}{2}}dxdy\xrightarrow{\diamondsuit x+y=u}\int_{-\infty}^{+\infty}dx\int_{-\infty}^{z}\frac{1}{2\pi}e^{-\frac{x^2+(u-x)^2}{2}}du$$

$$=\int_{-\infty}^{z}\left(\int_{-\infty}^{+\infty}\frac{1}{2\pi}e^{-\frac{x^2+(u-x)^2}{2}}dx\right)du,$$

从而

$$f_Z(z)=\frac{d}{dz}\left[\int_{-\infty}^{z}\left(\int_{-\infty}^{+\infty}\frac{1}{2\pi}e^{-\frac{x^2+(u-x)^2}{2}}dx\right)du\right]=\int_{-\infty}^{+\infty}\frac{1}{2\pi}e^{-\frac{x^2+(z-x)^2}{2}}dx$$

$$=\frac{1}{2\pi}e^{-\frac{z^2}{4}}\int_{-\infty}^{+\infty}e^{-\left(x-\frac{z}{2}\right)^2}dx\xrightarrow{\diamondsuit x-\frac{z}{2}=t}\frac{1}{2\pi}e^{-\frac{z^2}{4}}\int_{-\infty}^{+\infty}e^{-t^2}dt$$

$$=\frac{1}{2\pi}e^{-\frac{z^2}{4}}\cdot\sqrt{\pi}=\frac{1}{\sqrt{2}\sqrt{2\pi}}e^{-\frac{z^2}{2(\sqrt{2})^2}}.$$

由(2.3.7)式可得 Z 服从正态分布 $N(0,(\sqrt{2})^2)$.

一般地,设 X,Y 相互独立且 $X\sim N(\mu_1,\sigma_1^2)$,$Y\sim N(\mu_2,\sigma_2^2)$,则 $Z=X+Y$ 服从正态分布 $N(\mu_1+\mu_2,\sigma_1^2+\sigma_2^2)$.

进而由归纳法可证,若 $X_k\sim N(\mu_k,\sigma_k^2)(k=1,2,\cdots,n)$ 且它们相互独立,则 $Z=a_1X_1+a_2X_2+\cdots+a_nX_n$ 仍然服从正态分布(其中 $a_1,a_2,\cdots,a_n$ 为常数),且有

$$Z\sim N(a_1\mu_1+a_2\mu_2+\cdots+a_n\mu_n,a_1^2\sigma_1^2+a_2^2\sigma_2^2+\cdots+a_n^2\sigma_n^2). \quad (3.3.1)$$

例3 设随机变量 X,Y 相互独立,X 服从区间 $[0,1]$ 上的均匀分布,Y 的密度函数为

$$f_Y(y)=\begin{cases}e^{-y}, & y>0,\\ 0, & y\leqslant 0,\end{cases}$$

求 $Z=X+Y$ 的分布函数.

解 由于 X,Y 相互独立,所以它们的联合密度为

$$f(x,y)=f_X(x)f_Y(y)=\begin{cases}e^{-y}, & 0\leqslant x\leqslant 1, y>0,\\ 0, & \text{其他},\end{cases}$$

于是 Z 的分布函数为

$$F_Z(z)=P\{Z\leqslant z\}=P\{X+Y\leqslant z\}=\iint\limits_{x+y\leqslant z}f(x,y)\mathrm{d}x\mathrm{d}y.$$

当 $z<0$ 时,$F_Z(z)=0$;

当 $0\leqslant z\leqslant 1$ 时,$F_Z(z)=\int_0^z\mathrm{d}x\int_0^{z-x}\mathrm{e}^{-y}\mathrm{d}y=z-1+\mathrm{e}^{-z}$;

当 $z>1$ 时,$F_Z(z)=\int_0^1\mathrm{d}x\int_0^{z-x}\mathrm{e}^{-y}\mathrm{d}y=1-\mathrm{e}^{-z}(\mathrm{e}-1)$.

所以

$$F_Z(z)=\begin{cases}0, & z<0,\\ z-1+\mathrm{e}^{-z}, & 0\leqslant z\leqslant 1,\\ 1-(\mathrm{e}-1)\mathrm{e}^{-z}, & z>1.\end{cases}$$

从而其密度函数为

$$f_Z(z)=\frac{\mathrm{d}}{\mathrm{d}z}[F_Z(z)]=\begin{cases}0, & z<0,\\ 1-\mathrm{e}^{-z}, & 0\leqslant z\leqslant 1,\\ (\mathrm{e}-1)\mathrm{e}^{-z}, & z>1.\end{cases}$$

2. X 与 Y 独立时 $\max(X,Y)$ 和 $\min(X,Y)$ 的分布

设 X 与 Y 相互独立,其分布函数分别为 $F_X(x)$ 和 $F_Y(y)$,令

$$M=\max(X,Y),N=\min(X,Y),$$

则 M 的分布函数为

$$\begin{aligned}F_M(z)&=P\{M\leqslant z\}=P\{X\leqslant z,Y\leqslant z\}\\ &=P\{X\leqslant z\}\cdot P\{Y\leqslant z\}=F_X(z)F_Y(z),\end{aligned}\tag{3.3.2}$$

而 N 的分布函数为

$$\begin{aligned}F_N(z)&=P\{N\leqslant z\}=1-P\{N>z\}=1-P\{X>z\text{ 且 }Y>z\}\\ &=1-P\{X>z\}P\{Y>z\}=1-(1-P\{X\leqslant z\})(1-P\{Y\leqslant z\})\\ &=1-[1-F_X(z)][1-F_Y(z)].\end{aligned}\tag{3.3.3}$$

当 X,Y 为连续型变量时,由(3.3.2)式和(3.3.3)式,通过求导可得随机变量函数 $M=\max(X,Y)$ 和 $N=\min(X,Y)$ 的概率密度函数.

例 4 设系统 L 由相互独立的两个子系统 L_1,L_2 连接而成,连接的方式分别为:(1)串联;(2)并联;(3)先用 L_1,当 L_1 损坏后再用 L_2.如图 3-6 所示.

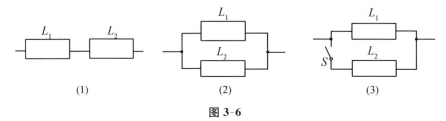

图 3-6

设 L_1, L_2 的寿命分别为 X 和 Y,已知 X, Y 的密度函数分别为

$$f_X(x)=\begin{cases}\alpha e^{-\alpha x}, & x>0,\\ 0, & x\leqslant 0,\end{cases} \quad f_Y(y)=\begin{cases}\beta e^{-\beta y}, & y>0,\\ 0, & y\leqslant 0,\end{cases}$$

其中常数 $\alpha>0, \beta>0$ 且 $\alpha\neq\beta$. 试分别就以上三种连接方式求出系统 L 的寿命 Z 的密度函数.

解 (1) 串联时,L_1, L_2 中有一个损坏,则整个系统 L 就不能正常工作,故 L 的寿命 $Z=\min(X,Y)$.

由 X 的密度函数容易求得其分布函数

$$F_X(x)=\int_{-\infty}^{x}f_X(x)dx=\begin{cases}1-e^{-\alpha x}, & x>0,\\ 0, & x\leqslant 0.\end{cases} \quad (3.3.4)$$

类似地,可得 Y 的分布函数

$$F_Y(y)=\begin{cases}1-e^{-\beta y}, & y>0,\\ 0, & y\leqslant 0.\end{cases} \quad (3.3.5)$$

又因为 X 与 Y 独立,由(3.3.3)式得 $Z=\min(X,Y)$ 的分布函数为

$$F_Z(z)=1-[1-F_X(z)][1-F_Y(z)]. \quad (3.3.6)$$

将(3.3.4)式、(3.3.5)式代入(3.3.6)式得

$$F_Z(z)=\begin{cases}1-e^{-(\alpha+\beta)z}, & z>0,\\ 0, & z\leqslant 0.\end{cases}$$

对此式求导,得 $Z=\min(X,Y)$ 的密度函数

$$f_Z(z)=\begin{cases}(\alpha+\beta)e^{-(\alpha+\beta)z}, & z>0,\\ 0, & z\leqslant 0.\end{cases}$$

(2) 并联时,只要 L_1, L_2 中有一个不损坏,则整个系统 L 就能正常工作,故 L 的寿命为 $Z=\max(X,Y)$.

因为 X, Y 的分布函数仍由(3.3.4)式、(3.3.5)式给出,且 X 与 Y 独立,故由(3.3.2)式得 $Z=\max(X,Y)$ 的分布函数为

$$F_Z(z)=F_X(z)F_Y(z)=\begin{cases}1-\mathrm{e}^{-\alpha z}-\mathrm{e}^{-\beta z}+\mathrm{e}^{-(\alpha+\beta)z}, & z>0,\\ 0, & z\leqslant 0.\end{cases}$$

故并联时系统 L 的寿命 $Z=\max(X,Y)$ 的密度函数为

$$f_Z(z)=F'_Z(z)=\begin{cases}\alpha\mathrm{e}^{-\alpha z}+\beta\mathrm{e}^{-\beta z}-(\alpha+\beta)\mathrm{e}^{-(\alpha+\beta)z}, & z>0,\\ 0, & z\leqslant 0.\end{cases}$$

(3) 留 L_2 备用时，系统 L 的寿命 $Z=X+Y$.

当 $z\leqslant 0$ 时，$F_Z(z)=P\{Z\leqslant z\}=P\{X+Y\leqslant z\}=\iint\limits_{x+y\leqslant z}f_X(x)f_Y(y)\mathrm{d}x\mathrm{d}y=0$；

当 $z>0$ 时，$F_Z(z)=\iint\limits_{x+y\leqslant z}f_X(x)f_Y(y)\mathrm{d}x\mathrm{d}y=\int_0^z\mathrm{d}x\int_0^{z-x}\alpha\beta\mathrm{e}^{-(\alpha x+\beta y)}\mathrm{d}y.$

故

$$f_Z(z)=\begin{cases}\dfrac{\alpha\beta}{\alpha-\beta}(\mathrm{e}^{-\beta z}-\mathrm{e}^{-\alpha z}), & z>0,\\ 0, & z\leqslant 0.\end{cases}$$

3. 一般函数 $Z=g(X,Y)$ 的分布

对二维连续型随机变量 (X,Y)，若其密度为 $f(x,y)$，则随机变量函数 $Z=g(X,Y)$ 的分布函数为

$$F_Z(z)=P\{Z\leqslant z\}=P\{g(X,Y)\leqslant z\}=\iint\limits_{D_z}f(x,y)\mathrm{d}x\mathrm{d}y,$$

其中，$D_z=\{(x,y)\,|\,g(x,y)\leqslant z\}$，从而 $Z=g(X,Y)$ 的密度函数为

$$f_Z(z)=F'_Z(z).$$

例 5 设 X,Y 相互独立，且均服从正态分布 $N(0,\sigma^2)$，求 $Z=\sqrt{X^2+Y^2}$ 的密度函数.

解 由于 X,Y 相互独立，且均服从正态分布 $N(0,\sigma^2)$，则 X,Y 的联合密度为

$$f(x,y)=\frac{1}{2\pi\sigma^2}\mathrm{e}^{-\frac{x^2+y^2}{2\sigma^2}}.$$

Z 的分布函数为

$$F_Z(z)=P\{Z\leqslant z\}=P\{\sqrt{X^2+Y^2}\leqslant z\}.$$

当 $z<0$ 时，$\{\sqrt{X^2+Y^2}\leqslant z\}$ 是不可能事件，故

$$P\{\sqrt{X^2+Y^2}\leqslant z\}=0,$$

即 $F_Z(z)=0$；

当 $z\geqslant 0$ 时，$F_Z(z) = \iint\limits_{\sqrt{x^2+y^2}\leqslant z} \dfrac{1}{2\pi\sigma^2} e^{-\frac{x^2+y^2}{2\sigma^2}} dxdy$

$$= \int_0^{2\pi} d\theta \int_0^z \dfrac{1}{2\pi\sigma^2} e^{-\frac{r^2}{2\sigma^2}} rdr = \dfrac{1}{\sigma^2} \int_0^z e^{-\frac{r^2}{2\sigma^2}} rdr.$$

而密度函数 $f_Z(z) = F'_Z(z)$，故

$$f_Z(z) = \begin{cases} \dfrac{z}{\sigma^2} e^{-\frac{z^2}{2\sigma^2}}, & z\geqslant 0, \\ 0, & z<0. \end{cases}$$

§3.4 二维随机变量的条件分布

在第 1 章中，已经介绍了事件的条件概率的定义：$P(B|A) = \dfrac{P(AB)}{P(A)}$. 下面介绍随机变量条件分布的概念.

（一）离散型随机变量的条件分布

定义 3.5 设 (X,Y) 为二维离散型随机变量，其分布列为
$$P\{X=x_i, Y=y_j\} = p_{ij}, i,j=1,2,\cdots,$$
对于固定的 i，若 $P\{X=x_i\} > 0$，由条件概率公式，得

$$P\{Y=y_j|X=x_i\} = \dfrac{P\{X=x_i, Y=y_j\}}{P\{X=x_i\}} = \dfrac{p_{ij}}{\sum_j p_{ij}} (j=1,2,\cdots), \quad (3.4.1)$$

称之为在 $X=x_i$ 条件下 Y 的条件分布列.

同样，对于固定的 j，若 $P\{Y=y_j\} > 0$，则有

$$P\{X=x_i|Y=y_j\} = \dfrac{P\{X=x_i, Y=y_j\}}{P\{Y=y_j\}} = \dfrac{p_{ij}}{\sum_i p_{ij}} (i=1,2,\cdots), \quad (3.4.2)$$

称之为在 $Y=y_j$ 条件下 X 的条件分布列.

例 1 某射手对目标进行射击，每次射击击中目标的概率为 $p(0<p<1)$，射击进行到击中目标两次为止. 记 X 表示首次击中目标时所进行的射击次数，记 Y 表示第 2 次击中目标时所进行的射击次数（即射击的总次数）. 试求 (X,Y) 的分布列、关于 X,Y 的边缘分布列及条件分布列.

解 $X=m$ 表示"直到第 m 次射击才首次击中目标"，$Y=n$ 表示"直到第 n

次射击才第 2 次击中目标". 根据题意, 可以认为各次射击相互独立. 对于 $m<n$, 有
$$P\{X=m, Y=n\}=p^2 q^{n-2}, q=1-p,$$
即 (X,Y) 的联合分布列为
$$P\{X=m, Y=n\}=p^2 q^{n-2}, n=2,3,\cdots; m=1,2,\cdots, n-1;$$
边缘分布列为
$$P\{X=m\}=\sum_{n=m+1}^{\infty} p^2 q^{n-2}=p^2\sum_{n=m+1}^{\infty} q^{n-2}=pq^{m-1}, m=1,2,\cdots,$$
$$P\{Y=n\}=\sum_{m=1}^{n-1} p^2 q^{n-2}=(n-1)p^2 q^{n-2}, n=2,3,\cdots;$$
条件分布列为
$$P\{X=m|Y=n\}=\frac{P\{X=m,Y=n\}}{P\{Y=n\}}=\frac{p^2 q^{n-2}}{(n-1)p^2 q^{n-2}}=\frac{1}{n-1}, m=1,2,\cdots,n-1,$$
$$P\{Y=n|X=m\}=\frac{P\{X=m,Y=n\}}{P\{X=m\}}=\frac{p^2 q^{n-2}}{pq^{m-1}}=pq^{n-m-1}, n=m+1, m+2,\cdots.$$

（二）连续型随机变量的条件分布

对于连续型随机变量 X,Y 和实数 x,y, 我们定义 Y 关于 X 的条件分布函数为 $F_{Y|X}(y|x)=P\{Y\leqslant y|X=x\}$. 由于 $P\{X=x\}=0$, 因此, 此定义没有意义, 我们必须对之加以修改.

定义 $F_{Y|X}(y|x)=\lim\limits_{\Delta x\to 0^+} P\{Y\leqslant y| x\leqslant X\leqslant x+\Delta x\}$ 为 Y 关于 X 的条件分布函数.

设 (X,Y) 的密度函数为 $f(x,y)$, 关于 X 的边缘密度函数为 $f_X(x)$, 则有
$$P\{Y\leqslant y|X=x\}=\lim_{\Delta x\to 0^+}\frac{P(Y\leqslant y, x\leqslant X\leqslant x+\Delta x)}{P(x\leqslant X\leqslant x+\Delta x)}$$
$$=\lim_{\Delta x\to 0^+}\frac{\int_{-\infty}^{y}\left[\int_{x}^{x+\Delta x} f(u,v)\mathrm{d}u\right]\mathrm{d}v}{\int_{x}^{x+\Delta x} f_X(u)\mathrm{d}u}$$
$$=\lim_{\Delta x\to 0^+}\frac{\int_{x}^{x+\Delta x}\left[\int_{-\infty}^{y} f(u,v)\mathrm{d}v\right]\mathrm{d}u}{\int_{x}^{x+\Delta x} f_X(u)\mathrm{d}u}$$
$$=\frac{\int_{-\infty}^{y} f(x,v)\mathrm{d}v}{f_X(x)}.$$

所以,Y 关于 X 的条件分布函数为

$$F_{Y|X}(y|x) = \int_{-\infty}^{y} \frac{f(x,v)}{f_X(x)} dv. \qquad (3.4.3)$$

于是,Y 关于 X 的条件密度函数为

$$f_{Y|X}(y|x) = \frac{f(x,y)}{f_X(x)}. \qquad (3.4.4)$$

类似地,X 关于 Y 的条件分布函数为

$$F_{X|Y}(x|y) = \int_{-\infty}^{x} \frac{f(u,y)}{f_Y(y)} du. \qquad (3.4.5)$$

相应地,有 X 关于 Y 的条件密度函数为

$$f_{X|Y}(x|y) = \frac{f(x,y)}{f_Y(y)}. \qquad (3.4.6)$$

由(3.4.4)式和(3.4.6)式,得

$$f(x,y) = f_X(x) f_{Y|X}(y|x), \qquad (3.4.7)$$

$$f(x,y) = f_Y(y) f_{X|Y}(x|y). \qquad (3.4.8)$$

(3.4.7)式和(3.4.8)式可以看成乘法公式在连续型随机变量中的推广。

例 2 求二维正态分布[见(3.1.11)式]的条件分布的密度函数 $f_{Y|X}(y|x)$.

解 由(3.1.11)式,得

$$f_X(x) = \int_{-\infty}^{+\infty} f(x,y) dy \left(\diamondsuit\; u = \frac{x-\mu_1}{\sigma_1},\; v = \frac{y-\mu_2}{\sigma_2} \right)$$

$$= \frac{1}{2\pi\sigma_1\sqrt{1-\rho^2}} \int_{-\infty}^{+\infty} \exp\left[-\frac{(u^2 - 2\rho uv + v^2)}{2(1-\rho^2)}\right] dv$$

$$= \frac{1}{\sqrt{2\pi}\sigma_1} e^{-\frac{u^2}{2}} \int_{-\infty}^{+\infty} \frac{1}{\sqrt{2\pi}\sqrt{1-\rho^2}} \exp\left[-\frac{(v-\rho u)^2}{2(1-\rho^2)}\right] dv$$

$$= \frac{1}{\sqrt{2\pi}\sigma_1} e^{-\frac{u^2}{2}},$$

所以

$$f_X(x) = \frac{1}{\sqrt{2\pi}\sigma_1} e^{-\frac{(x-\mu_1)^2}{2\sigma_1^2}},$$

从而

$$f_{Y|X}(y|x) = \frac{f(x,y)}{f_X(x)} = \frac{1}{\sqrt{2\pi}\sigma_2\sqrt{1-\rho^2}} \exp\left\{-\frac{[\rho(x-\mu_1)/\sigma_1 - (y-\mu_2)/\sigma_2]^2}{2(1-\rho^2)}\right\}.$$

本 章 小 结

这一章以二维随机变量为例,讨论了多维随机变量的相关概念.要注意相关概念间的区别与联系.

1. 二维随机变量的联合分布函数

设(X,Y)是二维随机变量,x,y是任意实数,则称二元函数$F(x,y)=P\{X\leqslant x,Y\leqslant y\}$为二维随机变量$(X,Y)$的分布函数或$X$与$Y$的联合分布函数. 联合分布函数具有如下性质:

(1) $F(x,y)$是变量x或y的不减函数;

(2) 对于任意的x,y,有$0\leqslant F(x,y)\leqslant 1$,且$F(-\infty,y)=F(x,-\infty)=F(-\infty,-\infty)=0,F(+\infty,+\infty)=1$;

(3) $F(x,y)$关于x右连续,关于y也右连续.

2. 二维离散型随机变量及其联合分布列

(1) 如果二维随机变量(X,Y)只能取有限对或者无穷可列对值(x_i,y_j)($i,j=1,2,\cdots$),则称(X,Y)是二维离散型随机变量,并称$P\{X=x_i,Y=y_j\}=p_{ij}$($i,j=1,2,\cdots$)为二维离散型随机变量(X,Y)的分布列(或概率函数)或X与Y的联合分布列. 联合分布列也常用表格表示.

(2) 联合分布列具有性质:$p_{ij}\geqslant 0,\sum\limits_{i=1}^{\infty}\sum\limits_{j=1}^{\infty}p_{ij}=1$.

(3) 如果已知二维离散型随机变量(X,Y)的分布列$P\{X=x_i,Y=y_j\}=p_{ij}$($i,j=1,2,\cdots$),则(X,Y)的联合分布函数为

$$F(x,y)=\sum_{x_i\leqslant x}\sum_{y_j\leqslant y}p_{ij}.$$

3. 二维连续型随机变量及其联合密度函数

设$F(x,y)$是二维随机变量(X,Y)的联合分布函数,如果存在一个非负可积函数$f(x,y)$,使对任意实数x,y都有

$$F(x,y)=\int_{-\infty}^{x}\mathrm{d}u\int_{-\infty}^{y}f(u,v)\mathrm{d}v,$$

则称(X,Y)为二维连续型随机变量,并称函数$f(x,y)$为(X,Y)的概率密度函数或 X 与 Y 的联合密度函数.

联合密度函数具有如下性质：

(1) $f(x,y) \geqslant 0$；

(2) $\int_{-\infty}^{+\infty}\int_{-\infty}^{+\infty} f(x,y)\mathrm{d}x\mathrm{d}y = F(+\infty,+\infty) = 1$；

(3) 若 $f(x,y)$ 在点 (x,y) 处连续，则有
$$\frac{\partial^2 F(x,y)}{\partial x \partial y} = f(x,y);$$

(4) 点 (X,Y) 落入区域 D 中的概率为
$$P\{(X,Y) \in D\} = \iint_D f(x,y)\mathrm{d}x\mathrm{d}y.$$

4. 两种常见的二维连续型随机变量

(1) 设 D 为有界的平面闭区域，其面积为 S. 若二维随机变量 (X,Y) 的概率密度函数为
$$f(x,y) = \begin{cases} \dfrac{1}{S}, & (x,y) \in D, \\ 0, & (x,y) \notin D, \end{cases}$$

则称 (X,Y) 服从平面区域 D 上的均匀分布.

(2) 如果二维随机变量 (X,Y) 的概率密度为
$$f(x,y) = \frac{1}{2\pi\sigma_1\sigma_2\sqrt{1-\rho^2}} e^{-\frac{1}{2(1-\rho^2)}\left[\frac{(x-\mu_1)^2}{\sigma_1^2} - 2\rho\frac{(x-\mu_1)(y-\mu_2)}{\sigma_1\sigma_2} + \frac{(y-\mu_2)^2}{\sigma_2^2}\right]},$$

其中 $-\infty < x < +\infty, -\infty < y < +\infty, \mu_1, \mu_2, \sigma_1^2, \sigma_2^2, \rho$ 都是参数，且 $\sigma_1 > 0, \sigma_2 > 0, |\rho| < 1$，则称 (X,Y) 服从参数为 $\mu_1, \sigma_1, \mu_2, \sigma_2, \rho$ 的二维正态分布，记为 $(X,Y) \sim N(\mu_1, \sigma_1^2; \mu_2, \sigma_2^2; \rho)$.

5. 边缘分布

(1) 边缘分布函数.

设二维随机变量 (X,Y) 的分布函数为 $F(x,y)$，X,Y 的分布函数分别为 $F_X(x), F_Y(y)$，称 $F_X(x)$ 为二维随机变量 (X,Y) 关于 X 的边缘分布函数，称 $F_Y(y)$ 为 (X,Y) 关于 Y 的边缘分布函数.

$$F_X(x) = \lim_{y \to +\infty} F(x,y) = F(x,+\infty), \quad F_Y(y) = \lim_{x \to +\infty} F(x,y) = F(+\infty,y).$$

(2) 二维离散型随机变量的边缘分布列.

设 (X,Y) 为二维离散型随机变量，其联合分布列为 $P\{X=x_i, Y=y_j\} = p_{ij}(i,j=1,2,\cdots)$，则关于 X 的边缘分布列为 $P\{X=x_i\} = \sum p_{ij}(i=1,2,\cdots)$，

关于 Y 的边缘分布列为 $P\{Y=y_j\}=\sum\limits_{i=1}^{\infty}p_{ij}(j=1,2,\cdots)$.

(3) 二维连续型随机变量的边缘密度函数.

设二维连续型随机变量 (X,Y) 的联合密度函数为 $f(x,y)$, $f_X(x)$ 和 $f_Y(y)$ 分别为 X 和 Y 的密度函数, $f_X(x)$ 称为 (X,Y) 关于 X 的边缘密度函数, $f_Y(y)$ 称为 (X,Y) 关于 Y 的边缘密度函数. 计算公式为

$$f_X(x)=\int_{-\infty}^{+\infty}f(x,y)\mathrm{d}y, f_Y(y)=\int_{-\infty}^{+\infty}f(x,y)\mathrm{d}x.$$

6. 二维随机变量的独立性

(1) 设 X,Y 是随机变量,若对任意实数 x,y,有 $P\{X\leqslant x,Y\leqslant y\}=P\{X\leqslant x\}P\{Y\leqslant y\}$, 即

$$F(x,y)=F_X(x)F_Y(y),$$

则称随机变量 X 与 Y 相互独立(简称 X 与 Y 独立).

(2) 设二维连续型随机变量 (X,Y) 的联合密度函数为 $f(x,y)$, $f_X(x)$, $f_Y(y)$ 分别为关于 X,Y 的边缘密度函数,则 X 与 Y 相互独立的充分必要条件是对任意的实数 x,y,有

$$f(x,y)=f_X(x)f_Y(y).$$

(3) 设 (X,Y) 是二维离散型随机变量,则 X 与 Y 相互独立的充分必要条件是对于 (X,Y) 的所有可能的取值 (x_i,y_j),都有

$$P\{X=x_i,Y=y_j\}=P\{X=x_i\}P\{Y=y_j\}(i,j=1,2,\cdots).$$

7. 二维随机变量函数的分布

(1) 二维离散型随机变量函数的分布.

设二维离散型随机变量 (X,Y) 的联合分布列为 $P\{X=x_i,Y=y_j\}=p_{ij}$ ($i,j=1,2,\cdots$), $z=g(x,y)$ 为二元连续函数,随机变量 $Z=g(X,Y)$,则 Z 的分布列为 $P\{Z=z_k\}=p_k, k=1,2,\cdots$,这里 $z_k=g(x_i,y_j)$ ($i,j=1,2,\cdots$),如果有不同 x_i,y_j 使得 z_k 相等,将这些 p_{ij} 相加,得到 p_k.

(2) 二维连续型随机变量函数的分布.

(Ⅰ) 和的分布.

设 (X,Y) 的联合密度函数为 $f(x,y)$,记 D 表示平面区域 $\{(x,y)|x+y\leqslant z\}$,则 Z 的分布函数 $F_Z(z)=P\{Z\leqslant z\}=P\{X+Y\leqslant z\}=P\{(X,Y)\in D\}=\iint\limits_{x+y\leqslant z}f(x,y)\mathrm{d}x\mathrm{d}y$. Z 的密度函数 $f_Z(z)=\dfrac{\mathrm{d}}{\mathrm{d}z}[F_Z(z)]=\left[\iint\limits_{x+y\leqslant z}f(x,y)\mathrm{d}x\mathrm{d}y\right]'$. 计算 $F_Z(z)$ 时应根

据 z 的取值,讨论区域 D 与联合密度函数不为 0 的区域的不同交集情况,分别积分.

(Ⅱ) 极大分布.

设 X 与 Y 相互独立,其分布函数分别为 $F_X(x)$ 和 $F_Y(y)$. $M=\max(X,Y)$,则 M 的分布函数为 $F_M(z)=F_X(z)F_Y(z)$.

(Ⅲ) 极小分布.

设 X 与 Y 相互独立,其分布函数分别为 $F_X(x)$ 和 $F_Y(y)$. $N=\min(X,Y)$,则 N 的分布函数为 $F_N(z)=1-[1-F_X(z)][1-F_Y(z)]$.

8. 二维随机变量的条件分布

(1) 离散型.

设 (X,Y) 为二维离散型随机变量,其联合分布列为 $P\{X=x_i,Y=y_j\}=p_{ij}$,$i,j=1,2,\cdots$. 对于固定的 i,若 $P\{X=x_i\}>0$,在 $X=x_i$ 条件下 Y 的条件分布列 $P\{Y=y_j|X=x_i\}=\dfrac{p_{ij}}{\sum_j p_{ij}}$ $(j=1,2,\cdots)$;对于固定的 j,若 $P\{Y=y_j\}>0$,在 $Y=y_j$ 条件下 X 的条件分布列 $P\{X=x_i|Y=y_j\}=\dfrac{p_{ij}}{\sum_i p_{ij}}$ $(i=1,2,\cdots)$.

(2) 连续型.

设 (X,Y) 的联合密度函数为 $f(x,y)$,关于 X,Y 的边缘密度函数分别为 $f_X(x),f_Y(y)$,则 Y 关于 X 的条件密度函数为 $f_{Y|X}(y|x)=\dfrac{f(x,y)}{f_X(x)}$,$X$ 关于 Y 的条件密度函数为 $f_{X|Y}(x|y)=\dfrac{f(x,y)}{f_Y(y)}$.

习 题 3

第一部分 选择题

1. 设 (X,Y) 的分布列为

X	Y	
	0	1
0	k	$\dfrac{3}{10}$
1	$\dfrac{3}{10}$	$\dfrac{3}{10}$

则常数 k 等于( ).

    A. $\dfrac{1}{10}$ B. $\dfrac{2}{10}$ C. $\dfrac{3}{10}$ D. 1

2. 设二维随机变量 (X,Y) 的密度函数为
$$f(x,y)=\begin{cases}kxy^2, & 0\leqslant x\leqslant 1, 0\leqslant y\leqslant 1,\\ 0, & \text{其他},\end{cases}$$
则常数 k 等于( ).

    A. 1   B. 0   C. 6   D. $\dfrac{1}{6}$

3. 设二维随机变量 (X,Y) 服从区域 $G:0\leqslant x\leqslant 1, 0\leqslant y\leqslant 1$ 上的均匀分布，$f_Y(y)$ 为 (X,Y) 关于 Y 的边缘分布密度，则 $f_Y(1)=($).

    A. 0   B. $\dfrac{1}{2}$ C. 2   D. 1

4. 设随机变量 $X\sim N(-3,1), Y\sim N(2,1)$，且 X 和 Y 相互独立，设 $Z=X-2Y+7$，则 $Z\sim($).

    A. $N(0,3)$ B. $N(0,5)$ C. $N(0,46)$ D. $N(0,54)$

5. 设随机变量 X 和 Y 独立同分布，X 的分布函数为 $F(x)$，则 $Z=\max\{X,Y\}$ 的分布函数为( ).

    A. $F^2(x)$ B. $F(x)F(y)$

    C. $1-[1-F(x)]^2$ D. $[1-F(x)][1-F(y)]$

6. 将一枚硬币抛掷三次，设前两次抛掷中出现正面的次数为 X，第三次抛掷出现正面的次数为 Y，二维随机变量 (X,Y) 所有可能取值的数对有( ).

    A. 2 对   B. 6 对   C. 3 对   D. 8 对

7. 设二维随机变量 (X,Y) 的定义函数 $F(x,y)=P\{X<x,Y<y\}$，则事件 $\{X\geqslant 2, Y\geqslant 3\}$ 的概率是( ).

    A. $F(2,3)$

    B. $F(2,+\infty)-F(2,3)$

    C. $1-F(2,3)$

    D. $1-F(2,+\infty)-F(-\infty,3)+F(2,3)$

8. 若在 $[0,\pi]$ 上均匀地任取两数 X 与 Y，则 $P\{\cos(X+Y)<0\}=($).

    A. $\dfrac{3}{4}$ B. $\dfrac{1}{2}$ C. $\dfrac{2}{3}$ D. $\dfrac{7}{8}$

9. 设 X,Y 相互独立,并服从区间 $[0,1]$ 上的均匀分布,则( ).

A. $Z=X+Y$ 服从 $[0,2]$ 上的均匀分布

B. $Z=X-Y$ 服从 $[-1,1]$ 上的均匀分布

C. $Z=\max\{X,Y\}$ 服从 $[0,1]$ 上的均匀分布

D. (X,Y) 服从区域 $\begin{cases} 0 \leqslant x \leqslant 1, \\ 0 \leqslant y \leqslant 1 \end{cases}$ 上的均匀分布

10. 设二维随机变量 (X,Y) 的联合概率密度为 $f(x,y)$,记在条件 $\{X=x\}$ 下 Y 的条件分布密度为 $f_1(y|x)$,则 $P\left\{\left(Y \leqslant \dfrac{1}{2}\right) \middle| \left(X \leqslant \dfrac{1}{2}\right)\right\}$ 的值为( ).

A. $\dfrac{\int_{-\infty}^{\frac{1}{2}} \int_{-\infty}^{\frac{1}{2}} f(x,y) \mathrm{d}x \mathrm{d}y}{\int_{-\infty}^{\frac{1}{2}} f(x,y) \mathrm{d}x}$

B. $\int_{+\infty}^{\frac{1}{2}} \int_{-\infty}^{\frac{1}{2}} f_1(y|x) \mathrm{d}x \mathrm{d}y$

C. $\dfrac{\int_{-\infty}^{\frac{1}{2}} \int_{-\infty}^{\frac{1}{2}} f(x,y) \mathrm{d}x \mathrm{d}y}{\int_{-\infty}^{\frac{1}{2}} f(x,y) \mathrm{d}y}$

D. $\dfrac{\int_{-\infty}^{\frac{1}{2}} \int_{-\infty}^{\frac{1}{2}} f(x,y) \mathrm{d}x \mathrm{d}y}{\int_{-\infty}^{\frac{1}{2}} \left[\int_{-\infty}^{+\infty} f(x,y) \mathrm{d}y\right] \mathrm{d}x}$

第二部分 填空题

1. 设 (X,Y) 的分布列为

X	Y	
	−1	0
0	0.1	0.3
1	0.2	0.4

则 $P\{Y<0\}=$ _____.

2. 设随机变量 X 服从区间 $[0,1]$ 上的均匀分布,在 $X=x(0<x<1)$ 的条件下,随机变量 Y 在区间 $[0,x]$ 上服从均匀分布,则二维随机变量 (X,Y) 的概率密度为_____,概率 $P\{X+Y>1\}=$ _____.

3. 设随机变量 X,Y 的联合密度函数为

$$f(x,y) = \begin{cases} 24xy, & 0<x<\dfrac{1}{\sqrt{2}}, 0<y<\dfrac{1}{\sqrt{3}}, \\ 0, & \text{其他}, \end{cases}$$

则 $P\left\{X \leqslant \dfrac{1}{2}\right\}=$ _____.

4. 设随机变量 X 和 Y 相互独立,且均服从区间 $[0,3]$ 上的均匀分布,则 $P\{\max(X,Y)\leqslant 1\}=$ _____.

5. 设二维随机变量 (X,Y) 的概率分布列为

X	Y	
	0	1
0	0.4	a
1	b	0.1

若随机事件 $\{X=0\}$ 与 $\{X+Y=1\}$ 相互独立,则 $a=$ _____, $b=$ _____.

6. 设随机变量 X,Y 的联合密度函数为
$$f(x,y)=\begin{cases} e^{-x}, & 0<y<x, \\ 0, & \text{其他}, \end{cases}$$
则条件概率密度 $f_{Y|X}(y|x)=$ _____,概率 $P\{X\leqslant 1,Y\leqslant 1\}=$ _____.

7. 设二维随机变量 (X,Y) 的联合分布函数 $F(x,y)$ 的定义是对任意实数 x,y,则 $F(x,y)=$ _____.

8. 设二维随机变量 (X,Y) 的联合分布函数是 $F(x,y)$,则关于 X 的边缘分布函数 $F_1(x)=$ _____.

9. 设随机变量 X 与 Y 都服从 $N(0,1)$ 分布,且 X 与 Y 相互独立,则 (X,Y) 的联合概率密度函数是 _____.

10. 抛一枚硬币三次,设 X 和 Y 分别表示出现正面次数和出现反面次数,则 $P\{X>Y\}=$ _____.

11. 掷两颗均匀骰子,设 X 与 Y 分别表示第一和第二颗骰子所出现点,则 $P\{X=Y\}=$ _____.

12. 设 (X,Y) 的联合分布列为

X	Y		
	-1	0	1
-1	$\frac{1}{8}$	$\frac{1}{8}$	$\frac{1}{8}$
0	$\frac{1}{8}$	0	$\frac{1}{8}$
1	$\frac{1}{8}$	$\frac{1}{8}$	$\frac{1}{8}$

则 $P\{XY=0\}=$ _____.

13. 设 (X,Y) 的联合密度函数为 $f(x,y)=\begin{cases}4xy, & 0<x<1, 0<y<1,\\ 0, & \text{其他},\end{cases}$ 则 $P\{X=Y\}=$ _____.

14. 设 (X,Y) 的联合分布密度为 $f(x,y)=\begin{cases}\dfrac{x}{(1+y)^2}e^{-x}, & x>0, y>0,\\ 0, & \text{其他},\end{cases}$ 则 $P\{Y<1\}=$ _____.

15. 设随机变量 X_1, X_2, X_3, X_4 相互独立,且都服从正态分布 $N(\mu, \sigma^2)(\sigma>0)$,则 $\dfrac{1}{4}(X_1+X_2+X_3+X_4)$ 服从的分布是 _____.

16. 设 X, Y 相互独立,且均服从 $[0,1]$ 上均匀分布,则 $P\{Y<X\}=$ _____.

17. 设随机变量的联合概率密度为 $\varphi(x,y)$,关于 ξ 和 η 的边缘概率密度分别为 $\varphi_1(x)$ 和 $\varphi_2(y)$,则在 $\{\eta=y\}[\varphi_2(y)>0]$ 的条件下,条件概率密度 $\varphi(x|y)=$ _____.

18. 设二维随机变量 (X,Y) 在以原点为中心、r 为半径的圆上服从均匀分布,则 (X,Y) 的联合概率密度 $f(x,y)=$ _____.

第三部分 解答题

1. 一口袋中装有四个球,标号分别为 $1, 2, 2, 3$,从中先后任取两个球,第一次取得的球标号记为 X,第二次取得的球标号记为 Y. 试就放回抽取与不放回抽取两种情况,分别求出 (X,Y) 的分布列.

2. 甲、乙两人独立地各进行两次射击,假设甲的命中率为 0.2,乙的命中率为 0.5,以 X 和 Y 分别表示甲和乙的命中次数,试求 (X,Y) 的分布列.

3. 设二维随机变量 (X,Y) 的概率密度为
$$f(x,y)=\begin{cases}Axy, & x^2\leq y\leq 1 \text{ 且 } 0\leq x\leq 1,\\ 0, & \text{其他}.\end{cases}$$
(1) 确定常数 A;(2) 计算 $P\left\{0\leq X\leq 1, 0\leq Y\leq \dfrac{1}{2}\right\}$;

(3) 计算 $P\{(X,Y)\in D\}$,其中 $D=\{(x,y)|x^2\leq y\leq x, 0\leq x\leq 1\}$.

4. 设 (X,Y) 服从区域 D 上的均匀分布,D 是由 $y=x+1$、x 轴、y 轴围成的区域. 求:(1) (X,Y) 的密度函数;(2) 概率 $P\{Y\leq -X\}$;(3) (X,Y) 的分布函数.

5. 设 (X,Y) 的密度函数为

$$f(x,y)=\begin{cases}2\mathrm{e}^{-(2x+y)}, & x>0,y>0,\\ 0, & 其他,\end{cases}$$

求(X,Y)的分布函数.

6. 二维随机变量(X,Y)的密度函数为

$$f(x,y)=\begin{cases}A(2-\sqrt{x^2+y^2}), & x^2+y^2\leqslant 4,\\ 0, & x^2+y^2>4,\end{cases}$$

求:(1) 常数A;(2) $P\{X^2+Y^2\leqslant 1\}$.

7. 将一枚质地均匀的硬币抛掷三次,用X表示三次中出现的正面次数,以Y表示三次中出现的正面次数与反面次数之差的绝对值.求(X,Y)的分布列和边缘分布列,并判断X与Y是否独立.

8. 设(X,Y)为第1题中的随机变量,求(X,Y)的边缘分布列,并判断X与Y是否独立.

9. 设二维随机变量(X,Y)的密度函数为

$$f(x,y)=\begin{cases}\mathrm{e}^{-x-y}, & x>0,y>0,\\ 0, & 其他,\end{cases}$$

求边缘密度函数,并判断X与Y是否独立.

10. 盒中有3只黑球、2只红球、2只白球,从中任取4只,以X表示取到的黑球数,以Y表示取到的红球数.求X,Y的联合分布列和边缘分布列,并判断X与Y是否独立.

11. (1) 若(X,Y)的密度函数为

$$f(x,y)=\begin{cases}4xy, & 0\leqslant x\leqslant 1,0\leqslant y\leqslant 1,\\ 0, & 其他,\end{cases}$$

问X与Y是否独立?

(2) 若(X,Y)的密度函数为

$$f(x,y)=\begin{cases}8xy, & 0\leqslant x\leqslant y,0\leqslant y\leqslant 1,\\ 0, & 其他,\end{cases}$$

问X与Y是否独立?

12. 设(X,Y)的密度函数为

$$f(x,y)=\begin{cases}A\sin(x+y), & 0<x<\dfrac{\pi}{2},0<y<\dfrac{\pi}{2},\\ 0, & 其他,\end{cases}$$

求:(1) 常数 A;(2) 边缘密度函数.

13. 设 X 与 Y 相互独立,其分布列分别为

X	1	2	3
P	0.3	0.1	0.6

Y	1	2	3
P	0.2	0.5	0.3

求:(1) $X+Y$ 的分布列;(2) XY 的分布列.

14. 设 X 与 Y 相互独立,其密度函数分别为

$$f_X(x)=\begin{cases}1, 0\leqslant x\leqslant 1,\\ 0, 其他,\end{cases} \quad f_Y(y)=\begin{cases}e^{-y}, y\geqslant 0,\\ 0, y<0.\end{cases}$$

求 $Z=X+Y$ 的概率密度.

15. 设 (X,Y) 服从区域 D 上的均匀分布,其中 D 由直线 $x=2, y=2$ 与 x 轴、y 轴围成. 求 $Z=X+Y$ 的密度函数.

16. 设 (X,Y) 的密度函数为 $f(x,y)=\dfrac{1}{2\pi}e^{-\frac{x^2+y^2}{2}}$. 求 $Z=X^2+Y^2$ 的密度函数和概率 $P\{|Z|>2\}$.

17. 设随机变量 X,Y 相互独立,且都服从区间 $[0,1]$ 上的均匀分布. 求 $Z=\max(X,Y)$ 的概率密度函数.

18. 雷达的圆形屏幕的半径为 r,假设目标出现点 (X,Y) 在屏幕上是均匀分布的,即密度函数为

$$f(x,y)=\begin{cases}\dfrac{1}{\pi r^2}, & x^2+y^2\leqslant r^2,\\ 0, & 其他,\end{cases}$$

试求:(1) 边缘密度函数 $f_Y(y)$;(2) 条件密度函数 $f_{X|Y}(x|y)$.

第4章

随机变量的数字特征

内容概要 本章讨论随机变量的一些数字特征的定义及应用. 先讨论随机变量的数学期望的概念、计算与性质;接着讨论随机变量方差的概念、计算与性质;最后讨论随机变量的矩、协方差与相关系数的概念、计算与性质.

学习要求 掌握离散型、连续型随机变量的期望的定义与计算;会求随机变量函数的期望;掌握期望的性质及简单应用;掌握离散型、连续型随机变量方差的定义与计算;掌握方差的性质;知道期望、方差的实际意义,知道常见分布的期望与方差;知道随机变量矩的概念与计算;知道协方差、相关系数的概念与计算、性质;了解随机变量的相关性的概念与判别.

分布函数全面地描述了随机变量的统计规律性,但在实际工作中,人们不易掌握随机变量的分布函数,故全面地描述较难做到. 因此,要引入某些数字特征以反映随机变量的主要性状. 另一方面,对于实际中的一些问题,有时也不需要知道分布函数,只要知道随机变量的一些数字特征就够了. 例如,考察灯泡的质量时,常常关心的是一批灯泡的平均使用寿命,即平均使用寿命是一个重要指标. 而灯泡的使用寿命是随机变量,这就是说,随机变量的平均值是随机变量的一个数字特征. 另外,在考察灯泡的质量时,还不能单就平均使用寿命来决定其质量,还要考虑整批灯泡使用寿命的稳定性,即要考虑灯泡使用寿命与平均使用寿命的平均偏离程度,只有平均使用寿命较长,同时平均偏离程度又较小的灯泡,才是质量比较好的. 平均偏离程度是随机变量的另一个数字特征.

§4.1 数学期望

(一) 离散型随机变量的数学期望

数学期望是度量随机变量取值的平均水平的数字特征. 为了说明这一点, 先看一个引例.

引例 一射手进行打靶练习, 规定: 射入区域 e_k 得 k 分 ($k=0,1,2$). 射手每次射击所得分数 X 是一个随机变量. 设 X 的分布列为

$$P\{X=k\}=p_k, k=0,1,2.$$

已知该射手射击了 n 次, 其中射入区域 e_k 有 a_k 次 ($k=0,1,2$)(注意: $a_0+a_1+a_2=n$). 该射手在这 n 次射击中总得分为 $a_0\times 0+a_1\times 1+a_2\times 2$, 于是平均每次射击得分为

$$\frac{1}{n}(a_0\times 0+a_1\times 1+a_2\times 2)=\frac{a_0}{n}\times 0+\frac{a_1}{n}\times 1+\frac{a_2}{n}\times 2,$$

这里 $\frac{a_k}{n}$ 是事件 $\{X=k\}$ 发生的频率. 由于频率趋近于概率, 即有

$$\frac{a_k}{n}\to p_k(n\to\infty)\ (k=0,1,2),$$

于是, 当 n 较大时, 有

$$0\times\frac{a_0}{n}+1\times\frac{a_1}{n}+2\times\frac{a_2}{n}\approx 0\times p_0+1\times p_1+2\times p_2.$$

我们知道, 频率具有波动性, 它在概率附近波动. 因此, 用 $0\times p_0+1\times p_1+2\times p_2$ 表示平均每次射击得分就显得更为合理些.

将上述的例子进行抽象并推广, 便有以下定义:

定义 4.1 设离散型随机变量 X 的分布列为

$$P\{X=x_i\}=p_i, i=1,2,\cdots,$$

若级数 $\sum\limits_{i=1}^{\infty}|x_i|p_i<+\infty$, 则称 X 的数学期望存在, 并称级数 $\sum\limits_{i=1}^{\infty}x_ip_i$ 为随机变量 X 的**数学期望**(也称**期望**或**均值**), 记为 $E(X)$, 即

$$E(X)=\sum_{i=1}^{\infty}x_ip_i. \qquad (4.1.1)$$

注意 数学期望具有平均的含义,这一点可以从引例中看出.

例 1 设 $X \sim B(n,p)$,求 $E(X)$.

解 因为 X 的分布列为
$$P\{X=k\}=C_n^k p^k (1-p)^{n-k}, k=0,1,2,\cdots,n,$$
所以
$$\begin{aligned}
E(X) &= \sum_{k=0}^{n} k P\{X=k\} = \sum_{k=0}^{n} k C_n^k p^k (1-p)^{n-k} = \sum_{k=1}^{n} k C_n^k p^k (1-p)^{n-k} \\
&= \sum_{k=1}^{n} \frac{k \cdot n!}{k!(n-k)!} p^k (1-p)^{n-k} \\
&= \sum_{k=1}^{n} \frac{n \cdot p \cdot (n-1)!}{(k-1)![(n-1)-(k-1)]!} p^{k-1} (1-p)^{(n-1)-(k-1)} \\
&\xlongequal{\diamondsuit m=k-1} np \sum_{m=0}^{n-1} \frac{(n-1)!}{m!(n-1-m)!} p^m (1-p)^{(n-1)-m} \\
&= np[p+(1-p)]^{n-1} = np.
\end{aligned}$$

作为本例的特例,当 $n=1$ 时,称随机变量 X 服从 0-1 分布,即 $P\{X=1\}=p$ $(0<p<1)$,$P\{X=0\}=1-p$. 此时 $E(X)=p$.

例 2 设 $X \sim P(\lambda)$,求 $E(X)$.

解 由于 X 的分布列为
$$P\{X=k\} = \frac{\lambda^k}{k!} e^{-\lambda}, k=0,1,2,\cdots,$$
所以
$$\begin{aligned}
E(X) &= \sum_{k=0}^{\infty} k \frac{\lambda^k}{k!} e^{-\lambda} = e^{-\lambda} \sum_{k=1}^{\infty} \frac{\lambda^k}{(k-1)!} = e^{-\lambda} \sum_{k=1}^{\infty} \frac{\lambda \cdot \lambda^{k-1}}{(k-1)!} \\
&\xlongequal{\diamondsuit n=k-1} \lambda e^{-\lambda} \sum_{n=0}^{\infty} \frac{\lambda^n}{n!} = \lambda e^{-\lambda} \cdot e^{\lambda} = \lambda.
\end{aligned}$$

为了说明数学期望在实际问题中的应用,请看下面的例 3.

例 3 假设对某种疾病进行全国普查,为此要进行抽血检验. 设此种疾病的患病率为 0.01,抽血的成本费用为 2 元,验血的成本费用为 10 元. 假设全国人口 14 亿,现就此项普查工程进行全国招标,标的为 100 亿元. 试问:你敢接标吗?

解 方案一:常规方案即每人各验血一次. 采用此方案费用高达 168 亿元,如果接标就意味亏损 68 亿元,显然此方案不可取.

方案二:先将人群分组,每组 k 个人,然后将各组 k 个人的血液混合后进行检验. 若混合后的血液呈阴性,就说明这 k 个人的血液都是呈阴性;若混合后的血液呈阳性,就说明这 k 个人的血液中至少有一个呈阳性,这时再对 k 个人的血液分别进行检验.

在方案二下,每个人的验血次数 X 是一个随机变量,它的可能取值为 $\frac{1}{k}$, $1+\frac{1}{k}$,相应的概率为 0.99^k,$1-0.99^k$. 于是平均每人的验血次数为

$$E(X) = \frac{1}{k} \times 0.99^k + \left(1+\frac{1}{k}\right) \times (1-0.99^k) = 1+\frac{1}{k}-0.99^k.$$

记 $L(k) = 1+\frac{1}{k}-0.99^k$,当 $k=11$ 时,$L(k)$ 达到最小值 $L(11)=0.19557$.

若按方案二每组 11 人进行验血,平均总验血次数为 0.19557×14 亿次,平均总费用为

$$10 \times 0.19557 \times 14 + 2 \times 14 < 10 \times 0.2 \times 14 + 2 \times 14 = 56 (亿元).$$

因此,如果 100 亿元接标,平均可赢利 44 亿元左右.

注意 随机变量的数学期望并不一定存在.

例 4 设随机变量 X 的分布列为 $P\left\{X=\frac{(-2)^k}{k}\right\}=\frac{1}{2^k}$,$k=1,2,\cdots$,请判断 $E(X)$ 是否存在.

解 因 $\sum_{k=1}^{\infty} |x_k| p_k = \sum_{k=1}^{\infty} \frac{1}{k} = +\infty$(调和级数),虽然级数 $\sum_{k=1}^{\infty} x_k p_k = \sum_{k=1}^{\infty} (-1)^k \frac{1}{k}$ 收敛,由数学期望的定义知,$E(X)$ 不存在.

(二) 连续型随机变量的数学期望

设连续型随机变量 X 的概率密度函数为 $f(x)$,其数学期望的定义可借鉴离散型情形的定义及普通积分的导出过程来引入. 先设 X 只在有限区间 $[a,b]$ 上取值,将 $[a,b]$ 作分割:$a=x_0<x_1<\cdots<x_n=b$,X 落在第 k 个小区间的概率

$$P\{x_{k-1} \leqslant X < x_k\} = \int_{x_{k-1}}^{x_k} f(x)\mathrm{d}x \approx f(x_k)\Delta x_k$$

近似地视为落在区间 $[x_{k-1},x_k]$ 上的概率,此时与它相应的离散型随机变量的数学期望为 $\sum_{k=1}^{n-1} x_k f(x_k) \Delta x_k$. 当 $\max_{1 \leqslant k \leqslant n}\{\Delta x_k = x_k-x_{k-1}\} \to 0$ 时,$\sum_{k=1}^{n-1} x_k f(x_k) \Delta x_k \to \int_a^b x f(x)\mathrm{d}x$. 自然可把 $\int_a^b x f(x)\mathrm{d}x$ 作为 X 的数学期望. 如果 X 在整个实轴 $(-\infty,+\infty)$ 上取值,令 $a \to -\infty$,$b \to +\infty$,就得如下的定义:

第4章 随机变量的数字特征

定义 4.2 设连续型随机变量 X 的概率密度函数为 $f(x)$,若积分

$$\int_{-\infty}^{+\infty} |x| f(x) \mathrm{d}x < +\infty,$$

则称 X 的数学期望存在,并称积分 $\int_{-\infty}^{+\infty} x f(x) \mathrm{d}x$ 为 X 的数学期望,记为 $E(X)$,即

$$E(X) = \int_{-\infty}^{+\infty} x f(x) \mathrm{d}x. \qquad (4.1.2)$$

例 5 设 X 在区间 $[a,b]$ 上服从均匀分布,其概率密度为

$$f(x) = \begin{cases} \dfrac{1}{b-a}, & a \leqslant x \leqslant b, \\ 0, & \text{其他}, \end{cases}$$

求 $E(X)$.

解 $E(X) = \int_{-\infty}^{+\infty} x f(x) \mathrm{d}x = \int_a^b x \dfrac{1}{b-a} \mathrm{d}x = \dfrac{a+b}{2}.$

例 6 设 $X \sim N(\mu, \sigma^2)$,求 $E(X)$.

解 由于 X 的密度函数为

$$f(x) = \dfrac{1}{\sqrt{2\pi}\sigma} \mathrm{e}^{-\dfrac{(x-\mu)^2}{2\sigma^2}}, \quad -\infty < x < +\infty,$$

所以由数学期望的定义知

$$E(X) = \int_{-\infty}^{+\infty} x f(x) \mathrm{d}x = \dfrac{1}{\sqrt{2\pi}\sigma} \int_{-\infty}^{+\infty} x \mathrm{e}^{-\dfrac{(x-\mu)^2}{2\sigma^2}} \mathrm{d}x.$$

令 $t = \dfrac{x-\mu}{\sigma}$,从而有

$$E(X) = \dfrac{1}{\sqrt{2\pi}} \int_{-\infty}^{+\infty} (\mu + \sigma t) \mathrm{e}^{-\dfrac{t^2}{2}} \mathrm{d}t = \dfrac{\mu}{\sqrt{2\pi}} \int_{-\infty}^{+\infty} \mathrm{e}^{-\dfrac{t^2}{2}} \mathrm{d}t + \dfrac{\sigma}{\sqrt{2\pi}} \int_{-\infty}^{+\infty} t \mathrm{e}^{-\dfrac{t^2}{2}} \mathrm{d}t = \mu.$$

例 7 设 X 服从参数为 λ 的指数分布,求 $E(X)$.

解 因为 X 的密度函数为 $f(x) = \begin{cases} \lambda \mathrm{e}^{-\lambda x}, & x \geqslant 0, \\ 0, & x < 0, \end{cases}$ 所以

$$E(X) = \int_{-\infty}^{+\infty} x f(x) \mathrm{d}x = \lambda \int_0^{+\infty} x \mathrm{e}^{-\lambda x} \mathrm{d}x = \dfrac{1}{\lambda}.$$

例 8 设随机变量 X 的概率密度为 $f(x) = f(x) = \begin{cases} |x|, & |x| \leqslant 1, \\ 0, & \text{其他}. \end{cases}$ 求 $E(X)$.

解 $E(X) = \int_{-\infty}^{+\infty} x f(x) \mathrm{d}x = \int_{-\infty}^{-1} x f(x) \mathrm{d}x + \int_{-1}^{1} x f(x) \mathrm{d}x + \int_{1}^{+\infty} x f(x) \mathrm{d}x$

$$= 0 + \int_{-1}^{1} x|x|\mathrm{d}x + 0 = 0.$$

最后说明一点,连续型随机变量的数学期望也可能不存在. 例如,随机变量 X 服从柯西分布,其概率密度为 $f(x) = \frac{1}{\pi} \cdot \frac{1}{1+x^2}$, $-\infty < x < +\infty$,由于

$$\int_{-\infty}^{+\infty} |x| f(x) \mathrm{d}x = \frac{1}{\pi} \int_{-\infty}^{+\infty} |x| \frac{1}{1+x^2} \mathrm{d}x = +\infty,$$

故 $E(X)$ 不存在.

(三) 随机变量函数的数学期望

设随机变量 Y 为随机变量 X 的函数,即 $Y = g(X)$. 由以上的讨论可知,要求出 Y 的数学期望,需要求出 Y 的概率密度(或 Y 的分布列),但这个过程往往比较麻烦. 我们有如下的定理,不用求出 Y 的概率密度,直接可求出 $E(Y)$.

定理 4.1 设 Y 为随机变量 X 的函数,$Y = g(X)$,这里 $g(x)$ 为连续的实值函数.

(1) 若 X 为离散型随机变量,其概率分布为
$$P\{X = x_i\} = p_i, i = 1, 2, \cdots,$$

且 $\sum_{i=1}^{\infty} |g(x_i)| p_i < +\infty$,则

$$E(Y) = E[g(X)] = \sum_{i=1}^{\infty} g(x_i) p_i. \tag{4.1.3}$$

(2) 若 X 为连续型随机变量,其密度函数为 $f(x)$,且 $\int_{-\infty}^{+\infty} |g(x)| f(x) \mathrm{d}x < +\infty$,则

$$E(Y) = E[g(X)] = \int_{-\infty}^{+\infty} g(x) f(x) \mathrm{d}x. \tag{4.1.4}$$

(此定理的证明已超出本书范围,这里不予证明)

在定理 4.1 中,若令 $g(x) = x$,则得到数学期望 $E(X)$. 因此,随机变量函数的数学期望可看作随机变量的数学期望的推广.

例 9 设随机变量 X 的分布列为

X	-1	0	3
P	0.1	0.6	0.3

求 $E(X), E(X^2), E(3X-1)$.

解 列出下表

X	-1	0	3
X^2	1	0	9
$3X-1$	-4	-1	8
P	0.1	0.6	0.3

于是 $E(X)=(-1)\times 0.1+0\times 0.6+3\times 0.3=0.8$,

$E(X^2)=1\times 0.1+0\times 0.6+9\times 0.3=2.8$,

$E(3X-1)=(-4)\times 0.1+(-1)\times 0.6+8\times 0.3=1.4$.

例 10 设随机变量 X 的概率密度为

$$f(x)=\begin{cases}\dfrac{1}{4}x^3, & 0<x<1,\\ 0, & \text{其他},\end{cases}$$

求 $E\left(\dfrac{1}{X^3}\right)$.

解 这里 $g(x)=\dfrac{1}{x^3}$,于是

$$E\left(\dfrac{1}{X^3}\right)=\int_{-\infty}^{+\infty}\dfrac{1}{x^3}f(x)\mathrm{d}x=\int_0^1\dfrac{1}{x^3}\cdot\dfrac{1}{4}x^3\mathrm{d}x=\dfrac{1}{4}.$$

例 11 某保险公司规定,如果在 1 年内顾客的投保事件 A 发生,该公司就赔偿顾客 a 元. 设 1 年内事件 A 发生的概率为 p,为使公司收益的期望值等于 a 的 10%,问该公司应该要求顾客交纳多少保险费?

解 设顾客应交纳的保险费为 x 元,公司收益为 Y 元(这里 x 是普通变量,Y 为随机变量,Y 的取值与事件 A 有关). 依题意有

$$Y=\begin{cases}x, & \text{事件 } A \text{ 不发生},\\ x-a, & \text{事件 } A \text{ 发生},\end{cases}$$

且已知

$$P\{Y=x-a\}=P(A)=p,\ P\{Y=x\}=P(\overline{A})=1-p,$$

所以

$$E(Y)=xP\{Y=x-a\}+(x-a)P\{Y=x\}=x(1-p)+(x-a)p.$$

由题设知

$$E(Y) = a \times 10\% = \frac{a}{10},$$

所以

$$x(1-p) + (x-a)p = \frac{a}{10},$$

解得

$$x = a(p + 0.1).$$

例 12 国家出口某种商品,假设国外对该商品的年需求量是随机变量 X,且知 X 服从区间 $[2\,000, 4\,000]$ 上的均匀分布(单位:t).若售出 1 t 该商品,则可得外汇 3 万元;若售不出,则 1 t 该商品需保养费 1 万元.问每年应准备多少吨该种商品,才能使国家收益的期望值最大?最大期望值是多少?

解 设每年准备该种商品 s t $(2\,000 \leqslant s \leqslant 4\,000)$,收益 Y 是 X 的函数:

$$Y = g(X) = \begin{cases} 3s, & X \geqslant s, \\ 4X - s, & X < s. \end{cases}$$

而 X 的密度函数为

$$f(x) = \begin{cases} \dfrac{1}{2\,000}, & x \in [2\,000, 4\,000], \\ 0, & x \notin [2\,000, 4\,000], \end{cases}$$

所以

$$E(Y) = E[g(X)] = \int_{-\infty}^{+\infty} g(x) f(x) \mathrm{d}x$$

$$= \int_{-\infty}^{2\,000} g(x) f(x) \mathrm{d}x + \int_{2\,000}^{s} g(x) f(x) \mathrm{d}x + \int_{s}^{4\,000} g(x) f(x) \mathrm{d}x + \int_{4\,000}^{+\infty} g(x) f(x) \mathrm{d}x$$

$$= \int_{2\,000}^{s} (4x - s) \frac{1}{2\,000} \mathrm{d}x + \int_{s}^{4\,000} 3s \frac{1}{2\,000} \mathrm{d}x$$

$$= -\frac{1}{1\,000}(s^2 - 7\,000s + 4 \times 10^6).$$

令 $\dfrac{\mathrm{d}}{\mathrm{d}s}[E(Y)] = 0$,得 $s = 3\,500$,即当 $s = 3\,500$ 时,国家收益的期望值最大,最大期望值为 8 250 万元.

再将定理 4.1 进行推广,将一元函数 $g(x)$ 改为二元函数 $g(x,y)$,即有下面的定理:

定理 4.2 设 Z 为随机变量 X, Y 的函数 $Z = g(X, Y)$,这里 $g(x, y)$ 为二元

连续实函数,则

(1) 若(X,Y)为离散型,其分布列为 $P\{X=x_i,Y=y_j\}=p_{ij}$, $i,j=1,2,\cdots$, 且 $\sum_{i=1}^{\infty}\sum_{j=1}^{\infty}|g(x_i,y_j)|p_{ij}<+\infty$,则

$$E[g(X,Y)]=\sum_{i=1}^{\infty}\sum_{j=1}^{\infty}g(x_i,y_j)p_{ij}. \qquad (4.1.5)$$

(2) 若(X,Y)为连续型,其概率密度为$f(x,y)$,且 $\int_{-\infty}^{+\infty}\int_{-\infty}^{+\infty}|g(x,y)|f(x,y)\mathrm{d}x\mathrm{d}y<+\infty$,则

$$E[g(X,Y)]=\int_{-\infty}^{+\infty}\int_{-\infty}^{+\infty}g(x,y)f(x,y)\mathrm{d}x\mathrm{d}y. \qquad (4.1.6)$$

定理 4.2 说明,在求随机变量 X,Y 的函数 $Z=g(X,Y)$ 的数学期望时,无须知道 Z 的分布,只要知道 (X,Y) 的分布即可,简化了计算.

例 13 设(X,Y)的分布列为

X	Y		
	1	2	3
-1	0.2	0.1	0
0	0.1	0	0.3
1	0.1	0.1	0.1

求:(1) $E(X+Y)$;(2) $E(XY)$.

解 列出下表:

(X,Y)	(-1,1)	(-1,2)	(-1,3)	(0,1)	(0,2)	(0,3)	(1,1)	(1,2)	(1,3)
X+Y	0	1	2	1	2	3	2	3	4
XY	-1	-2	-3	0	0	0	1	2	3
P	0.2	0.1	0	0.1	0	0.3	0.1	0.1	0.1

(1) $E(X+Y)=0\times0.2+1\times0.2+2\times0.1+3\times0.4+4\times0.1=2.0$;

(2) $E(XY)=(-1)\times0.2+(-2)\times0.1+1\times0.1+2\times0.1+3\times0.1=0.2$.

例 14 设(X,Y)的密度函数为

$$f(x,y)=\begin{cases} 12y^2, & 0\leqslant y\leqslant x\leqslant 1, \\ 0, & \text{其他}, \end{cases}$$

求:(1) $E(XY)$;(2) $E(X+Y)$;(3) $E(X)$.

解 (1) 这里的 XY 相当于(4.1.6)式中的 $g(X,Y)$. $f(x,y)$不等于 0 的区

域 D 如图 4-1 所示(阴影部分).

由定理 4.2 得

$$E(XY) = \int_{-\infty}^{+\infty}\int_{-\infty}^{+\infty} xy f(x,y)\,\mathrm{d}x\mathrm{d}y$$
$$= \int_0^1 \int_0^x xy \cdot 12y^2 \,\mathrm{d}y\mathrm{d}x = \int_0^1 x \cdot 3x^4 \,\mathrm{d}x = \frac{1}{2}.$$

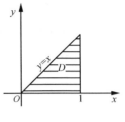

图 4-1

(2) 这里的 $X+Y$ 相当于(4.1.6)式中的 $g(X,Y)$,于是

$$E(X+Y) = \int_{-\infty}^{+\infty}\int_{-\infty}^{+\infty} (x+y)f(x,y)\,\mathrm{d}x\mathrm{d}y$$
$$= \int_0^1 \mathrm{d}x \int_0^x (x+y) 12y^2 \,\mathrm{d}y$$
$$= 12 \int_0^1 \left(\frac{1}{3}xy^3 + \frac{1}{4}y^4\right)\bigg|_0^x \mathrm{d}x = \frac{7}{5}.$$

(3) 这里的 X 可以看成 $g(X,Y)=X$,于是

$$E(X) = \int_{-\infty}^{+\infty}\int_{-\infty}^{+\infty} xf(x,y)\,\mathrm{d}x\mathrm{d}y = \int_0^1 \int_0^x x \cdot 12y^2 \,\mathrm{d}y\mathrm{d}x = \int_0^1 x \cdot 4x^3 \,\mathrm{d}x = \frac{4}{5}.$$

值得注意的是,(3)中没有采用公式 $E(X) = \int_{-\infty}^{+\infty} xf_X(x)\,\mathrm{d}x$.

(四) 数学期望的性质

在下列性质中,假设随机变量的数学期望总存在.

性质 1 $E(c)=c$,其中 c 为常数.

性质 2 $E(cX)=cE(X)$,其中 c 为常数.

性质 3 $E(X+Y)=E(X)+E(Y)$.

性质 4 设 X,Y 相互独立,则 $E(XY)=E(X)E(Y)$.

性质3、性质4 可推广到有限多个随机变量的情况,但要注意在性质 4 中,要求这有限多个随机变量是相互独立的.下面就连续型随机变量来证明性质 4,其他性质的证明请读者思考.

设 X,Y 的密度函数分别为 $f_1(x), f_2(y)$.由 X,Y 的独立性得 X,Y 的联合密度函数为 $f(x,y)=f_1(x)f_2(y)$.由定理 4.2 及数学期望的定义知

$$E(XY) = \int_{-\infty}^{+\infty}\int_{-\infty}^{+\infty} xy \cdot f_1(x)f_2(y)\,\mathrm{d}x\mathrm{d}y = \int_{-\infty}^{+\infty} xf_1(x)\,\mathrm{d}x \int_{-\infty}^{+\infty} yf_2(y)\,\mathrm{d}y$$
$$= E(X)E(Y).$$

例15 设 $X \sim N(\mu, \sigma^2)$, $Y = \dfrac{X-\mu}{\sigma}$, 求 $E(Y)$.

解 由本节的例6及数学期望的性质得
$$E(Y) = E\left(\dfrac{X-\mu}{\sigma}\right) = \dfrac{1}{\sigma}E(X-\mu) = \dfrac{1}{\sigma}[E(X) - E(\mu)] = 0.$$

实际上,由前面的讨论知道:$Y \sim N(0,1)$.

例16 两台相同的电话交换机,每台无故障工作的时间都服从参数为5的指数分布. 先起用一台,当其发生故障时停用而另一台自动开启. 试求这两台交换机无故障工作总时间 T 的数学期望.

解 设第一、第二台交换机的无故障工作时间分别为 T_1, T_2,则 $T = T_1 + T_2$.

由数学期望的性质3知,$E(T) = E(T_1 + T_2) = E(T_1) + E(T_2)$,而
$$f_{T_1}(t) = f_{T_2}(t) = \begin{cases} 5e^{-5t}, & t \geq 0, \\ 0, & t < 0, \end{cases}$$

所以 $E(T) = E(T_1) + E(T_2) = \displaystyle\int_{-\infty}^{+\infty} t f_{T_1}(t) dt + \int_{-\infty}^{+\infty} t f_{T_2}(t) dt = 2\int_0^{+\infty} 5te^{-5t} dt = \dfrac{2}{5}.$

解决一些问题时运用数学期望的性质,显得简便.

例17 设 $X \sim B(n, p)$,求 $E(X)$.

解 由于服从二项分布 $B(n,p)$ 的随机变量 X 的实际背景是:在 n 重贝努里试验中,事件 A 发生的次数. 设 X_i 为第 i 次贝努里试验中事件 A 发生的次数 $(i=1,2,\cdots,n)$. 由于是 n 重贝努里试验,所以 $X_1, X_2, \cdots, X_n$ 相互独立且均服从参数为 p 的0-1分布. 于是有
$$X = X_1 + X_2 + \cdots + X_n,$$

从而有
$$E(X) = E(X_1 + X_2 + \cdots + X_n) = E(X_1) + E(X_2) + \cdots + E(X_n) = np. \text{(参见本节例1)}$$

§4.2 方 差

在上一节,我们讨论的数学期望的概念能反映随机变量的平均值,但在一些实际问题中有时仅知道平均值是不够的. 例如,在考察灯泡的质量时,不能单就

灯泡的平均使用寿命来决定其质量,还要考虑整批灯泡使用寿命的稳定性,即还要考虑灯泡使用寿命与平均使用寿命的平均偏离程度. 本节将引入方差的概念来反映随机变量对数学期望的偏离程度.

(一) 方差的概念

定义 4.3 设 X 为一随机变量,若 $E[X-E(X)]^2$ 存在,则称该值为 X 的方差,记为 $D(X)$,即 $D(X)=E\{[X-E(X)]^2\}$. 又称 $\sqrt{D(X)}$ 为 X 的**标准差**或**均方差**.

由方差的定义知,方差 $D(X)$ 就是函数 $g(X)$ 的数学期望,只不过这个函数为 $g(x)=(x-a)^2$,其中常数 $a=E(X)$. 对于随机变量函数的数学期望我们已介绍过.

关于方差的具体计算公式分为离散型和连续型两种情形:

(1) 若 X 为离散型随机变量,且 X 的分布列为 $P\{X=x_i\}=p_i, i=1,2,\cdots$,则

$$D(X)=\sum_{i=1}^{\infty}[x_i-E(X)]^2 p_i. \tag{4.2.1}$$

(2) 若 X 为连续型随机变量,且 X 的密度函数为 $f(x)$,则

$$D(X)=\int_{-\infty}^{+\infty}[x-E(X)]^2 f(x)\mathrm{d}x. \tag{4.2.2}$$

在实际计算中,有时我们采用如下的计算公式:

$$D(X)=E(X^2)-[E(X)]^2. \tag{4.2.3}$$

(4.2.3)式之所以成立,是因为

$$D(X)=E\{[X-E(X)]^2\}=E\{X^2-2XE(X)+[E(X)]^2\}$$
$$=E(X^2)-2E(X)\cdot E(X)+[E(X)]^2$$
$$=E(X^2)-[E(X)]^2.$$

例 1 设 X 服从 0-1 分布,求 $D(X)$.

解 $E(X)=p, E(X^2)=1^2\times p+0^2\times(1-p)=p$,
$D(X)=E(X^2)-[E(X)]^2=p-p^2=p(1-p).$

例 2 设 $X\sim B(n,p)$,求 $D(X)$.

解 因为 $E(X)=np$,

$$E(X^2)=\sum_{k=0}^{n}k^2\cdot\frac{n!}{k!(n-k)!}p^k q^{n-k} \quad (q=1-p)$$

$$= np \sum_{k=1}^{n} k \cdot \frac{(n-1)!}{(k-1)!(n-k)!} p^{k-1} q^{n-k}$$

$$= np \left[\sum_{k=1}^{n} (k-1) \cdot \frac{(n-1)!}{(k-1)!(n-k)!} p^{k-1} q^{n-k} \right] +$$

$$np \left[\sum_{k=1}^{n} \frac{(n-1)!}{(k-1)!(n-k)!} p^{k-1} q^{n-k} \right]$$

$$= np [(n-1)p + (p+q)^{n-1}] = n^2 p^2 + npq,$$

所以 $D(X) = E(X^2) - [E(X)]^2 = npq.$

例 3 设 $X \sim P(\lambda)$,求 $D(X)$.

解 因为 $E(X) = \lambda$,

$$E(X^2) = \sum_{k=0}^{\infty} k^2 \frac{\lambda^k}{k!} e^{-\lambda} = \sum_{k=1}^{\infty} k \frac{\lambda^k}{(k-1)!} e^{-\lambda}$$

$$= \lambda \sum_{k=1}^{\infty} (k-1) \frac{\lambda^{k-1}}{(k-1)!} e^{-\lambda} + \lambda \sum_{k=1}^{\infty} \frac{\lambda^{k-1}}{(k-1)!} e^{-\lambda}$$

$$= \lambda \cdot E(X) + \lambda e^{\lambda} \cdot e^{-\lambda} = \lambda^2 + \lambda,$$

所以 $D(X) = E(X^2) - [E(X)]^2 = \lambda.$

例 4 设 X 服从区间 $[a,b]$ 上的均匀分布,求 $D(X)$.

解 因为 $E(X) = \frac{a+b}{2}, E(X^2) = \int_a^b \frac{x^2}{b-a} dx = \frac{1}{3}(a^2 + ab + b^2)$,所以

$$D(X) = E(X^2) - [E(X)]^2 = \frac{1}{3}(a^2 + ab + b^2) - \frac{1}{4}(a+b)^2 = \frac{1}{12}(b-a)^2.$$

例 5 设 $X \sim N(\mu, \sigma^2)$,求 $D(X)$.

解 $D(X) = E[(X-\mu)^2] = \int_{-\infty}^{+\infty} (x-\mu)^2 \frac{1}{\sqrt{2\pi}\sigma} e^{-\frac{(x-\mu)^2}{2\sigma^2}} dx,$

令 $t = \frac{x-\mu}{\sigma}$,则

$$D(X) = \frac{\sigma^2}{\sqrt{2\pi}} \int_{-\infty}^{+\infty} t^2 e^{-\frac{t^2}{2}} dt = \sigma^2.$$

例 6 设 X 服从参数为 λ 的指数分布,求 $D(X)$.

解 因为 $E(X) = \frac{1}{\lambda}, E(X^2) = \lambda \int_{-\infty}^{+\infty} x^2 e^{-\lambda x} dx = \frac{2}{\lambda^2}$,所以

$$D(X) = E(X^2) - [E(X)]^2 = \frac{2}{\lambda^2} - \frac{1}{\lambda^2} = \frac{1}{\lambda^2}.$$

由 §4.1 的例 6 及 §4.2 的例 5 可知,正态分布的密度函数中的两个参数

μ, σ 分别为它的期望与均方差. 实际上, 一维正态分布完全由它的期望与方差决定.

例 7 在一小块试验地里种了 10 粒种子, 种子发芽的概率为 0.9, 用 X 表示发芽种子的粒数, 求 $E(X^2)$.

解 显然, X 服从参数为 $n=10, p=0.9$ 的二项分布 $B(10, 0.9)$. 如果直接计算 $E(X^2)$, 很烦琐. 由于 $E(X)=np=10\times 0.9=9, D(X)=np(1-p)=0.9$, 因此,
$$E(X^2)=D(X)+[E(X)]^2=0.9+9^2=81.9.$$

(二) 方差的性质

在下列性质中, 假设随机变量的方差总存在.

性质 1 $D(c)=0$, 其中 c 为常数.

性质 2 $D(cX)=c^2 D(X)$, 其中 c 为常数.

证 $D(cX)=E\{[cX-E(cX)]^2\}=E\{[cX-cE(X)]^2\}=E\{c^2[X-E(X)]^2\}$
$=c^2 E\{[X-E(X)]^2\}=c^2 D(X).$

性质 3 设 X, Y 相互独立, 则 $D(X+Y)=D(X)+D(Y)$.

(证明提示: 利用方差的定义及期望的性质)

由性质 2、性质 3 可知, 若 $X_1, X_2, \cdots, X_n$ 相互独立, $a_i (i=1,2,\cdots,n)$ 为常数, 则
$$D\left(\sum_{i=1}^{n} a_i X_i\right)=\sum_{i=1}^{n} a_i^2 D(X_i). \tag{4.2.4}$$

例 8 设 $X \sim B(n, p)$, 求 $D(X)$.

解 由 §4.1 的例 17 及 (4.2.4) 式得
$$D(X)=D\left(\sum_{i=1}^{n} X_i\right)=\sum_{i=1}^{n} D(X_i)=\sum_{i=1}^{n} pq=npq.$$

例 9 假设 $X \sim N(2,4), Y \sim N(1,9)$, 且 X, Y 相互独立, 求 $2X-3Y$ 服从的分布.

解 由于 X, Y 相互独立, 从 (3.3.1) 式知, $2X-3Y$ 仍服从正态分布, 即 $2X-3Y \sim N(\mu, \sigma^2)$. 又 $\mu=E(2X-3Y), \sigma^2=D(2X-2Y)$, 从期望和方差的性质知,
$$E(2X-3Y)=2E(X)-3E(Y)=1, D(2X-3Y)=4D(X)+9D(Y)=97,$$
故 $2X-3Y \sim N(1,97)$.

最后，我们说明一下，若 $E(X),D(X)$ 存在，且 $D(X)>0$，记 $Y=\dfrac{X-E(X)}{\sqrt{D(X)}}$，则由期望和方差的性质可知，$E(Y)=0,D(Y)=1$. 这样得到的 Y 称为 X 的标准化随机变量.

§4.3 矩、协方差和相关系数

（一）矩

矩也是随机变量的重要数字特征，在数理统计的参数估计中将要用到这个概念.

定义 4.4 设 X 为一随机变量，k 为自然数. 若 $E(X^k)$ 存在，则称之为 **X 的 k 阶原点矩**；若 $E\{[X-E(X)]^k\}$ 存在，则称之为 **X 的 k 阶中心矩**.

从此定义可知，数学期望即是 1 阶原点矩，方差即是 2 阶中心矩.

（二）协方差和相关系数

下面讨论二维随机变量 (X,Y) 中的 X 和 Y 的相互关系的数字特征.

定义 4.5 设 (X,Y) 为二维随机变量，若 $E\{[X-E(X)][Y-E(Y)]\}$ 存在，则称之为 **X,Y 的协方差**，记作 $\mathrm{Cov}(X,Y)$，即

$$\mathrm{Cov}(X,Y)=E\{[X-E(X)][Y-E(Y)]\}, \tag{4.3.1}$$

称

$$\rho_{XY}=\dfrac{\mathrm{Cov}(X,Y)}{\sqrt{D(X)}\sqrt{D(Y)}} \tag{4.3.2}$$

为**随机变量 X,Y 的相关系数**. 若 $\rho_{XY}=0$，则称 X,Y 不相关.

从数学期望的性质和独立性可知：若随机变量 X,Y 相互独立，则一定有 $E\{[X-E(X)][Y-E(Y)]\}=0$，此时 X,Y 不相关；若 $E\{[X-E(X)][Y-E(Y)]\}=0$，即 X,Y 不相关，但是 X,Y 不一定相互独立；若 $E\{[X-E(X)][Y-E(Y)]\}\neq 0$，则 X,Y 一定不相互独立，这意味着 X,Y 之间存在着某种关系.

协方差有如下性质：(证明略)

性质 1 $\mathrm{Cov}(X,Y)=\mathrm{Cov}(Y,X)$.

性质 2 $\mathrm{Cov}(aX,bY)=ab\mathrm{Cov}(X,Y),a,b$ 为常数.

性质3 $\text{Cov}(X_1+X_2,Y)=\text{Cov}(X_1,Y)+\text{Cov}(X_2,Y)$.

性质4 $D(X+Y)=D(X)+D(Y)+2\text{Cov}(X,Y)$.

性质5 $\text{Cov}(X,Y)=E(XY)-E(X)E(Y)$.

常用性质5来计算 X,Y 的协方差.

相关系数有如下性质：

性质1 $|\rho_{XY}|\leq 1$.

性质2 若 X,Y 相互独立,则 $\rho_{XY}=0$.

性质3 $\rho_{XY}=\pm 1$ 的充要条件是存在两个常数 a,b 且 $a\neq 0$,使得
$$P\{Y=aX+b\}=1.$$

证 （1）性质1. 我们引入随机变量
$$Z=\frac{X-E(X)}{\sqrt{D(X)}}\pm\frac{Y-E(Y)}{\sqrt{D(Y)}},$$

由协方差的性质4得
$$D(Z)=D\left[\frac{X-E(X)}{\sqrt{D(X)}}\pm\frac{Y-E(Y)}{\sqrt{D(Y)}}\right]$$
$$=D\left[\frac{X-E(X)}{\sqrt{D(X)}}\right]+D\left[\frac{Y-E(Y)}{\sqrt{D(Y)}}\right]\pm 2\text{Cov}\left[\frac{X-E(X)}{\sqrt{D(X)}},\frac{Y-E(Y)}{\sqrt{D(Y)}}\right]$$
$$=1+1\pm 2\frac{\text{Cov}(X,Y)}{\sqrt{D(X)}\sqrt{D(Y)}}=2(1\pm\rho_{XY}).$$

由于方差非负,从而有 $1\pm\rho_{XY}\geq 0$,即
$$|\rho_{XY}|\leq 1.$$

（2）性质2. 若 X,Y 相互独立,则 $\text{Cov}(X,Y)=0$,于是 $\rho_{XY}=0$.

（3）性质3的证明略.

要注意的是, $\rho_{XY}=1$（或 -1）时,说明 X,Y 之间具有正（或负）线性相关性. $\rho_{XY}=0$ 时,称 X,Y 不相关,这里的不相关是指不线性相关,但不一定 X,Y 相互独立,因为 X,Y 之间还可能存在非线性关系. 当 X,Y 相互独立时,显然 X,Y 不相关,一定有 $\rho_{XY}=0$. 由此可见相关系数反映的是随机变量间的线性相关程度,不反映两个随机变量间的独立程度.

例1 设随机变量 X_1,X_2 的分布列为

X_1	1	2
P	$\frac{2}{3}$	$\frac{1}{3}$

X_2	2	4
P	$\frac{2}{3}$	$\frac{1}{3}$

设 $Y_1=kX_1,Y_2=kX_2$,其中常数 $k\neq 0$. 求 $\mathrm{Cov}(X_1,Y_1)$,$\mathrm{Cov}(X_2,Y_2)$ 及 $\rho_{X_1Y_1}$,$\rho_{X_2Y_2}$.

解 因为 $E(X_1)=\dfrac{4}{3},E(X_1^2)=2,D(X_1)=\dfrac{2}{9}$,所以

$$E(Y_1)=\dfrac{4}{3}k,D(Y_1)=\dfrac{2}{9}k^2.$$

又因为 $E(X_2)=\dfrac{8}{3},E(X_2^2)=8,D(X_2)=\dfrac{8}{9}$,所以

$$E(Y_2)=\dfrac{8}{3}k,D(Y_2)=\dfrac{8}{9}k^2.$$

于是
$$E(X_1Y_1)=E(X_1\cdot kX_1)=kE(X_1^2)=2k,$$
$$\mathrm{Cov}(X_1,Y_1)=E(X_1Y_1)-E(X_1)E(Y_1)=2k-k\left(\dfrac{4}{3}\right)^2=\dfrac{2}{9}k,$$
$$\rho_{X_1Y_1}=\dfrac{\mathrm{Cov}(X_1,Y_1)}{\sqrt{D(X_1)D(Y_1)}}=\dfrac{k}{|k|}=\pm 1;$$
$$E(X_2Y_2)=E(X_2\cdot kX_2)=kE(X_2^2)=8k,$$
$$\mathrm{Cov}(X_2,Y_2)=E(X_2Y_2)-E(X_2)E(Y_2)=8k-k\left(\dfrac{8}{3}\right)^2=\dfrac{8}{9}k,$$
$$\rho_{X_2Y_2}=\dfrac{\mathrm{Cov}(X_2,Y_2)}{\sqrt{D(X_2)D(Y_2)}}=\dfrac{k}{|k|}=\pm 1.$$

值得注意的是,X_1 与 Y_1,X_2 与 Y_2 的线性相关性相同,但 $\mathrm{Cov}(X_1,Y_1)\neq \mathrm{Cov}(X_2,Y_2)$,这是 X_1,X_2 取值大小的原因. 而去掉这一因素后,$\rho_{X_1Y_1}=\rho_{X_2Y_2}=\pm 1$.

例2 设随机变量 X 的分布列为

X	1	2
P	$\dfrac{2}{3}$	$\dfrac{1}{3}$

设 $Y_1=X+1,Y_2=kX$(常数 $k\neq 0$). 求 $\mathrm{Cov}(Y_1,Y_2)$ 及 $\rho_{Y_1Y_2}$.

解 因为 $E(X)=\dfrac{4}{3},E(X^2)=2$,所以 $D(X)=\dfrac{2}{9}$.

于是有 $E(Y_1)=\dfrac{7}{3},D(Y_1)=\dfrac{2}{9};E(Y_2)=\dfrac{4}{3}k,D(Y_2)=\dfrac{2}{9}k^2;$

$$E(Y_1Y_2)=E[(X+1)\cdot kX]=kE(X^2+X)=\dfrac{10}{3}k.$$

从而有 $\mathrm{Cov}(Y_1,Y_2)=E(Y_1Y_2)-E(Y_1)E(Y_2)=\dfrac{10}{3}k-\dfrac{7}{3}\times\dfrac{4}{3}k=\dfrac{2}{9}k,$

所以
$$\rho_{Y_1 Y_2} = \frac{\text{Cov}(Y_1, Y_2)}{\sqrt{D(Y_1)D(Y_2)}} = \frac{k}{|k|} = \pm 1.$$

这说明 Y_1, Y_2 之间存在线性关系,这一点也是显然的.

例 3 设随机变量 X 的分布列为

X	-1	1
P	$\frac{1}{2}$	$\frac{1}{2}$

设随机变量 $Y = X^2$,求 $\text{Cov}(X, Y)$.

解 因为 $E(X) = 0, E(Y) = 1, E(XY) = E(X^3) = 0$,从而有
$$\text{Cov}(X, Y) = E(XY) - E(X)E(Y) = 0,$$
所以 X 与 Y 不线性相关. 显然 X 与 Y 之间存在非线性关系.

例 4 设 (X, Y) 服从区域 $D = \{(x, y) \mid 0 \leqslant x \leqslant 1, 0 \leqslant y \leqslant x\}$ 上的均匀分布,求 $\text{Cov}(X, Y)$ 及 ρ_{XY}.

解 (X, Y) 的密度函数为
$$f(x, y) = \begin{cases} 2, & (x, y) \in D, \\ 0, & (x, y) \notin D, \end{cases}$$

于是
$$E(X) = \int_0^1 dx \int_0^x x \cdot 2 dy = \frac{2}{3},$$
$$E(Y) = \int_0^1 dx \int_0^x y \cdot 2 dy = \frac{1}{3},$$
$$E(XY) = \int_0^1 dx \int_0^x xy \cdot 2 dy = \frac{1}{4}.$$

再由协方差的性质 4,有
$$\text{Cov}(X, Y) = E(XY) - E(X)E(Y) = \frac{1}{4} - \frac{2}{3} \times \frac{1}{3} = \frac{1}{36}.$$

又 $D(X) = E(X^2) - [E(X)]^2$,而 $E(X^2) = \int_0^1 dx \int_0^x x^2 \cdot 2 dy = \frac{1}{2}$,故有
$$D(X) = \frac{1}{2} - \left(\frac{2}{3}\right)^2 = \frac{1}{18}.$$

同理 $D(Y) = \frac{1}{18}.$

所以
$$\rho_{XY} = \frac{\text{Cov}(X, Y)}{\sqrt{D(X)}\sqrt{D(Y)}} = \frac{\frac{1}{36}}{\frac{1}{18}} = \frac{1}{2}.$$

例 5 设 (X,Y) 的概率密度为
$$f(x,y)=\begin{cases}\dfrac{1}{\pi}, & x^2+y^2\leqslant 1,\\ 0, & x^2+y^2>1,\end{cases}$$

问:(1) X,Y 是否相关? (2) X,Y 是否独立?

解 (1) X,Y 是否相关要看 $\mathrm{Cov}(X,Y)$ 是否为 0. 由 (4.1.6) 式得
$$E(X)=\int_{-\infty}^{+\infty}\int_{-\infty}^{+\infty}xf(x,y)\mathrm{d}x\mathrm{d}y=\int_{-1}^{1}\mathrm{d}x\int_{-\sqrt{1-x^2}}^{\sqrt{1-x^2}}\frac{x}{\pi}\mathrm{d}y=0.$$

同理 $E(Y)=0, E(XY)=0.$

所以 $\mathrm{Cov}(X,Y)=E(XY)-E(X)E(Y)=0.$

从而 X,Y 不相关.

(2) X,Y 相互独立,等价于 X,Y 的联合密度 $f(x,y)$ 恒等于 X 的密度 $f_X(x)$ 与 Y 的密度 $f_Y(y)$ 的乘积,即 $f(x,y)=f_X(x)f_Y(y)$.

由于
$$f_X(x)=\int_{-\sqrt{1-x^2}}^{\sqrt{1-x^2}}\frac{1}{\pi}\mathrm{d}y=\frac{2}{\pi}\sqrt{1-x^2}, |x|\leqslant 1,$$
$$f_Y(y)=\frac{2}{\pi}\sqrt{1-y^2}, |y|\leqslant 1,$$

可见 $f(x,y)\not\equiv f_X(x)f_Y(y)$,于是 X,Y 不独立.

这个例子说明 X,Y 不相关时,X,Y 也不一定是独立的. 但对于二维正态分布,可以证明:不相关与相互独立这两个概念是等价的.

例 6 二维离散型随机变量 (X,Y) 的分布列为

X	Y		
	-1	0	1
1	$\dfrac{1}{6}$	0	$\dfrac{1}{3}$
0	$\dfrac{1}{6}$	$\dfrac{1}{4}$	$\dfrac{1}{12}$

问 X,Y 是否独立? 并求 $\mathrm{Cov}(X,Y)$.

解 X,Y 的边缘分布列为

X	1	0
P	$\dfrac{1}{2}$	$\dfrac{1}{2}$

Y	-1	0	1
P	$\dfrac{1}{3}$	$\dfrac{1}{4}$	$\dfrac{5}{12}$

于是 $E(X)=\dfrac{1}{2}$, $E(Y)=\dfrac{1}{12}$.

XY 的分布列为

XY	-1	0	1
P	$\dfrac{1}{6}$	$\dfrac{1}{2}$	$\dfrac{1}{3}$

由此得 $E(XY)=\dfrac{1}{6}$,从而有

$$\operatorname{Cov}(X,Y)=E(XY)-E(X)E(Y)=\dfrac{1}{8}.$$

由于 $\operatorname{Cov}(X,Y)=\dfrac{1}{8}\ne 0$,所以 X,Y 不相互独立,这一点也可以从 $P\{X=1,Y=1\}=\dfrac{1}{3}\ne\dfrac{5}{12}\times\dfrac{1}{2}=P\{X=1\}\times P\{Y=1\}$ 中看出.

本 章 小 结

本章讨论了随机变量的一些数字特征的定义、计算以及在实际问题中的应用.这些数字特征包括随机变量的期望、方差、矩、协方差以及相关系数等.

1. 期望

随机变量的期望反映了随机变量的平均取值的大小.

(1) 离散型.

设离散型随机变量 X 的分布列为 $P\{X=x_i\}=p_i$, $i=1,2,\cdots$,若级数 $\sum\limits_{i=1}^{\infty}|x_i|p_i<+\infty$,则称 X 的数学期望存在,并称级数 $\sum\limits_{i=1}^{\infty}x_ip_i$ 的和为随机变量 X 的数学期望(也称期望或均值),记为 $E(X)$,即 $E(X)=\sum\limits_{i=1}^{\infty}x_ip_i$.

级数 $\sum\limits_{i=1}^{\infty}|x_i|p_i<+\infty$,即是级数 $\sum\limits_{i=1}^{\infty}x_ip_i$ 绝对收敛.从高等数学中级数的

知识知道级数 $\sum_{i=1}^{\infty}|x_i|p_i<+\infty$ 时,级数 $\sum_{i=1}^{\infty}x_ip_i$ 本身也是收敛的.

(2) 连续型.

设连续型随机变量 X 的概率密度函数为 $f(x)$,若积分 $\int_{-\infty}^{+\infty}|x|f(x)\mathrm{d}x<+\infty$,则称 X 的数学期望存在,并称积分 $\int_{-\infty}^{+\infty}xf(x)\mathrm{d}x$ 为 X 的数学期望,记为 $E(X)$,即 $E(X)=\int_{-\infty}^{+\infty}|x|f(x)\mathrm{d}x$.

(3) 随机变量函数的期望.

计算随机变量函数的期望一般不用计算该函数的分布列或密度函数,利用如下的结论:

(Ⅰ) 设 Y 为随机变量 X 的函数,$Y=g(X)$,这里 $g(x)$ 为连续的实值函数. 若 X 为离散型随机变量,其概率分布为 $P\{X=x_i\}=p_i,i=1,2,\cdots$,且 $\sum_{i=1}^{\infty}|g(x_i)|p_i<+\infty$,则 $E(Y)=E[g(X)]=\sum_{i=1}^{\infty}g(x_i)p_i$.

(Ⅱ) 设 Y 为随机变量 X 的函数,$Y=g(X)$,这里 $g(x)$ 为连续的实值函数. 若 X 为连续型随机变量,其密度函数为 $f(x)$,且 $\int_{-\infty}^{+\infty}|g(x)|f(x)\mathrm{d}x<+\infty$,则 $E(Y)=E[g(X)]=\int_{-\infty}^{+\infty}g(x)f(x)\mathrm{d}x$.

(Ⅲ) 设 Z 为随机变量 X,Y 的函数 $Z=g(X,Y)$,这里 $g(x,y)$ 为二元连续实函数,则

(i) 若 (X,Y) 为离散型,其分布列为 $P\{X=x_i,Y=y_j\}=p_{ij},i,j=1,2,\cdots$,且 $\sum_{i=1}^{\infty}\sum_{j=1}^{\infty}|g(x_i,y_j)|p_{ij}<+\infty$,则

$$E[g(X,Y)]=\sum_{i=1}^{\infty}\sum_{j=1}^{\infty}g(x_i,y_j)p_{ij}.$$

(ii) 若 (X,Y) 为连续型,其概率密度为 $f(x,y)$,且 $\int_{-\infty}^{+\infty}\int_{-\infty}^{+\infty}|g(x,y)|f(x,y)\mathrm{d}x\mathrm{d}y<+\infty$,则

$$E[g(X,Y)]=\int_{-\infty}^{+\infty}\int_{-\infty}^{+\infty}g(x,y)f(x,y)\mathrm{d}x\mathrm{d}y<+\infty.$$

(4) 期望的性质.

性质 1　$E(c)=c$,其中 c 为常数.

性质 2　$E(cX)=cE(X)$,其中 c 为常数.

性质 3　$E(X+Y)=E(X)+E(Y)$.

性质 4　设 X,Y 相互独立,则 $E(XY)=E(X)E(Y)$.

性质 3、性质 4 可推广到有限多个随机变量的情况,但要注意在性质 4 中,要求这有限多个随机变量是相互独立的.

2. 方差

方差反映了随机变量的取值相对其期望的平均偏离程度.

(1) 设 X 为一随机变量,若 $E[X-E(X)]^2$ 存在,则称该值为 X 的方差,记为 $D(X)$,即 $D(X)=E\{[X-E(X)]^2\}$. 又称 $\sqrt{D(X)}$ 为 X 的标准差或均方差. 按照定义,采用随机变量函数期望的计算方法即可计算方差,对应函数为 $g(x)=[x-E(X)]^2$,即 $D(X)=E[g(X)]$.

(2) 方差的计算还经常利用公式:$D(X)=E(X^2)-[E(X)]^2$. 该式移项得到 $E(X^2)=D(X)+[E(X)]^2$,此式可用来计算 X^2 的期望,特别当 X 的期望和方差已知的时候.

(3) 方差的性质.

性质 1　$D(c)=0$,其中 c 为常数.

性质 2　$D(cX)=c^2 D(X)$,其中 c 为常数.

性质 3　设 X,Y 相互独立,则 $D(X+Y)=D(X)+D(Y)$.

一般地,若 $X_1,X_2,\cdots,X_n$ 相互独立,$a_i(i=1,2,\cdots,n)$ 为常数,则

$$D\left(\sum_{i=1}^{n} a_i X_i\right) = \sum_{i=1}^{n} a_i^2 D(X_i).$$

3. 矩

设 X 为一随机变量,k 为自然数. 若 $E(X^k)$ 存在,则称之为 X 的 k 阶原点矩;若 $E\{[X-E(X)]^k\}$ 存在,则称之为 X 的 k 阶中心矩.

4. 协方差与相关系数

协方差与相关系数反映二维随机变量 (X,Y) 中的 X 和 Y 的相互关系的数字特征.

设 (X,Y) 为二维随机变量,若 $E\{[X-E(X)][Y-E(Y)]\}$ 存在,则称之为 X,Y 的协方差,记作 $\mathrm{Cov}(X,Y)$,即

第 4 章 随机变量的数字特征

$$\mathrm{Cov}(X,Y)=E\{[X-E(X)][Y-E(Y)]\},$$

称

$$\rho_{XY}=\frac{\mathrm{Cov}(X,Y)}{\sqrt{D(X)}\sqrt{D(Y)}}$$

为随机变量 X,Y 的相关系数.

协方差有如下性质：

性质 1 $\mathrm{Cov}(X,Y)=\mathrm{Cov}(Y,X).$

性质 2 $\mathrm{Cov}(aX,bY)=ab\mathrm{Cov}(X,Y),a,b$ 为常数.

性质 3 $\mathrm{Cov}(X_1+X_2,Y)=\mathrm{Cov}(X_1,Y)+\mathrm{Cov}(X_2,Y).$

性质 4 $D(X+Y)=D(X)+D(Y)+2\mathrm{Cov}(X,Y).$

性质 5 $\mathrm{Cov}(X,Y)=E(XY)-E(X)E(Y).$

其中,性质 5 经常用来计算协方差.

相关系数有如下性质：

性质 1 $|\rho_{XY}|\leqslant 1.$

性质 2 若 X,Y 相互独立,则 $\rho_{XY}=0.$

性质 3 $\rho_{XY}=\pm 1$ 的充要条件是存在两个常数 a,b 且 $a\neq 0$,使得 $P\{Y=aX+b\}=1.$

若 $\rho_{XY}=0$,则称 X,Y 不相关,这里的不相关指的是不线性相关,此时 $E(XY)=E(X)E(Y).$ X,Y 独立时,X,Y 不相关;X,Y 不相关时,X,Y 不一定独立.

习 题 4

第一部分 选择题

1. 设 $D(X)=25,D(Y)=1,\rho_{XY}=0.4$,则 $D(X-Y)=(\quad)$.

A. 6   B. 22   C. 30   D. 46

2. 下列命题错误的是( ).

A. 若 $X\sim p(\lambda)$,则 $E(X)=D(X)=\lambda$

B. 若 X 服从参数为 λ 的指数分布,则 $E(X)=D(X)=\dfrac{1}{\lambda}$

C. 若 $X\sim B(1,\theta)$,则 $E(X)=\theta,D(X)=\theta(1-\theta)$

D. 若 X 服从区间 $[a,b]$ 上的均匀分布，则 $E(X^2)=\dfrac{a^2+ab+b^2}{3}$

3. 设 $X\sim N(0,1)$，$Y\sim N(a,\sigma^2)$，则 Y 与 X 之间的关系是(　　).

A. $Y=\dfrac{X-a}{\sigma}$ \hspace{2em} B. $Y=a+\sigma X$

C. $Y=\dfrac{X-a}{\sigma^2}$ \hspace{2em} D. $Y=a+\sigma^2 X$

4. 下列命题正确的是(　　).

A. 若 $X\sim N(0,1)$，则称 X 服从 0-1 分布

B. 若 $E(X)=0,D(X)=1$，则称 X 服从 0-1 分布

C. 若 X 的分布律为 $\varphi(x)=\theta^x(1-\theta)^{1-x}$，$0<\theta<1,x=0,1$，则称 X 服从 0-1 分布

D. 若 X 的分布密度为 $\varphi(x)=\begin{cases}0,&x\overline{\in}(0,1),\\1,&x\in(0,1),\end{cases}$ 则称 X 服从 0-1 分布

5. 设 X 服从参数为 λ 的指数分布，且 $D(X)=4$，则 $\lambda=$(　　).

A. 4 \hspace{2em} B. 2 \hspace{2em} C. $\dfrac{1}{2}$ \hspace{2em} D. $\dfrac{1}{4}$

6. 随机变量 X 服从泊松分布，参数 $\lambda=4$，则 $E(X^2)=$(　　).

A. 16 \hspace{2em} B. 20 \hspace{2em} C. 4 \hspace{2em} D. 12

7. 设随机变量 $X_1,X_2,\cdots,X_n$ 相互独立，且 $E(X_i)$ 及 $D(X_i)$ 都存在($i=1,2,\cdots,n$)，又 $c,k_1,k_2,\cdots,k_n$ 为 $n+1$ 个任意常数，则下列等式错误的是(　　).

A. $E(\sum\limits_{i=1}^{n}k_iX_i+c)=\sum\limits_{i=1}^{n}k_iE(X_i)+c$

B. $E(\prod\limits_{i=1}^{n}k_iX_i)=\prod\limits_{i=1}^{n}k_iE(X_i)$

C. $D(\sum\limits_{i=1}^{n}k_iX_i+c)=\sum\limits_{i=1}^{n}k_iD(X_i)$

D. $D(\sum\limits_{i=1}^{n}(-1)^iX_i)=\sum\limits_{i=1}^{n}D(X_i)$

8. 设 $X\sim N(0,1)$，$Y=2X-1$，则 $Y\sim$(　　).

A. $N(0,1)$ \hspace{2em} B. $N(-1,4)$

C. $N(-1,2)$ \hspace{2em} D. $N(-1,3)$

9. 设 X 的分布函数为 $F(x)=\begin{cases}0, & x<0,\\ x^3, & 0\leqslant x\leqslant 1,\\ 1, & x>1,\end{cases}$ 则 $E(X)=(\quad)$.

A. $\int_0^1 x^4 \mathrm{d}x$ B. $\int_0^1 x^4 \mathrm{d}x+\int_1^{+\infty} x\mathrm{d}x$

C. $\int_0^1 3x^2 \mathrm{d}x$ D. $\int_0^1 3x^3 \mathrm{d}x$

10. 设 X 是一随机变量 $E(X)=\mu$,$D(X)=\sigma^2(\sigma>0)$,C 是任意常数,则有( ).

A. $E(X-C)^2=E(X^2)-C^2$ B. $E(X-C)^2=E(X-\mu)^2$
C. $E(X-C)^2<E(X-\mu)^2$ D. $E(X-C)^2\geqslant E(X-\mu)^2$

11. 设 X 服从 $n=100,p=0.02$ 的二项分布, η 服从正态分布且 $E(X)=E(\eta),D(X)=D(\eta)$,则 Y 的概率密度函数 $\varphi(x)=(\quad)$.

A. $\dfrac{1}{\sqrt{2\pi}}e^{-\frac{x^2}{2}}$ B. $\dfrac{1}{\sqrt{2\pi}}e^{-\frac{(x-2)^2}{1.96}}$

C. $\dfrac{1}{1.4\sqrt{2\pi}}e^{-\frac{(x-2)^2}{1.96}}$ D. $\dfrac{1}{1.4\sqrt{2\pi}}e^{-\frac{(x-2)^2}{3.92}}$

12. 设 X_1,X_2 都服从区间 $[0,2]$ 上的均匀分布,则 $E(X_1+X_2)=(\quad)$.
A. 1 B. 2 C. 0.5 D. 4

13. 具有下面分布列的随机变量中数学期望不存在的是( ).

A. $P\left\{X=\dfrac{3^k}{k}\right\}=\dfrac{2}{3^k},k=1,2,\cdots$

B. $P\{X=k\}=\dfrac{\lambda^k}{k!}e^{-\lambda},\lambda>0,k=0,1,2,\cdots$

C. $P\{X=k\}=\left(\dfrac{1}{2}\right)^k,k=1,2,\cdots$

D. $P\{Y=k\}=p^k(1-p)^{1-k},0<p<1,k=0,1$

14. 设 X 与 Y 是两个相互独立的随机变量,$D(X)=4,D(Y)=2$,随机变量 $Z=3X-2Y$,则 $D(Z)=(\quad)$.
A. 8 B. 16 C. 28 D. 44

15. 若随机变量 X 的概率密度为 $f(x)=\dfrac{1}{\sqrt{\pi}}e^{-x^2+4x-4}$,则 X 的数学期望是( ).

A. 0　　　　　B. 1　　　　　C. 2　　　　　D. 3

16. 设正态分布随机变量 X 的概率密度为 $f(x)=\dfrac{1}{\sqrt{2\pi}\sqrt{3}}e^{-\frac{(x-2)^2}{6}}$，则 X 的方差是(　　).

A. $\sqrt{3}$　　　B. $\sqrt{6}$　　　C. 3　　　　D. 6

17. 设对于任意两个随机变量 X 和 Y 满足 $E(XY)=E(X)\cdot E(Y)$，则下述结论肯定正确的是(　　).

A. $D(XY)=D(X)D(Y)$　　　　B. $D(X+Y)=D(X)+D(Y)$
C. X 与 Y 相互独立　　　　　D. X 与 Y 不相互独立

18. 如果 X,Y 独立，则(　　).

A. $D(XY)=D(X)D(Y)$　　　　B. $D(2X+Y)=2D(X)+D(Y)$
C. $D(3X+2Y)=9D(X)+4D(Y)$　　D. $D(X-Y)=D(X)-D(Y)$

19. 设随机变量 X 服从几何分布 $P\{X=k\}=p(1-p)^{k-1}(k=0,1,2,\cdots)$，则 $E(X)=$(　　).

A. $p(1-p)$　　　B. $\dfrac{1}{p}$　　　C. p　　　　D. kp

20. 如果 X,Y 满足 $D(X+Y)=D(X-Y)$，则必有(　　).

A. X,Y 独立　　　　　　　B. $\text{Cov}(X,Y)=0$
C. $D(Y)=0$　　　　　　　D. $D(X)D(Y)=0$

21. 如果 X,Y 不相关 $(\text{Cov}(X,Y)=0)$，则(　　).

A. $D(aX+bY)=aD(X)+bD(Y)$　　B. $D(X-Y)=D(X)-D(Y)$
C. $D(XY)=D(X)D(Y)$　　　　　　D. $E(XY)=E(X)E(Y)$

第二部分　填空题

1. 设二维连续型随机变量 $(X,Y)\sim N(\mu_1,\sigma_1^2;\mu_2,\sigma_2^2;\rho)$，且 X 与 Y 相互独立，则 $\rho_{XY}=$ _____．

2. 设南方人的身高为随机变量 X，北方人的身高为随机变量 Y，通常说"北方人比南方人高"，这句话的含义是_____．

3. 设 X 服从在区间 $[-1,5]$ 上的均匀分布，则 $D(X)=$ _____．

4. 设 X 的概率密度为 $f(x)=\begin{cases}e^{-x},&x\geqslant 0,\\0,&x<0,\end{cases}$ 则 $E(2X+1)=$ _____．

5. 设 X 的分布列为

X	1	2	3
P	0.15	0.3	0.55

则 $E(X)=$ _____.

6. 设随机变量 $X\sim B(n,p)$,则 $D(X+2)=$ _____.

7. 设 X 服从泊松分布,且 $D(X)=9$,则 $E(X)=$ _____.

8. 设 X 服从区间 $[2-\sqrt{3},2+\sqrt{3}]$ 上的均匀分布,$Y=aX+b=$ _____ 可使 $E(Y)=0,D(Y)=1$.

9. 设 (X,Y) 的概率密度为

$$f(x,y)=\begin{cases} x+y, & 0\leqslant x\leqslant 1,0\leqslant y\leqslant 1,\\ 0, & \text{其他}, \end{cases}$$

则 $E(XY)=$ _____.

10. 已知 (X,Y) 的联合分布为

X	Y		
	0	1	2
0	0.1	0.05	0.25
1	0	0.1	0.2
2	0.2	0.1	0

则 $E(X)=$ _____, $E(Y)=$ _____.

11. 设 X 服从泊松分布,且 $E(X^2)=20$,则 $E(X)=$ _____.

12. 若随机变量 X 与 Y 相互独立,且方差 $D(X)=0.5,D(Y)=1$,则 $D(2X-3Y)=$ _____.

13. 设 (X,Y) 的分布列为

X	Y		
	-1	1	2
-1	$\frac{5}{20}$	$\frac{2}{20}$	$\frac{6}{20}$
2	$\frac{3}{20}$	$\frac{3}{20}$	$\frac{1}{20}$

则 $E(X-Y)=$ _____.

14. 设 (X,Y) 的联合概率密度为

$$f(x,y)=\begin{cases} x+y, & 0\leqslant x\leqslant 1,0\leqslant y\leqslant 1,\\ 0, & \text{其他}, \end{cases}$$

则 $D(X)=$ _____ ,$D(Y)=$ _____.

15. 设一次试验 $P(A)=p$. 进行 100 次重复独立试验. X 表示 A 发生的次数,当 $p=$ _____ 时,$D(X)$ 取得最大值,其最大值为 _____.

16. 对目标进行独立射击,每次命中率均为 $P=0.25$,重复进行射击直至命中目标为止,设 X 表示射击次数,则 $E(X)=$ _____.

17. 若二维随机变量 $(X,Y) \sim N(a,b;\sigma_1^2,\sigma_2^2;r)$,则 $D(X)D(Y)=$ _____,$Cov(X,Y)=$ _____.

18. 若 $\rho(X,Y)$ 是随机变量 X 与 Y 的相关系数,则 $|\rho(X,Y)|=1$ 的充要条件是 $P\{Y=aX+b\}$(其中 a,b 是某实数,且 $a \neq 0$)= _____.

19. 已知随机变量 X_1,X_2,X_3 的协方差 $Cov(X_1,X_3)=2$,$Cov(X_2,X_3)=1$,则 $Cov(X_1+X_2,3X_3)=$ _____.

第三部分 解答题

1. 设 X 的分布列为

X	-1	0	0.5	1	2
P	$\frac{1}{3}$	$\frac{1}{6}$	$\frac{1}{6}$	$\frac{1}{12}$	$\frac{1}{4}$

求 $E(X),E(-X+1),E(X^2)$.

2. 设 X 的密度函数为 $f(x)=\frac{1}{2}e^{-|x|}$,求 $E(X),E(X^2)$.

3. 设 X 的密度函数为 $f(x)=\begin{cases} kx^a, & 0<x<1(k,a>0), \\ 0, & \text{其他}, \end{cases}$ 又已知 $E(X)=0.75$. 求 k 和 a 的值.

4. 设二维随机变量 (X,Y) 服从区域 D 上的均匀分布,其中 D 是由 x 轴、y 轴及直线 $x+y+1=0$ 所围成的区域. 求 $E(X),E(-3X+2Y),E(XY)$.

5. 设 X 表示 10 次重复独立射击中击中目标的次数,已知每次射击击中目标的概率为 0.4. 求 $E(X^2)$.

6. 求第 1 题到第 3 题的随机变量 X 的方差 $D(X)$.

7. 设 $X \sim B(n,p)$,且 $E(X)=1.6$,$D(X)=1.28$. 求 n 和 p.

8. 设二维随机变量 (X,Y) 的密度为

$$f(x,y)=\begin{cases} k, & 0<x<1, 0<y<x, \\ 0, & \text{其他}, \end{cases}$$

试确定常数 k,并求 $E(XY)$.

9. 设二维随机变量 (X,Y) 的密度为
$$f(x,y)=\begin{cases} 4xy\mathrm{e}^{-x^2+y^2}, & x>0, y>0, \\ 0, & \text{其他}, \end{cases}$$
求 $Z=\sqrt{X^2+Y^2}$ 的均值.

10. 设 X,Y 相互独立,密度函数分别为
$$f_X(x)=\begin{cases} 2x, & 0\leqslant x\leqslant 1, \\ 0, & \text{其他}, \end{cases} \quad f_Y(y)=\begin{cases} \mathrm{e}^{-(y-5)}, & y>5, \\ 0, & \text{其他}, \end{cases}$$
求 $E(XY)$.

11. 若随机变量 X,Y 不相关,证明: $D(X+Y)=D(X)+D(Y)$.

12. 设 X,Y 相互独立,且 $E(X)=E(Y)=0, D(X)=D(Y)=1$. 求 $E[(X+Y)^2]$.

13. 设随机变量 X 和 Y 满足 $D(X)=25, D(Y)=36, \rho_{XY}=0.4$. 求 $D(X+Y), D(X-Y)$.

14. 设二维随机变量 (X,Y) 的密度为
$$f(x,y)=\begin{cases} \dfrac{1}{8}(x+y), & 0\leqslant x\leqslant 2, 0\leqslant y\leqslant 2, \\ 0, & \text{其他}, \end{cases}$$
求 $E(X), E(Y), D(X), D(Y), \mathrm{Cov}(X,Y)$ 及 ρ_{XY}.

15. 设 (X,Y) 的分布列为

X	Y		
	-1	0	1
-1	$\dfrac{1}{8}$	$\dfrac{1}{8}$	$\dfrac{1}{8}$
0	$\dfrac{1}{8}$	0	$\dfrac{1}{8}$
1	$\dfrac{1}{8}$	$\dfrac{1}{8}$	$\dfrac{1}{8}$

问 X,Y 是否相关? 是否独立?

第 5 章
大数定律与中心极限定理

内容概要 本章讨论了契比雪夫不等式,契比雪夫大数定律,贝努里大数定律,辛钦大数定律,独立同分布的中心极限定理,棣莫弗-拉普拉斯定理.

学习要求 熟练掌握契比雪夫不等式及其应用,了解契比雪夫大数定律,了解贝努里大数定律,了解辛钦大数定律,熟练掌握独立同分布的中心极限定理及其应用,熟练掌握棣莫弗-拉普拉斯定理及其应用.

概率论与数理统计是研究随机现象统计规律性的学科. 而随机现象的规律性在相同的条件下进行大量重复试验时会呈现某种稳定性. 例如,大量地抛掷硬币的随机试验中,正面出现频率;在大量文字资料中,字母使用频率;工厂大量生产某种产品过程中,产品的废品率;等等. 一般地,要从随机现象中去寻求事件内在的必然规律,就要研究大量随机现象的问题.

在生产实践中,人们还认识到大量试验数据、测量数据的算术平均值也具有稳定性. 这种稳定性就是我们将要讨论的大数定律的客观背景. 在这一节中,我们将介绍有关随机变量序列的最基本的两类极限定理——大数定律和中心极限定理.

§5.1 大数定律

由第 1 章我们知道,在相同的条件下,当随机试验的次数 n 充分大时,随机事件 A 发生的频率总在一个常数 $p(0 \leqslant p \leqslant 1)$ 附近波动. 在做测量试验时,也往往进行多次测量,用多次测量的平均值来近似代替其真值. 本节将用大数定律来揭示这种现象和处理问题的方法的理论背景.

（一）契比雪夫不等式

定理 5.1（契比雪夫不等式） 设随机变量 X 的数学期望为 $E(X)=a$，方差为 $D(X)$，则对于给定的数 $\varepsilon>0$，有

$$P\{|X-a|\geqslant\varepsilon\}\leqslant\frac{D(X)}{\varepsilon^2}. \tag{5.1.1}$$

下面就 X 为连续型随机变量的情形进行证明．

证 设 X 的密度函数为 $f(x)$，则有

$$\begin{aligned}D(X)&=\int_{-\infty}^{+\infty}(x-a)^2 f(x)\mathrm{d}x\geqslant\int_{|x-a|\geqslant\varepsilon}(x-a)^2 f(x)\mathrm{d}x\\&\geqslant\int_{|x-a|\geqslant\varepsilon}\varepsilon^2 f(x)\mathrm{d}x=\varepsilon^2\int_{|x-a|\geqslant\varepsilon}f(x)\mathrm{d}x\\&=\varepsilon^2 P\{|X-a|\geqslant\varepsilon\},\end{aligned}$$

于是有 $$P\{|X-a|\geqslant\varepsilon\}\leqslant\frac{D(X)}{\varepsilon^2}.$$

契比雪夫不等式说明，$D(X)$ 越小，则 X 的取值越集中在 $E(X)$ 附近．这进一步说明了方差是反映随机变量取值的离散程度的．

例 1 设 $X\sim N(0,1)$，试用契比雪夫不等式估计 $P\{|X|<2\}$．

解 因为 $E(X)=0,D(X)=1,\varepsilon=2$，由契比雪夫不等式得

$$P\{|X|<2\}=1-P\{|X|\geqslant 2\}\geqslant 1-\frac{D(X)}{\varepsilon^2}=1-\frac{1}{4}=\frac{3}{4}.$$

仅当随机变量 X 的均值 a、方差 $D(X)$ 为已知（其分布未知）时，可用 (5.1.1) 式对概率 $P\{|X-a|\geqslant\varepsilon\}$ 进行估计．对于例 1，$P\{|X|<2\}$ 的更为精确的值为 $\Phi(2)-\Phi(-2)=0.9554$．

例 2 设电站供电网有 10 000 盏电灯，夜晚每一盏灯开灯的概率都是 0.7，而假定开、关时间彼此独立，估计夜晚同时开着的灯数在 6 800 与 7 200 之间的概率．

解 设 X 表示在夜晚同时开着的灯的数目，它服从参数为 $n=10\,000, p=0.7$ 的二项分布．若要准确计算，应该用贝努里公式：

$$P\{6\,800<X<7\,200\}=\sum_{k=6\,801}^{7\,199}\mathrm{C}_{10\,000}^{k}\times 0.7^k\times 0.3^{10\,000-k}.$$

如果用契比雪夫不等式估计，则

$$E(X)=np=10\,000\times 0.7=7\,000,$$

$$D(X) = npq = 10\ 000 \times 0.7 \times 0.3 = 2\ 100,$$

$$P\{6\ 800 < X < 7\ 200\} = P\{|X - 7\ 000| < 200\} \geqslant 1 - \frac{2\ 100}{200^2} \approx 0.95.$$

可见,虽然有 10 000 盏灯,但是只要有供应 7 200 盏灯的电力就能够以相当大的概率保证够用. 事实上,契比雪夫不等式的估计只说明概率大于 0.95,可以具体求出这个概率约为 0.999 99. 契比雪夫不等式在理论上具有重大意义,但估计的精确度不高.

契比雪夫不等式作为一个理论工具,在大数定律证明中,可使证明非常简洁.

(二) 大数定律

定义 5.1 设 $\{X_n\}$ 为随机变量序列. 若对任意整数 $n > 1$,$X_1, X_2, \cdots, X_n$ 相互独立,则称 $\{X_n\}$ 为**相互独立的随机变量序列**;若 $X_i (i = 1, 2, \cdots)$ 具有相同的分布,则称 $\{X_n\}$ 为**同分布的随机变量序列**;若 $\{X_n\}$ 既是相互独立的随机变量序列,又是同分布的随机变量序列,则称 $\{X_n\}$ 为**独立同分布的随机变量序列**.

定义 5.2 设 $\{X_n\}$ 为一随机变量序列,a 为一个常数,如果对任给的正数 ε,有 $\lim\limits_{n \to \infty} P\{|X_n - a| \geqslant \varepsilon\} = 0$,则称**随机变量序列 $\{X_n\}$ 依概率收敛于 a**,记为

$$X_n \xrightarrow{P} a \ (n \to \infty).$$

定理 5.2(契比雪夫大数定律) 设 $\{X_n\}$ 为相互独立的随机变量序列,若对于所有的自然数 n,数学期望 $E(X_n)$ 及方差 $D(X_n)$ 均存在,且存在某常数 $M > 0$,使得 $D(X_n) \leqslant M$,则有

$$\frac{1}{n}\sum_{i=1}^{n}[X_i - E(X_i)] \xrightarrow{P} 0 \ (n \to \infty).$$

证 对于任意的正数 ε,由契比雪夫不等式及随机变量序列的独立性得

$$P\left\{\left|\frac{1}{n}\sum_{i=1}^{n}[X_i - E(X_i)] - 0\right| \geqslant \varepsilon\right\} = P\left\{\left|\sum_{i=1}^{n}X_i - \sum_{i=1}^{n}E(X_i)\right| \geqslant n\varepsilon\right\}$$

$$\leqslant \frac{1}{n^2\varepsilon^2} D\left(\sum_{i=1}^{n}X_i\right)$$

$$= \frac{1}{n^2\varepsilon^2} \sum_{i=1}^{n} D(X_i)$$

$$\leqslant \frac{M}{n\varepsilon^2} \to 0 \ (n \to \infty),$$

故得证.

推论 1 设 $\{X_n\}$ 为相互独立的随机变量序列,且具有相同的期望和方差,即 $E(X_i)=\mu, D(X_i)=\sigma^2, i=1,2,\cdots,$ 则有

$$\frac{1}{n}\sum_{i=1}^{n}X_i \xrightarrow{P} \mu (n\to\infty).$$

契比雪夫大数定律表明,在一定条件下,当 n 充分大时,n 个随机变量的算术平均 $\frac{1}{n}\sum_{i=1}^{n}X_i$ 偏离其数学期望的程度的可能性随 n 的增大而减小. 这也正是我们用一系列测量值的平均值来近似代替真值的做法的原因.

推论 2(贝努里大数定律) 在 n 次重复独立试验中,设 Y_n 为事件 A 发生的次数,每次试验事件 A 发生的概率为 p,则

$$\frac{Y_n}{n} \xrightarrow{P} p(n\to\infty).$$

证 设 X_k 为第 k 次试验事件 A 发生的次数,$k=1,2,\cdots,n$,显然有 $Y_n=X_1+X_2+\cdots+X_n$. 由于各次试验是独立的,从而 $X_1,X_2,\cdots,X_n$ 相互独立. 又 X_k 服从参数为 p 的 0-1 分布,所以 $E(X_k)=p, D(X_k)=p(1-p), k=1,2,\cdots,n$. 由推论 1 有

$$\frac{1}{n}\sum_{i=1}^{n}X_i \xrightarrow{P} p(n\to\infty),$$

即有

$$\frac{Y_n}{n} \xrightarrow{P} p(n\to\infty).$$

贝努里大数定律以严格的数学形式说明了事件 A 发生的频率依概率收敛到事件 A 发生的概率,即说明了频率具有稳定性. 从而在实际应用中,当试验次数很大时,可以用事件发生的频率来代替事件发生的概率.

在定理 5.2 中,要求随机变量的方差有界,在下面的定理中去掉了这个条件.

定理 5.3(辛钦大数定律) 设 $\{X_n\}$ 为独立同分布的随机变量序列,且具有数学期望 $E(X_i)=\mu, i=1,2,\cdots,$ 则

$$\frac{1}{n}\sum_{i=1}^{n}X_i \xrightarrow{P} \mu (n\to\infty).$$

证明略.

我们可以看出,辛钦大数定律是贝努里大数定律的推广.

例 3 设 $X_1, X_2, \cdots, X_n, \cdots$ 相互独立且都服从参数为 2 的指数分布,证明:
$$Y_n = \frac{1}{n}\sum_{k=1}^{n} X_k^2 \xrightarrow{P} \frac{1}{2} (n \to \infty).$$

证 由于 X_k 服从参数为 2 的指数分布,所以 $E(X_k) = \frac{1}{2}$, $D(X_k) = \frac{1}{4}$, 从而
$$E(X_k^2) = \frac{1}{4} + \left(\frac{1}{2}\right)^2 = \frac{1}{2}.$$

于是 $\{X_k^2\}$ 为独立同分布的随机变量序列且其数学期望为 $\frac{1}{2}$,由辛钦大数定律知,当 $n \to \infty$ 时,随机变量 $Y_n = \frac{1}{n}\sum_{k=1}^{n} X_k^2$ 依概率收敛于 $\frac{1}{2}$.

§5.2 中心极限定理

在客观实际中有许多随机变量,它们是由大量相互独立的偶然因素的综合影响所形成的,而每一个因素在总的影响中所起的作用是很小的,却对总和有显著影响,这种随机变量往往近似地服从正态分布,这种现象就是中心极限定理的客观背景.概率论中有关论证独立随机变量的和的极限分布是正态分布的一系列定理称为中心极限定理,现介绍几个常用的中心极限定理.

定理 5.4(中心极限定理) 设 $\{X_n\}$ 为独立同分布的随机变量序列,且 $E(X_i) = \mu, D(X_i) = \sigma^2 \neq 0, i = 1, 2, \cdots,$ 则当 n 充分大时,$\dfrac{\sum\limits_{i=1}^{n} X_i - E\left(\sum\limits_{i=1}^{n} X_i\right)}{\sqrt{D\left(\sum\limits_{k=1}^{n} X_k\right)}}$ 近似地服从标准正态分布,记作

$$\frac{\sum\limits_{i=1}^{n} X_k - E\left(\sum\limits_{i=1}^{n} X_i\right)}{\sqrt{D\left(\sum\limits_{i=1}^{n} X_i\right)}} = \frac{\sum\limits_{i=1}^{n} X_k - n\mu}{\sqrt{n}\sigma} \sim N(0,1).$$

由于该定理的证明超出本书的范围,不予证明.

值得注意的是,只要满足该定理的条件,不论 X_i 服从什么分布,当 n 较大时,$\sum\limits_{i=1}^{n} X_i$ 都近似地服从正态分布.因此,在实际应用中,当 n 较大时,可用正态分布来

第 5 章 大数定律与中心极限定理

近似.

例 1 一生产线生产的产品成箱包装,每箱的重量是随机变量.假设每箱平均重 50 kg,标准差 5 kg.若用最大载重量为 5 t 的汽车承运,试利用中心极限定理说明每辆车最多可以装多少箱,才能保证不超载的概率大于 0.977.

解 设 n 为所求箱数,$X_i(i=1,2,\cdots n)$ 为装运的第 i 箱的重量(单位:kg). 由于产品是同一生产线生产的,可以认为 $X_i(i=1,2,\cdots n)$ 是独立同分布随机变量,n 箱产品的总重量为 $\sum_{i=1}^{n} X_i$. 由题设得 $E(X_i)=50, D(X_i)=25, E\left(\sum_{i=1}^{n} X_i\right)=50n, D\left(\sum_{i=1}^{n} X_i\right)=25n$. 由中心极限定理,有

$$P\left\{\sum_{i=1}^{n} X_i \leqslant 5\,000\right\} = P\left\{\frac{\sum_{i=1}^{n} X_i - E\left(\sum_{i=1}^{n} X_i\right)}{\sqrt{D\left(\sum_{i=1}^{n} X_i\right)}} \leqslant \frac{5\,000 - 50n}{5\sqrt{n}}\right\}$$

$$\approx \Phi\left(\frac{1\,000 - 10n}{\sqrt{n}}\right) > 0.977.$$

查表知 $\frac{1\,000-10n}{\sqrt{n}} > 2$,从而 $n < 98.019\,9$,故一辆车最多可装 98 箱,才能保证不超载的概率大于 0.977.

例 2 一个螺丝钉的重量是一个随机变量,期望值是 1 kg,标准差是 0.1 kg. 求一盒(100 个)同型号螺丝钉的重量超过 102 kg 的概率.

解 设一盒同型号螺丝钉的重量为 X,盒中第 i 个螺丝钉的重量为 $X_i(i=1,2,\cdots,100)$. $X_1,X_2,\cdots,X_{100}$ 相互独立,$E(X_i)=1, \sqrt{D(X_i)}=0.1$,则有

$$X = \sum_{i=1}^{100} X_i, \text{ 且 } E(X) = 100 \cdot E(X_i) = 100, \sqrt{D(X_i)} = 0.1.$$

根据定理 5.5,有

$$P\{X > 102\} = P\left\{\frac{X-100}{1} > \frac{102-100}{1}\right\} = 1 - P\{X-100 \leqslant 2\}$$

$$\approx 1 - \Phi(2) = 1 - 0.977\,250 = 0.022\,750.$$

例 3 对敌人的防御地进行 100 次轰炸,每次轰炸命中目标的炸弹数目是一个随机变量,其期望值是 2,方差是 1.69. 求在 100 次轰炸中有 180 颗到 220 颗炸弹命中目标的概率.

解 令第 i 次轰炸命中目标的炸弹数为 X_i,100 次轰炸中命中目标的炸弹

数 $X = \sum_{i=1}^{100} X_i$，应用定理 5.5，X 渐近服从正态分布，期望值为 200，方差为 169，标准差为 13. 所以

$$P\{180 \leqslant X \leqslant 220\} = P\{|X - 200| \leqslant 20\} = P\left\{\left|\frac{X - 200}{13}\right| \leqslant \frac{20}{13}\right\}$$

$$\approx 2\Phi(1.54) - 1 = 0.876\ 44.$$

定理 5.5（德莫佛-拉普拉斯定理） 设随机变量 $\eta_n (n=1,2,\cdots)$ 服从参数为 $n, p, q = 1 - p (0 < p < 1)$ 的二项分布，则对任意的区间 (a, b)，恒有

$$\lim_{n \to \infty} P\left\{a < \frac{\eta_n - np}{\sqrt{npq}} < b\right\} = \frac{1}{\sqrt{2\pi}} \int_a^b e^{-\frac{t^2}{2}} dt = \Phi(b) - \Phi(a).$$

证 设 $\eta_n = \sum_{i=1}^n X_i$，而 $X_i = \begin{cases} 1, & \text{第 } i \text{ 次 } A \text{ 发生}, \\ 0, & \text{第 } i \text{ 次 } A \text{ 不发生}, \end{cases}$ $E(X_i) = p$, $D(X_i) = pq$, $i = 1, 2, \cdots, n$. 将随机变量 $\eta_n (n = 1, 2, \cdots)$ 标准化，$Y_n = \frac{\eta_n - np}{\sqrt{npq}}$，则由独立同分布中心极限定理，有

$$\lim_{n \to \infty} P\left\{\frac{\eta_n - np}{\sqrt{npq}} \leqslant x\right\} = \int_{-\infty}^x e^{-\frac{t^2}{2}} dt = \Phi(x).$$

若对任意的区间 (a, b)，则有

$$\lim_{n \to \infty} P\left\{a < \frac{\eta_n - np}{\sqrt{npq}} < b\right\} = \frac{1}{\sqrt{2\pi}} \int_a^b e^{-\frac{t^2}{2}} dt.$$

更一般地，

$$P\{x_1 < X \leqslant x_2\} = P\left\{\frac{x_1 - np}{\sqrt{npq}} < \frac{X - np}{\sqrt{npq}} \leqslant \frac{x_2 - np}{\sqrt{npq}}\right\}$$

$$= \Phi\left(\frac{x_2 - np}{\sqrt{npq}}\right) - \Phi\left(\frac{x_1 - np}{\sqrt{npq}}\right).$$

例 4 某车间有 150 台同类型的机器，每台出现故障的概率都是 0.02. 假设各台机器的工作状态相互独立，求机器出现故障的台数不少于 2 的概率.

解 以 X 表示机器出现故障的台数，依题意，$X \sim B(150, 0.02)$，且

$$E(X) = 3, D(X) = 2.94, \sqrt{D(X)} = 1.715,$$

由德莫弗—拉普拉斯中心极限定理，有

$$P\{X \geqslant 2\} = 1 - P\{X < 2\} = 1 - P\left\{\frac{X - 3}{1.715} \leqslant \frac{2 - 3}{1.715}\right\}$$

$$\approx 1-\Phi(-0.5831)=0.7199.$$

例 5 设产品为废品的概率为 $p=0.005$,求 10 000 件产品中废品数不大于 70 的概率.

解 10 000 件产品中的废品数 X 服从二项分布,$n=10\,000$,$p=0.005$,$np=50$,$\sqrt{npq}\approx 7.053$. 则

$$P\{X\leqslant 70\}=\Phi\left(\frac{70-50}{7.053}\right)=\Phi(2.84)=0.9977.$$

正态分布和泊松分布虽然都是二项分布的极限分布,但后者以 $n\to\infty$,同时 $p\to 0$,$np\to\lambda$ 为条件,而前者则只要求 $n\to\infty$ 这一条件. 一般说来,对于 n 很大,p(或 q)很小的二项分布($np\leqslant 5$),用正态分布来近似计算不如用泊松分布计算精确.

本章小结

1. 契比雪夫不等式

设随机变量 X 的数学期望 $E(X)=\mu$,方差 $D(X)=\sigma^2$,则对任意正数 ε,有不等式 $P\{|X-\mu|\geqslant \varepsilon\}\leqslant \dfrac{\sigma^2}{\varepsilon^2}$ 或 $P\{|X-\mu|<\varepsilon\}>1-\dfrac{\sigma^2}{\varepsilon^2}$ 成立.

2. 大数定律

(1) 契比雪夫大数定律:设 $X_1,X_2,\cdots,X_n,\cdots$ 是相互独立的随机变量序列,数学期望 $E(X_i)$ 和方差 $D(X_i)$ 都存在,且 $D(X_i)<C(i=1,2,\cdots)$,则对任意给定的 $\varepsilon>0$,有

$$\lim_{n\to\infty}P\left\{\left|\frac{1}{n}\sum_{i=1}^{n}[X_i-E(X_i)]\right|<\varepsilon\right\}=1.$$

(2) 贝努里大数定律:设 n_A 为 n 次重复独立试验中事件 A 发生的次数,p 是事件 A 在一次试验中发生的概率,则对于任意给定的 $\varepsilon>0$,有

$$\lim_{n\to\infty}P\left\{\left|\frac{n_A}{n}-p\right|<\varepsilon\right\}=1.$$

贝努里大数定理给出了当 n 很大时,A 发生的频率 $\dfrac{n_A}{n}$ 依概率收敛于 A 的概率,证明了频率的稳定性.

(3) 辛钦大数定律：设独立随机变量 $X_1, X_2, \cdots, X_n$ 服从同一分布，并且有数学期望 a，则 $X_1, X_2, \cdots, X_n$ 的算术平均值 $\overline{X_n} = \dfrac{1}{n} \sum\limits_{i=1}^{n} X_i$ 在 $n \to \infty$ 时，依概率收敛于数学期望 a，即对任意正数 ε，有

$$\lim_{n \to \infty} P\left\{ \left| \frac{1}{n} \sum_{k=1}^{n} X_i - a \right| < \varepsilon \right\} = 1.$$

3. 中心极限定理

(1) 独立同分布中心极限定理：设 $X_1, X_2, \cdots, X_n, \cdots$ 是独立同分布的随机变量序列，有有限的数学期望和方差，且 $E(X_i) = \mu, D(X_i) = \sigma^2 \neq 0 (i=1,2,\cdots)$. 则对任意实数 x，随机变量 $Y_n = \dfrac{\sum\limits_{i=1}^{n}(X_i - \mu)}{\sqrt{n}\sigma} = \dfrac{\sum\limits_{i=1}^{n} X_i - n\mu}{\sqrt{n}\sigma}$ 的分布函数 $F_n(x)$ 满足

$$\lim_{n \to \infty} F_n(x) = \lim_{n \to \infty} P\{Y_n \leqslant x\} = \int_{-\infty}^{x} \frac{1}{\sqrt{2\pi}} e^{-t^2/2} dt.$$

(2) 棣莫弗-拉普拉斯中心极限定理：设随机变量 $\eta_n (n=1,2,\cdots)$ 服从参数为 $n, p(0 < p < 1)$ 的二项分布，对任意的区间 (a, b)，恒有

$$\lim_{n \to \infty} P\left\{ a < \frac{\eta_n - np}{\sqrt{npq}} < b \right\} = \frac{1}{\sqrt{2\pi}} \int_{a}^{b} e^{-\frac{t^2}{2}} dt = \Phi(b) - \Phi(a).$$

习 题 5

第一部分 选择题

1. 设 $\xi_1, \xi_2, \cdots, \xi_{100}$ 服从同一分布，它们的数学期望和方差均是 2，那么 $P\left\{ 0 < \sum\limits_{i=1}^{n} \xi_i < 4n \right\} \geqslant (\quad)$.

   A. $\dfrac{1}{2}$ B. $\dfrac{2n-1}{2n}$ C. $\dfrac{1}{2n}$ D. $\dfrac{1}{n}$

2. 设随机变量的数学期望和方差均是 $m+1$（m 为自然数），那么 $P\{0 < \xi < 4 \cdot (m+1)\} \geqslant (\quad)$.

   A. $\dfrac{1}{m+1}$ B. $\dfrac{m}{m+1}$ C. 0   D. $\dfrac{1}{m}$

3. 设随机变量 ξ 满足等式 $P\{|\xi-E(\xi)|\geqslant 2\}=\dfrac{1}{16}$,则必有( ).

A. $D(\xi)=\dfrac{1}{4}$ B. $D(\xi)>\dfrac{1}{4}$

C. $D(\xi)<\dfrac{1}{4}$ D. $P\{|\xi-E(\xi)|<2\}=\dfrac{15}{16}$

4. 设随机变量 ξ_n 服从二项分布 $B(n,p)$,其中 $0<p<1,n=1,2,\cdots$,那么,对于任一实数 x,有 $\lim\limits_{n\to+\infty}P\left\{\dfrac{\xi_n-np}{\sqrt{np(1-p)}}<x\right\}$ 等于( ).

A. $\dfrac{1}{\sqrt{2\pi}}\int_{-\infty}^{x}e^{-\frac{t^2}{2}}dt$ B. 0

C. $\dfrac{1}{\sqrt{2\pi}}\int_{-\infty}^{+\infty}e^{-\frac{t^2}{2}}dt$ D. $\int_{-\infty}^{x}e^{-\frac{t^2}{2}}dt$

5. 设随机变量 ξ 的数学期望 $E(\xi)=\mu$,方差 $D(\xi)=\sigma^2$,试利用契比雪夫不等式估计 $P\{|\xi-\mu|<4\sigma\}\geqslant($).

A. $\dfrac{8}{9}$ B. $\dfrac{15}{16}$ C. $\dfrac{9}{10}$ D. $\dfrac{1}{10}$

6. 设随机变量 ξ_n 服从二项分布 $B(n,p)$,其中 $0<p<1,n=1,2,\cdots$,那么,对于任一实数 x,有 $\lim\limits_{n\to+\infty}P\{|\xi_n-np|<x\}$ 等于( ).

A. $\dfrac{1}{\sqrt{2\pi}}\int_{-\infty}^{x}e^{-\frac{t^2}{2}}dt$ B. $\dfrac{1}{\sqrt{2\pi}}\int_{-\infty}^{+\infty}e^{-\frac{t^2}{2}}dt$

C. $\dfrac{1}{\sqrt{2\pi}}\int_{0}^{x}e^{-\frac{t^2}{2}}dt$ D. 0

第二部分 填空题

1. 设某批产品的次品率为 0.1,连续抽取 10 000 件,ξ 表示其中的次品数,试用中心极限定理计算 $P\{970<\xi<1\,030\}=$ _____.[已知 $\Phi(1)=0.841\,3,\Phi(2)=0.977\,2$]

2. 设每次试验事件 A 发生的概率为 $\dfrac{3}{4}$,ξ 表示在 10 000 次重复独立试验中,事件 A 出现的次数,试用契比雪夫不等式估计 $P\left\{0.74<\dfrac{\xi}{10\,000}<0.76\right\}\geqslant$ _____.

3. 投掷一均匀硬币 10 000 次,ξ 表示出现正面的次数,试用中心极限定理计算 $P\{5\,100<\xi<10\,000\}=$ _____.[已知 $\Phi(1)=0.841\,3,\Phi(2)=0.977\,2$,

$\Phi(100)=1$]

4. 设随机变量 $\xi_1,\xi_2,\cdots,\xi_{100}$ 相互独立,且服从同一分布,且有 $E(\xi_i)=\dfrac{2}{5}$, $D(\xi_i)=\dfrac{1}{25}$, $i=1,2,\cdots,100$. 试用中心极限定理确定概率 $P\left\{\sum\limits_{i=1}^{100}\xi_i<42\right\}=$ _____. [已知 $\Phi(1)=0.841\,3,\Phi(1.5)=0.933\,2,\Phi(2)=0.977\,2$]

5. 设某保险公司每月收到的保险费是随机变量 ξ_i, $E(\xi_i)=10$(万元), $D(\xi_i)=1$, 试用中心极限定理确定 100 个月收到保险费超过 1 010 万元的概率 $P\left\{\sum\limits_{i=1}^{100}\xi_i>1\,010\right\}=$ _____.

第三部分 解答题

1. 设随机变量 X 服从参数为 $\dfrac{1}{2}$ 的指数分布,试用契比雪夫不等式估计 $P\{|X-2|>3\}$ 的值.

2. 设随机变量 X 服从二项分布 $B(200,0.01)$, 试用契比雪夫不等式估计 $P\{|X-2|<2\}$ 的值.

3. 设一部件包括 10 部分,每部分的长度是一随机变量,相互独立且具有同一分布,其数学期望为 2 mm,均方差为 0.05 mm,规定总长度为 20 ± 0.1 mm 时产品合格,试求产品合格的概率.

4. 某厂有 400 台同型号的机器,每台机器发生故障的概率为 0.02,假设每台机器独立工作,试求机器出故障的台数不少于 2 台的概率.

5. 某产品的不合格率为 0.005,任取 10 000 件,问不合格品不多于 70 件的概率是多少?

6. 一复杂系统由 100 个相互独立的部件组成,在运行期间每个部件损坏的概率为 0.10,为使系统能起作用,需要至少 85 个部件正常工作即可,求整个系统起作用的概率.

第 6 章

数理统计的基本概念

内容概要 本章讨论了总体、简单随机样本、常见的统计量、χ^2 分布、t 分布、F 分布、正态总体统计量的分布.

学习要求 理解总体、简单随机样本和统计量的概念,掌握常用统计量和样本数字特征——样本均值、样本方差和样本矩的概念及其基本性质,了解统计推断常用的 χ^2 分布、t 分布、F 分布,掌握服从 χ^2 分布、t 分布、F 分布的随机变量的典型模式,会用相应的分位数,掌握正态总体统计量的分布.

从本章开始,我们将讨论另一主题:数理统计. 数理统计是研究统计工作的一般原理和方法的数学学科,它以概率论为基础,研究如何合理地获取数据资料,并根据试验和观察得到的数据,对随机现象的客观规律性作出合理的推断.

随着电子计算机技术的发展,数理统计方法的应用与日俱增. 数理统计不仅为提高工农业产品的产量及质量起到了直接的推动作用,而且是气象、地质、地震、交通及国民经济的其他许多部门最有力的研究技术和推断工具.

数理统计学研究的内容很丰富,且随着科学技术和生产的不断发展而逐步扩大. 本书只介绍参数估计、假设检验、方差分析、回归分析的部分内容. 本章介绍总体、样本及统计量等基本概念,并着重介绍几个常用的统计量及抽样分布.

§6.1 总体与样本

在数理统计学中,我们把研究对象的全体所构成的集合称为**总体**或**母体**,而把组成总体的每一个元素称为**个体**.

在实际中,我们所研究的往往是总体中个体的某些数量指标. 从总体中随机取一部分个体,对这部分个体的某些数量指标进行测量,根据测量获得的数据(观测值)来推断总体中所有个体的这些数量指标的分布情况.

例 1 灯泡厂研究某批灯泡的使用寿命,则该批全体灯泡的使用寿命构成总体,其中每一个灯泡的使用寿命就是一个个体.

在例 1 中,灯泡的使用寿命指标 X 可以看成是一个随机变量,假设 X 的分布函数是 $F(x)$. 如果我们关心的只是数量指标 X,为了方便起见,我们把该数量指标 X 的可能取值的全体看作总体(以后可以这样说,总体 X),且这一总体为具有分布函数 $F(x)$ 的总体,这样就把总体和随机变量联系起来了.

在数理统计中,我们总是通过观测或试验以取得信息. 我们可以从客观存在的总体中按机会均等的原则随机地抽取一些个体,然后对这些个体进行观测某一数量指标 X 的数值. 这样按机会均等的原则抽取一些个体进行观测的过程称为**随机抽样**.

现在,我们准备从总体 X 中抽取 n 个个体. 在抽样之前,我们假设这 n 个个体的某一数量指标为 $X_1, X_2, \cdots, X_n$,我们称这 n 个个体的数量指标为一个**样本或子样**,n 称作该**样本的容量**. 由于是在抽样之前,我们有理由把它们看成是随机变量,又它们是来自同一总体 X 的随机抽样,所以样本 $X_1, X_2, \cdots, X_n$ 相互独立且与总体 X 的分布相同. 在一次抽样之后,得到 $X_1, X_2, \cdots, X_n$ 的一组确定的观察值 $x_1, x_2, \cdots, x_n$,称之为样本 $X_1, X_2, \cdots, X_n$ 的**样本值**(或**观测值**),$(X_1, X_2, \cdots, X_n)$ 所有可能取值的全体称为**样本空间**(或**子样空间**). 一个样本观测值 $(x_1, x_2, \cdots, x_n)$ 就是这个样本空间中的一个点.

样本是数理统计中最基本和重要的概念,要牢记样本 $X_1, X_2, \cdots, X_n$ 的两个特性:

(1) $X_1, X_2, \cdots, X_n$ 相互独立;

(2) $X_1, X_2, \cdots, X_n$ 的分布相同,且与总体 X 的分布相同.

§6.2 直方图和经验分布函数

若总体分布未知,要用样木对总体进行非参数推断,常用的是直方图和经验分布函数.

（一）直方图

设 $X_1, X_2, \cdots, X_n$ 为来自总体 X 的一个样本，$x_1, x_2, \cdots, x_n$ 为其样本值，如何根据样本值 $x_1, x_2, \cdots, x_n$ 近似地求出 X 的概率密度（或分布函数）呢？注意到样本值 $x_1, x_2, \cdots, x_n$ 是一组给定的实数，因此，一个直观的办法是将实轴划分为若干小区间，记下诸观察值 x_i 落在每个小区间的个数。由大数定律知，频率趋近于概率，从这些个数来推断总体 X 在每一个小区间上的密度。具体做法如下：

（1）将样本值 $x_1, x_2, \cdots, x_n$ 按从小到大的顺序，排序记为 $x_{(1)} \leqslant x_{(2)} \leqslant \cdots \leqslant x_{(n)}$。取 a 略小于 $x_{(1)}$，b 略大于 $x_{(n)}$。

（2）将区间 $[a,b]$ 等分成 m 个小区间（$m<n$），设分点为 $a=t_0<t_1<t_2<\cdots<t_m=b$。在分小区间时，注意每个小区间中都要有若干个观察值。

（3）记 n_j 为落在小区间 $(t_{j-1}, t_j]$ 中观察值的个数（频数），计算频率 $f_j=\dfrac{n_j}{n}$，列表分别记下各个小区间的频数、频率。

（4）在直角坐标系的横轴上标出 $t_0, t_1, t_2, \cdots, t_m$ 各点，分别以 $(t_{j-1}, t_j]$ 为底边，作高为 $\dfrac{f_j}{\Delta t_j}$（或 n_j，或 $\dfrac{n_j}{n}$）的矩形，即得概率密度直方图（或频数直方图，或频率直方图），其中 $\Delta t_j = t_j - t_{j-1} = \dfrac{b-a}{m}$，$j=1,2,\cdots,m$。

事实上，我们就是用概率密度直方图所对应的分段函数

$$\varphi_n(x) \triangleq \frac{f_j}{\Delta t_j}, x \in (t_{j-1}, t_j], j=1,2,\cdots,m$$

来近似总体的密度函数 $f(x)$。这样做合理吗？为此，我们引入随机变量

$$\xi_i = \begin{cases} 1, & X_i \in (t_{j-1}, t_j], \\ 0, & X_i \notin (t_{j-1}, t_j], \end{cases} i=1,2,\cdots,n,$$

则 $\xi_i (i=1,2,\cdots,n)$ 独立同分布于 $1-0$ 分布：

$$P\{\xi_i = x\} = p^x (1-p)^{1-x}, x=1,0,$$

其中 $p=P\{X \in (t_{j-1}, t_j]\}$。由辛钦大数定律知

$$\frac{1}{n} \sum_{i=1}^{n} \xi_i \xrightarrow{P} E(\xi_1) = p = P\{X \in (t_{j-1}, t_j]\} = \int_{t_{j-1}}^{t_j} f(x) \mathrm{d}x \ (x \to \infty).$$

而 $f_j = \dfrac{n_j}{n}$ 为 $\dfrac{1}{n} \sum_{i=1}^{n} \xi_i$ 的观测值，所以

$$f_j = \frac{n_j}{n} \approx \int_{t_{j-1}}^{t_j} f(x)\,dx.$$

于是当 n 充分大时,就可用 f_j 近似代替以 $f(x)(x\in(t_{j-1},t_j])$ 为曲边的曲边梯形的面积,而且若 m 较大,则可用小矩形的高度 $\varphi_n(x) \triangleq \dfrac{f_j}{\Delta t_j}$ 来近似取代 $f(x), x\in(t_{j-1},t_j]$.

例 1 在齿轮加工中,齿轮的径向综合误差 X 是个随机变量,今对 200 件同样的齿轮进行测量,测得 X 的数值如下,求作 X 的频数直方图、频率直方图、概率密度直方图.

```
16 25 19 20 25 33 21 23 20 21 25 17 15 21 22 26 15 23 22 21
20 14 16 11 14 23 18 17 27 31 21 24 16 19 23 26 17 14 30 21
18 16 18 19 20 22 19 22 18 22 26 23 21 13 11 19 23 18 24 28
13 11 25 15 17 24 22 16 13 12 11  9 15 18 21 15 12 17 13
14 25 16 10  8 23 18 11 16 21 12 19 8 15 21 18 16 16
19 19 12 19 11 19 20 20 26 13 21 20 19 11 15 19 18 16 28
19 15 13 22 14 16 24 20 19 23 14 13 20 23 21 26 14 18
18 16 21 18 24 20 32 14 25 18 17 12 18 11 26 18 19 30
 8 11 18 27 23 11 22 22 23 20 14 22 18 26 18 16 32 27 25 24
17 21 20 31 16 20 20 30 19 23 18 20 15 24 28 29 16 17 19 18
```

解 样本观察值最小为 8,最大为 33,取 $a=7.5, b=33.5$. 将区间 $[7.5, 33.5]$ 等分为 13 个小区间,统计落在每个小区间的样本观察值的频数 n_j 和频率 $f_j = \dfrac{n_j}{n}$ 及高度 $\dfrac{f_j}{\Delta t_j}$,得到表 6-1. 以每个小区间 $(t_{j-1},t_j]$ 为底,分别以 n_j, $f_j = \dfrac{n_j}{n}$, $\dfrac{f_j}{\Delta t_j}$ 为高作矩形, $j=1,2,\cdots,13$,分别得到 X 的频数直方图(图 6-1)、频率直方图(图 6-2)、概率密度直方图(图 6-3).

表 6-1 例 1 表

区间 $(t_{j-1},t_j]$	频数 n_j	频率 $f_j = \dfrac{n_j}{n}$	高度 $\dfrac{f_j}{\Delta t_j} = \dfrac{f_j}{2}$
7.5~9.5	5	0.025 0	0.012 5
9.5~11.5	10	0.050 0	0.025 0
11.5~13.5	14	0.070 0	0.035 0

续表

区间$(t_{j-1}, t_j]$	频数 n_j	频率 $f_j = \dfrac{n_j}{n}$	高度 $\dfrac{f_j}{\Delta t_j} = \dfrac{f_j}{2}$
13.5～15.5	19	0.095 0	0.047 5
15.5～17.5	24	0.120 0	0.060 0
17.5～19.5	36	0.180 0	0.090 0
19.5～21.5	29	0.145 0	0.072 5
21.5～23.5	21	0.105 0	0.052 5
23.5～25.5	15	0.075 0	0.037 5
25.5～27.5	10	0.050 0	0.025 0
27.5～29.5	8	0.040 0	0.020 0
29.5～31.5	5	0.025 0	0.012 5
31.5～33.5	3	0.015 0	0.007 5
$\sum$	$n=200$	1.000 0	0.500 0

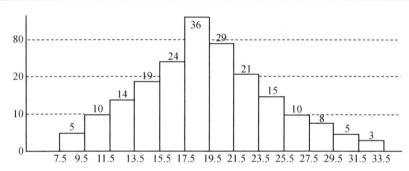

图 6-1　频数直方图

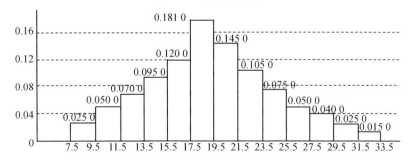

图 6-2　频率直方图

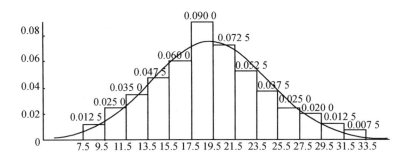

图 6-3 概率密度直方图

（二）经验分布函数

对于总体 X 的分布函数 $F(x)$（未知），设有它的样本值 $x_1, x_2, \cdots, x_n$，我们同样可以从样本值出发找到一个已知量来与它近似，这就是经验分布函数：

$$F_n(x) = \begin{cases} 0, & x < x_{(1)}, \\ \dfrac{k}{n}, & x_{(k)} \leqslant x < x_{(k+1)}, k=1,2,\cdots,n-1, \\ 1, & x > x_{(n)}, \end{cases}$$

其中 $x_{(1)} \leqslant x_{(2)} \leqslant \cdots \leqslant x_{(n)}$ 为样本值 $x_1, x_2, \cdots, x_n$ 的按从小到大顺序的排序.

例如，例 1 中齿轮的径向综合误差 X 的经验分布函数 $F_n(x)$ 的图形如图 6-4 所示.

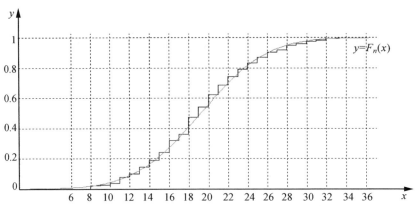

图 6-4 经验分布函数 $F_n(x)$ 的图形

由格里文科定理知，当 n 充分大时，有
$$F(x) \approx F_n(x).$$

例2 设条件同例1,试求概率 $P\{15<X\leqslant 25\}$ 的近似值.

解 将所给的数据按从小到大的顺序排序为

8 8 8 8 9 10 10 11 11 11 11 11 11 11 12 12 12 12
13 13 13 13 13 13 13 13 14 14 14 14 14 14 14 14 15 15
15 15 15 15 15 15 15 15 16 16 16 16 16 16 16 16 16 16
16 16 16 16 16 17 17 17 17 17 17 17 18 18 18 18 18 18
18 18 18 18 18 18 18 18 18 18 18 18 19 19 19 19 19 19
19 19 19 19 19 19 19 19 20 20 20 20 20 20 20 20 20 20
20 20 20 20 20 21 21 21 21 21 21 21 21 21 21 21 21 22
22 22 22 22 22 22 22 22 23 23 23 23 23 23 23 23 23 24
24 24 24 24 24 24 25 25 25 25 25 25 26 26 26 26 26 26
26 27 27 27 28 28 28 28 28 29 30 30 30 31 31 32 32 33

所以 $P\{15<X\leqslant 25\}=F(25)-F(15)$

$$\approx F_n(25)-F_n(15)=\frac{174}{200}-\frac{48}{200}=\frac{126}{200}=0.63.$$

§6.3 统计量

样本是进行统计推断的依据,但在应用中往往不是直接利用样本本身,而是对样本进行"加工"和"提炼". 也就是说,需要针对不同的问题构造出关于样本的适当函数. 利用这些样本的函数进行统计推断. 这种样本函数称为统计量,其严格定义如下:

定义 6.1 设 $X_1,X_2,\cdots,X_n$ 是来自总体 X 的一个样本, $g(X_1,X_2,\cdots,X_n)$ 是关于 $X_1,X_2,\cdots,X_n$ 的函数,若 $g(t_1,t_2,\cdots,t_n)$ 是关于自变量 $t_1,t_2,\cdots,t_n$ 的连续函数且 $g(t_1,t_2,\cdots,t_n)$ 中不含任何未知参数,则称 $g(X_1,X_2,\cdots,X_n)$ 是一个**统计量**. 若 $x_1,x_2,\cdots,x_n$ 为样本 $X_1,X_2,\cdots,X_n$ 的观测值,则称 $g(x_1,x_2,\cdots,x_n)$ 是 $g(X_1,X_2,\cdots,X_n)$ 的观测值.

例1 设 X_1,X_2 是从正态总体 $N(\mu,\sigma^2)$ 中抽取的样本,其中 μ,σ^2 是未知参数,由统计量的定义知,$\frac{1}{4}(X_1+X_2)-\mu$,$\frac{X_1}{\sigma}$ 都不是统计量,因为它们含有未知参数,而 $3X_1,X_1-8,X_1^2+X_2^2$ 都是统计量.

下面介绍几种常用的统计量.

设 $X_1, X_2, \cdots, X_n$ 是来自总体 X 的一个样本，$x_1, x_2, \cdots, x_n$ 为样本 $X_1, X_2, \cdots, X_n$ 的观测值，则定义以下统计量：

(1) 样本均值 $\quad \overline{X} = \dfrac{1}{n} \sum\limits_{i=1}^{n} X_i.$

(2) 样本方差 $\quad S^2 = \dfrac{1}{n-1} \sum\limits_{i=1}^{n} (X_i - \overline{X})^2 = \dfrac{1}{n-1} \Big[\sum\limits_{i=1}^{n} X_i^2 - n(\overline{X})^2 \Big].$

(3) 样本标准差 $\quad S = \sqrt{S^2} = \sqrt{\dfrac{1}{n-1} \sum\limits_{i=1}^{n} (X_i - \overline{X})^2}.$

(4) 样本 k 阶原点矩 $\quad A_k = \dfrac{1}{n} \sum\limits_{i=1}^{n} X_i^k \, (k=1,2,\cdots).$

(5) 样本 k 阶中心矩 $\quad B_k = \dfrac{1}{n} \sum\limits_{i=1}^{n} (X_i - \overline{X})^k \, (k=1,2,\cdots).$

它们的观测值分别为

$$\overline{x} = \dfrac{1}{n} \sum_{i=1}^{n} x_i,$$

$$s^2 = \dfrac{1}{n-1} \sum_{i=1}^{n} (x_i - \overline{x})^2,$$

$$s = \sqrt{\dfrac{1}{n-1} \sum_{i=1}^{n} (x_i - \overline{x})^2},$$

$$a_k = \dfrac{1}{n} \sum_{i=1}^{n} x_i^k \, (k=1,2,\cdots),$$

$$b_k = \dfrac{1}{n} \sum_{i=1}^{n} (x_i - \overline{x})^k \, (k=1,2,\cdots).$$

§6.4 抽样分布

统计量是我们对总体的分布或数字特征进行推断的基础，因此，求统计量的分布是数理统计的基本问题之一. 统计量的分布称为抽样分布.

定义 6.2 设随机变量 $X_1, X_2, \cdots, X_n \sim N(0,1)$，且相互独立，记 $\chi^2 = X_1^2 + X_2^2 + \cdots + X_n^2$，则称随机变量 χ^2 所服从的分布为**自由度为 n 的 χ^2 分布**，记为 $\chi^2 \sim \chi^2(n)$，其概率密度为

$$f(x)=\begin{cases}\dfrac{1}{2^{\frac{n}{2}}\Gamma\left(\dfrac{n}{2}\right)}x^{\frac{n}{2}-1}\mathrm{e}^{-\frac{x}{2}}, & x>0,\\ 0, & x\leqslant 0,\end{cases}$$

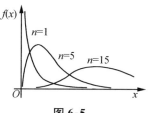

图 6-5

χ^2 分布的概率密度函数 $f(x)$ 的图象如图 6-5 所示. $f(x)$ 随 n 取不同值而不同.

χ^2 分布具有下列性质:

(1) 若 $\chi^2 \sim \chi^2(n)$,则 $E(\chi^2)=n, D(\chi^2)=2n$.

(2) (χ^2 分布的可加性)若 $\chi_1^2 \sim \chi^2(n_1), \chi_2^2 \sim \chi^2(n_2)$,且相互独立,则 $\chi_1^2 + \chi_2^2 \sim \chi^2(n_1+n_2)$.

(3) 若对于给定数 $\alpha(0<\alpha<1)$,存在数 $\chi_\alpha^2(n)$ 使

$$\int_{\chi_\alpha^2(n)}^{+\infty} f(x)\mathrm{d}x = \alpha,$$

则称 $\chi_\alpha^2(n)$ 为 $\chi^2(n)$ **分布的上侧 α 分位点**(或**上侧 α 分位数**),如图 6-6 所示.

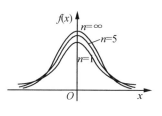

图 6-6

求 $\chi^2(n)$ 分布的上侧分位点时,对于不同的 n 及 α 有表可查(见附录 D 中的附表 2).例如,$\alpha=0.1, n=25$,查表得 $\chi_{0.1}^2(25)=34.382$,即 $P\{X>34.382\}=0.1$.

定义 6.3 设随机变量 X, Y 相互独立,且 $X \sim N(0,1), Y \sim \chi^2(n)$,称随机变量 $T \triangleq \dfrac{X}{\sqrt{\dfrac{Y}{n}}}$ 所服从的分布为**自由度为 n 的 t 分布**(或**学生分布**),记为 $T \sim t(n)$,其概率密度为

$$f(x)=\frac{\Gamma\left(\dfrac{n+1}{2}\right)}{\sqrt{n\pi}\,\Gamma\left(\dfrac{n}{2}\right)}\left(1+\frac{x^2}{n}\right)^{-\frac{n+1}{2}} \quad (-\infty<x<\infty).$$

t 分布的概率密度函数的图象如图 6-7 所示.

显然,$f(x)$ 随 n 的取值不同而不同,且 $f(x)$ 为偶函数.当 $n\to\infty$ 时,有

图 6-7

$$\lim_{n\to\infty} f(x) = \frac{1}{\sqrt{2\pi}}\mathrm{e}^{-\frac{x^2}{2}},$$

即当 $n\to\infty$ 时，t 分布密度趋于标准正态分布密度.

对于给定的数 $\alpha(0<\alpha<1)$，满足条件

$$P\{T>t_\alpha(n)\}=\int_{t_\alpha(n)}^{+\infty}f(x)\mathrm{d}x=\alpha$$

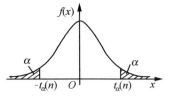

图 6-8

的数 $t_\alpha(n)$ 称为 $t(n)$ **分布的上侧 α 分位点**（或**上侧 α 分位数**）（图 6-8）.

因为 $f(-x)=f(x)$，故有 $\int_{-t_\alpha(n)}^{+\infty}f(x)\mathrm{d}x=1-\alpha$，

所以有

$$t_{1-\alpha}(n)=-t_\alpha(n).$$

求 $t(n)$ 分布的上侧 α 分位点时，对于不同的 n 及 α 可查表（附表3）. 例如，$\alpha=0.05$，$n=10$，查表得 $t_{0.05}(10)=1.8125$. 利用 $t_{1-\alpha}(n)=-t_\alpha(n)$ 可求出 t 分布表中未列出的上侧 α 分位点. 例如，$t_{0.95}(10)=-t_{0.05}(10)=-1.8125$.

定义 6.4 设随机变量 U,V 相互独立，且 $U\sim\chi^2(n_1)$，$V\sim\chi^2(n_2)$，则称随机变量 $F\overset{\Delta}{=}\dfrac{U/n_1}{V/n_2}$ 所服从的分布为**自由度为 (n_1,n_2) 的 F 分布**，记为 $F\sim F(n_1,n_2)$.

$F(n_1,n_2)$ 分布的概率密度为

$$f(x)=\begin{cases}\dfrac{\Gamma\left(\dfrac{n_1+n_2}{2}\right)}{\Gamma\left(\dfrac{n_1}{2}\right)\Gamma\left(\dfrac{n_2}{2}\right)}n_1^{\frac{n_1}{2}}n_2^{\frac{n_2}{2}}\dfrac{x^{\frac{n_1}{2}-1}}{(n_2+n_1x)^{\frac{n_1+n_2}{2}}}, & x>0,\\ 0, & x\leqslant 0.\end{cases}$$

F 分布的概率密度函数的图象随 n_1,n_2 取值的不同而不同（图 6-9）.

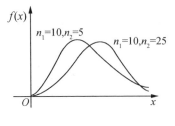

图 6-9

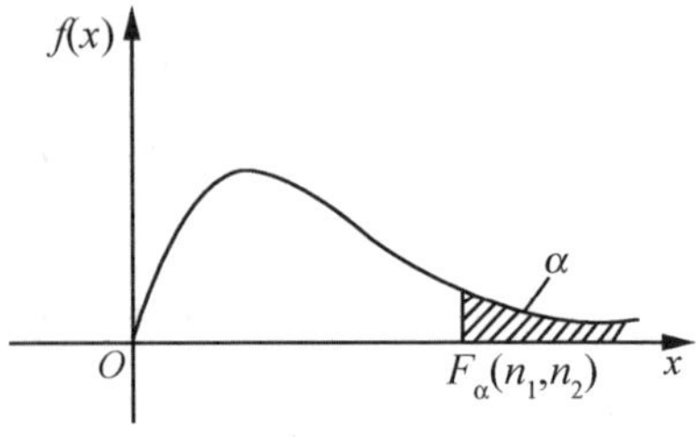

图 6-10

对于给定的数 $\alpha(0<\alpha<1)$，满足条件

第6章 数理统计的基本概念

$$P\{F>F_\alpha(n_1,n_2)\}=\int_{F_\alpha(n_1,n_2)}^{+\infty}f(x)\mathrm{d}x=\alpha$$

的数 $F_\alpha(n_1,n_2)$ 称为 $F(n_1,n_2)$ **分布的上侧 α 分位数**(图 6-10).

$F(n_1,n_2)$ 分布的上侧 α 分位数可查表(附录 D 中的附表 4)确定. 例如, $\alpha=0.05, n_1=9, n_2=12$, 查得 $F_{0.05}(9,12)=2.80$.

F 分布有下列性质:

(1) 若 $F\sim F(n_1,n_2)$, 则 $\dfrac{1}{F}\sim F(n_2,n_1)$.

(2) $F_{1-\alpha}(n_1,n_2)=\dfrac{1}{F_\alpha(n_2,n_1)}$.

利用 F 分布的性质(2)可求某些 F 分布表中未列出的上侧分位数. 例如,

$$F_{0.95}(12,9)=\frac{1}{F_{0.05}(9,12)}=\frac{1}{2.80}\approx 0.357.$$

定理 6.1 设 $X_1,X_2,\cdots,X_n$ 是来自正态总体 $N(\mu,\sigma^2)$ 的一个样本,则样本均值 $\overline{X}=\dfrac{1}{n}\sum_{i=1}^{n}X_i$ 服从正态分布 $N\left(\mu,\dfrac{\sigma^2}{n}\right)$, 即 $\overline{X}\sim N\left(\mu,\dfrac{\sigma^2}{n}\right)$.

证 由于独立正态变量的线性组合 $\dfrac{1}{n}\sum_{i=1}^{n}X_i$ 仍为正态变量[(3.3.1)式], 且

$$E(\overline{X})=E\left(\frac{1}{n}\sum_{i=1}^{n}X_i\right)=\frac{1}{n}\sum_{i=1}^{n}E(X_i)=\mu,$$

$$D(\overline{X})=D\left(\frac{1}{n}\sum_{i=1}^{n}X_i\right)=\frac{1}{n^2}\sum_{i=1}^{n}D(X_i)=\frac{\sigma^2}{n},$$

所以

$$\overline{X}\sim N\left(\mu,\frac{\sigma^2}{n}\right).$$

例 1 某厂检验保温瓶的性能, 在瓶中灌满开水, 24 小时后测定其温度 T. 若已知 $T\sim N(62,5^2)$, 试问:从中随机抽取 20 只进行测定, 其样本均值 $\overline{T}$ 低于 60℃ 的概率有多大?

解 根据样本均值低于 60℃ 的情况, 推断整批产品的质量. 由于 $T\sim N(62,5^2)$, 所以 $\overline{T}\sim N\left(62,\dfrac{5^2}{20}\right)$, 从而

$$P\{\overline{T}<60\}=P\left\{\frac{\overline{T}-62}{\frac{5}{\sqrt{20}}}<\frac{60-62}{\frac{5}{\sqrt{20}}}\right\}$$

$$=\Phi(-1.789)=1-0.9633=0.0367.$$

可见任取一容量为 20 的样本,其平均保温温度低于 60℃的概率为 0.036 7,由此推断整批产品(即总体)平均温度低于 60℃的概率为 0.036 7.

下面介绍关于样本均值 $\overline{X}$ 和样本方差 S^2 的一些结论.

定理 6.2 设 $X_1, X_2, \cdots, X_n$ 是来自正态总体 $N(\mu, \sigma^2)$ 的一个样本,$\overline{X}, S^2$ 分别是样本均值和样本方差,则有

(1) $\dfrac{(n-1)S^2}{\sigma^2} \sim \chi^2(n-1)$;

(2) $\overline{X}$ 与 S^2 独立.

由于此定理的证明超出了本书范围,这里不予证明.

由定理 6.2 容易得到下面两个定理.

定理 6.3 设 $X_1, X_2, \cdots, X_n$ 是来自正态总体 $N(\mu, \sigma^2)$ 的一个样本,$\overline{X}, S^2$ 分别是样本均值和样本方差,则有

$$\frac{(\overline{X}-\mu)\sqrt{n}}{S} \sim t(n-1).$$

证 因为 $\overline{X} \sim N\left(\mu, \dfrac{\sigma^2}{n}\right)$,所以 $U \triangleq \dfrac{\overline{X}-\mu}{\dfrac{\sigma}{\sqrt{n}}} = \dfrac{\sqrt{n}(\overline{X}-\mu)}{\sigma} \sim N(0,1).$

由本节定理 6.2 知,$V \triangleq \dfrac{(n-1)S^2}{\sigma^2} \sim \chi^2(n-1)$,且两者相互独立. 由 t 分布的定义得

$$\frac{U}{\sqrt{\dfrac{V}{(n-1)}}} = \frac{(\overline{X}-\mu)\sqrt{n}}{S} \sim t(n-1).$$

定理 6.4 设 $X_1, X_2, \cdots, X_{n_1}$ 与 $Y_1, Y_2, \cdots, Y_{n_2}$ 分别是来自正态总体 $N(\mu_1, \sigma^2)$ 和 $N(\mu_2, \sigma^2)$ 的样本,且这两个样本相互独立,则 $\dfrac{(\overline{X}-\overline{Y})-(\mu_1-\mu_2)}{S_w\sqrt{\dfrac{1}{n_1}+\dfrac{1}{n_2}}} \sim t(n_1+n_2-2)$,

其中 $S_w^2 = \dfrac{(n_1-1)S_1^2+(n_2-1)S_2^2}{n_1+n_2-2}$,$\overline{X}, \overline{Y}$ 分别是两样本的均值,S_1^2, S_2^2 分别是两样本的方差.

该定理的证明略.

本 章 小 结

1. 总体与样本

(1) 在数理统计中,将研究对象关于某个数量指标值的全体称为总体,组成总体的每个元素称为个体.

(2) 从总体中抽取的一部分个体,称为总体的一个样本;样本中个体的个数称为样本的容量.样本容量为 n 的样本为 n 维随机变量$(X_1,X_2,\cdots,X_n)$.

(3) 表示总体中个体分布统计规律的随机变量 X,称为总体随机变量,其数字特征称为总体的数字特征,其分布函数称为总体的分布函数.

(4) 若 $X_1,X_2,\cdots,X_n$ 相互独立且与总体随机变量 X 有与总体相同的分布,则 $X_1,X_2,\cdots,X_n$ 称为从总体 X 得到的容量为 n 的简单随机样本.一次具体的抽取记录 $x_1,x_2,\cdots,x_n$ 称为 $X_1,X_2,\cdots,X_n$ 的一个观察值.

2. 统计量

设 $X_1,X_2,\cdots,X_n$ 是总体 X 的一个样本,则不含未知参数的样本的连续函数 $f(X_1,X_2,\cdots,X_n)$ 称为统计量.统计量也是一个随机变量,常见的统计量有:

(1) 样本均值 $\overline{X}=\dfrac{1}{n}\sum\limits_{i=1}^{n}X_i$;

(2) 样本方差 $S^2=\dfrac{1}{n-1}\sum\limits_{i=1}^{n}(X_i-\overline{X})^2=\dfrac{1}{n-1}\left(\sum\limits_{i=1}^{n}X_i^2-n\overline{X}^2\right)$;

(3) 样本标准差 $S=\sqrt{S^2}$;

(4) 样本 k 阶原点矩 $A_k=\dfrac{1}{n}\sum\limits_{i=1}^{n}X_i^k$,$k=1,2,\cdots$;

(5) 样本 k 阶中心矩 $B_k=\dfrac{1}{n}\sum\limits_{i=1}^{n}(X_i-\overline{X})^k$,$k=1,2,\cdots$.

3. 经验分布函数

设 $x_1,x_2,\cdots,x_n$ 是总体 X 的一组观察值,将它们按大小顺序排列为:$x_1^*\leqslant x_2^*\leqslant\cdots\leqslant x_n^*$,称它为顺序统计量.则称

$$F_n(x) = \begin{cases} 0, & x < x_1^*, \\ \dfrac{1}{n}, & x_1^* \leqslant x < x_2^*, \\ \cdots \\ \dfrac{k}{n}, & x_k^* \leqslant x < x_{k+1}^*, \\ \cdots \\ 1, & x \geqslant x_n^* \end{cases}$$

为经验分布函数(或样本分布函数).

4. 一些常用统计量的分布

(1) χ^2 分布.

设 $X \sim N(0,1)$, $X_1, X_2, \cdots, X_n$ 是 X 的一个样本,则统计量 $\chi^2 = \sum_{i=1}^{n} X_i^2$ 服从自由度为 n 的 χ^2 分布,记作 $\chi^2 \sim \chi^2(n)$.

(2) t 分布.

设 $X \sim N(0,1)$, $Y \sim \chi^2(n)$,且 X, Y 相互独立,则随机变量 $t = \dfrac{X}{\sqrt{Y/n}}$ 服从自由度为 n 的 t 分布,记作 $t \sim t(n)$. t 分布又称为学生分布.

(3) F 分布.

设 $X \sim \chi^2(n_1)$, $Y \sim \chi^2(n_2)$,且 X, Y 相互独立,则随机变量 $F = \dfrac{X/n_1}{Y/n_2}$ 服从自由度为 (n_1, n_2) 的 F 分布,记作 $F \sim F(n_1, n_2)$.

5. 正态总体统计量的分布

设 $X \sim N(\mu, \sigma^2)$, $X_1, X_2, \cdots, X_n$ 是 X 的一个样本,则

(1) 样本均值 $\overline{X} \sim N\left(\mu, \dfrac{\sigma^2}{n}\right)$ 或 $U = \dfrac{\overline{X} - \mu}{\sqrt{\sigma^2/n}} \sim N(0,1)$;

(2) 样本方差 $\dfrac{(n-1)S^2}{\sigma^2} \sim \chi^2(n-1)$;

(3) 统计量 $\dfrac{\overline{X} - \mu}{S/\sqrt{n}} \sim t(n-1)$.

设 $X \sim N(\mu_1, \sigma_1^2)$, $Y \sim N(\mu_2, \sigma_2^2)$, $X_1, X_2, \cdots, X_{n_1}$ 是 X 的一个样本,$Y_1, Y_2, \cdots, Y_{n_2}$ 是 Y 的一个样本,两者相互独立.则

(1) 统计量 $\dfrac{(\overline{X} - \overline{Y}) - (\mu_1 - \mu_2)}{\sqrt{\sigma_1^2/n_1 + \sigma_2^2/n_2}} \sim N(0,1)$;

(2) 当 $\sigma_1 = \sigma_2$ 时,统计量 $\dfrac{(\overline{X} - \overline{Y}) - (\mu_1 - \mu_2)}{\sqrt{1/n_1 + 2/n_2} \cdot S_w} \sim t(n_1 + n_2 - 2)$,其中

$$S_w = \dfrac{(n_1 - 1)S_1^2 + (n_2 - 1)S_2^2}{n_1 + n_2 - 2};$$

(3) 统计量 $\dfrac{S_1^2/\sigma_1^2}{S_2^2/\sigma_2^2} \sim F(n_1 - 1, n_2 - 1)$;

(4) 统计量 $\dfrac{\sum\limits_{i=1}^{n_1}(x_i - \mu_1)^2/\sigma_1^2}{\sum\limits_{j=1}^{n_2}(y_j - \mu_2)^2/\sigma_2^2} \cdot \dfrac{n_2}{n_1} \sim F(n_1, n_2)$.

习 题 6

第一部分　选择题

1. 设样本 $(X_1, X_2, \cdots, X_n)$ 取自标准正态分布 $N(0,1)$ 的总体 X,$\overline{X}$ 及 S^2 分别为样本的平均值及样本方差,则以下结果不成立的是(　　).

A. $X_i (1 \leqslant i \leqslant n) \sim N(0,1)$　　　　B. $\overline{X} \sim N(0,1)$

C. $\sqrt{n}\dfrac{\overline{X}}{S} \sim t(n-1)$　　　　D. $\sum\limits_{i=1}^{n} X_i^2 \sim \chi^2(n)$

2. 已知总体 X 服从 $[0, \lambda]$ 上的均匀分布(λ 未知),$X_1, X_2, \cdots, X_n$ 为 X 的样本,则(　　).

A. $\dfrac{1}{n}\sum\limits_{i=1}^{n} X_i - \dfrac{\lambda}{2}$ 是一个统计量　　B. $\dfrac{1}{n}\sum\limits_{i=1}^{n} X_i - E(X)$ 是一个统计量

C. $X_1 + X_2$ 是一个统计量　　D. $\dfrac{1}{n}\sum\limits_{i=1}^{n} X_i^2 - D(X)$ 是一个统计量

3. 设 $(X_1, X_2, \cdots, X_m)$ 和 $(Y_1, Y_2, \cdots, Y_n)$ 分别取自两个相互独立的正态总体 $N(\mu_1, \sigma_1^2)$ 及 $N(\mu_2, \sigma_2^2)$,则服从 $F(m-1, n-1)$ 的统计量是(　　).

A. μ_1 及 μ_2 已知,$F = \dfrac{\hat{\sigma}_1^2}{\hat{\sigma}_2^2}$,其中 $\hat{\sigma}_1^2 = \dfrac{1}{m}\sum\limits_{i=1}^{m}(X_i - \mu_1)^2$,$\hat{\sigma}_2^2 = \dfrac{1}{n}\sum\limits_{i=1}^{n}(X_i - \mu_2)^2$

B. μ_1 及 μ_2 未知,$F = \dfrac{S_1^2 \sigma_2^2}{S_2^2 \sigma_1^2}$,其中 $S_1^2 = \dfrac{1}{m-1}\sum\limits_{i=1}^{m}(X_i - \overline{X})^2$,$S_2^2 = \dfrac{1}{n-1}\sum\limits_{i=1}^{n}(Y_i - \overline{Y})^2$

C. σ_1^2 及 σ_{21}^2 已知, $U = \dfrac{(X_i - \overline{Y})}{\sqrt{\left(\dfrac{\sigma_1^2}{m}\right) + \left(\dfrac{\sigma_2^2}{n}\right)}}$

D. σ_1^2 及 σ_2^2 未知, $T = \dfrac{(X_i - \overline{X})}{\left(S_w \sqrt{\dfrac{1}{m} + \dfrac{1}{n}}\right)}$, 其中 $S_w = \sqrt{\dfrac{(m-1)S_1^2 + (n-1)S_2^2}{m - n - 2}}$

4. 设总体 X 服从参数 λ 确定的某分布, $g(x_1, x_2, \cdots, x_n)$ 是 n 元连续函数, $X_1, X_2, \cdots, X_n$ 为 X 的样本, 如果 $g(X_1, X_2, \cdots, X_{n-1}, \lambda)$ 是一个统计量, 则必须满足( ).

    A. λ 的取值范围确定   B. λ 使 $g(x_1, x_2, \cdots, x_{n-1}, \lambda)$ 有意义
    C. X 的分布是已知的   D. $E(X) = \lambda$

5. 设 $X_1, X_2, \cdots, X_n$ 是来自总体 $N(\mu, \sigma^2)$ 的样本, $\overline{X} = \dfrac{1}{n}\sum_{i=1}^{n} X_i$, $S_n^2 = \dfrac{1}{n-1}\sum_{i=1}^{n}(X_i - \overline{X})^2$, 则以下结论错误的是( ).

    A. $\overline{X}$ 与 S_n^2 独立   B. $\dfrac{\overline{X} - \mu}{\sigma} \sim N(0, 1)$

    C. $\dfrac{n-1}{\sigma^2} S_n^2 \sim X^2(n-1)$ D. $\dfrac{\sqrt{n}(\overline{X} - \mu)}{S_n} \sim t(n-1)$

6. 设 $(X_1, X_2, \cdots, X_n)$ 及 $(Y_1, Y_2, \cdots, Y_m)$ 分别取自两个相互独立的正态总体 $N(\mu_1, \sigma^2)$ 及 $N(\mu_2, \sigma^2)$ 的两个样本, 其样本(无偏)方差分别为 S_1^2 及 S_2^2, 则统计量 $F = \dfrac{S_1^2}{S_2^2}$ 服从 F 分布的自由度为( ).

    A. $n-1, m-1$ B. n, m
    C. $n+1, m+1$ D. $m-1, n-1$

7. 设 $X_1, X_2, \cdots, X_n$ 是来自正态总体 $N(\mu, \sigma^2)$ 的样本, $\overline{X}$ 为样本均值, 记 $S_1^2 = \dfrac{1}{n-1}\sum_{I=1}^{n}(X_i - \overline{X})^2$, $S_2^2 = \dfrac{1}{n}\sum_{I=1}^{n}(X_i - \overline{X})^2$, $S_3^2 = \dfrac{1}{n-1}\sum_{I=1}^{n}(X_i - \mu)^2$, $S_4^2 = \dfrac{1}{n}\sum_{I=1}^{n}(X_i - \mu)^2$. 则服从 $t(n-1)$ 的是( ).

    A. $T_1 = \dfrac{\sqrt{n-1}(\overline{X} - \mu)}{S_1}$ B. $T_1 = \dfrac{\sqrt{n-1}(\overline{X} - \mu)}{S_2}$

    C. $T_1 = \dfrac{\sqrt{n-1}(\overline{X} - \mu)}{S_3}$ D. $T_1 = \dfrac{\sqrt{n-1}(\overline{X} - \mu)}{S_4}$

第二部分 填空题

1. 设总体 $X \sim N(2, 3^2)$，$X_1, X_2, \cdots, X_n$ 为 X 的一个简单样本，则 $\dfrac{\sum_{i=1}^{n}(X_i-2)^2}{3^2}$ 服从的分布是_____，因为_____．

2. 设样本 $(X_1, X_2, \cdots, X_n)$ 来自总体 $X \sim N(\mu, \sigma^2)$，则 $\dfrac{(n-1)}{\sigma^2}S_n^2 \sim$ _____，$(\overline{X}-\mu)\dfrac{\sqrt{n}}{S_n} \sim$ _____．其中 $\overline{X}$ 为样本均值，$S_n^2 = \dfrac{1}{n-1}\sum_{i=1}^{n}(X-\overline{X})^2$．

第三部分 解答题

1. 设总体 ξ 服从 $[a,b]$ 上的均匀分布，求样本均值 $\overline{\xi} = \dfrac{1}{n}\sum_{i=1}^{n}\xi_i$ 的期望及方差．

2. 在总体 $N(90, 30^2)$ 中随机取容量为 100 的样本，求样本均值与总体均值差的绝对值大于 30 的概率．[已知 $\Phi(1) = 0.8413$]

3. 从正态母体 $N(63, 49)$ 中取出容量为 $n=18$ 的样本，求样本均值 $\overline{X} \leqslant 60$ 的概率．又 $n=10$ 时，$\overline{X} \leqslant 60$ 的概率是多少？[$\Phi(1.82) = 0.9556$，$\Phi(1.36) = 0.9131$]

4. 设总体 $X \sim N(0, 2^2)$，从中取得样本 $X_1, X_2, \cdots, X_8$，试求统计量 $\eta = \sum_{i=1}^{8} X_i^2$ 不少于 40 的概率．[已知：自由度 $n=8$ 时，$P(\chi^2 \geqslant 40) = 0$，$P(\chi^2 \geqslant 20) = 0.005$，$P(\chi^2 \geqslant 10) = 0.27$]

5. 设总体 $X \sim N(\mu, \sigma^2)$，μ, σ 为已知常数，且 $\sigma \neq 0$，$X_1, X_2, \cdots, X_n$ 为 X 的一个样本，求统计量 $\sum_{i=1}^{n}(X_i-\mu)^2$ 的分布密度函数．设 $\chi^2(n)$ 分布的密度函数已知为 $\varphi(x, n)$．

6. 设母体 $X \sim N(\mu, \sigma^2)$，如果要求以 99.7% 的概率保证偏差 $|\overline{X} - \mu| < 0.1$，问在 $\sigma^2 = 0.5$ 时，样本容量 n 应取多大？[已知 $\Phi(2.96) = 0.9985$]

7. 设总体 $X \sim P(\lambda)$，$X_1, X_2, \cdots, X_n$ 是一个样本，试求：(1) 样本的联合分布；(2) $E(\overline{X})$，$D(\overline{X})$ 和 $E(s^2)$．[其中 $s^2 = \dfrac{1}{n-1}\sum_{i=1}^{n}(X_i - \overline{X})^2$]

8. 已知样本均值的一个观察值为 $\overline{x} = 5$，且知样本均值的分布如下表，试求样本均值与总体 X 的均值 $E(X) = a$ 之差的绝对值不超过 1 的概率的估计值．

$\overline{X}$	2	3	4	5	6
P	$\dfrac{1}{9}$	$\dfrac{2}{9}$	$\dfrac{3}{9}$	$\dfrac{2}{9}$	$\dfrac{1}{9}$

第 7 章 参数估计

内容概要 本章讨论了矩估计法,最大似然估计法,估计量的评价标准,区间估计,单个正态总体的均值和方差的区间估计,两个正态总体的均值和方差的区间估计.

学习要求 熟练掌握矩估计法,熟练掌握最大似然估计法,掌握估计量的评价标准,了解区间估计,了解单个正态总体的均值和方差的区间估计,了解两个正态总体的均值和方差的区间估计.

统计推断是依据从总体中抽取的一个简单随机样本对总体进行分析和判断的.统计推断的基本问题可以分为两大类:一类是参数估计问题,一类是假设检验问题.本章主要讨论总体参数的点估计和区间估计.

§7.1 参数的点估计

参数是指总体分布中的未知参数.若总体分布形式已知,当它的一个或多个参数为未知时,需借助总体 X 的样本来估计未知参数.例如,在正态总体的分布 $N(\mu,\sigma^2)$ 中,μ,σ^2 未知,μ 与 σ^2 就是未知参数;若在指数分布 $E(\lambda)$ 的总体中 λ 未知,则 λ 是未知参数.所谓参数估计就是由样本值对总体的未知参数作出的估计.

例 1 某灯泡厂某天生产了一大批灯泡,其使用寿命 X 是一个随机变量,假设总体 $X \sim E(\lambda)$(指数分布),其中未知参数 $\lambda > 0$.从中任意取出 10 个进行使用寿命的试验,测得数据如下(单位:h):

1 050,1 100,1 080,1 120,1 200,1 250,1 040,1 130,1 300,1 200.

试估计参数 λ 的值.

解 由于 $X \sim E(\lambda)$,故有总体均值 $E(X) = \dfrac{1}{\lambda}$,由大数定律知道,$\overline{X} \xrightarrow{P} \dfrac{1}{\lambda}(n \to \infty)$. 因此,我们自然想到用样本平均值 $\overline{X}$ 的观测值 $\overline{x}$ 来估计总体的均值 $\dfrac{1}{\lambda}$. 由数据计算得

$$\overline{x} = \dfrac{1}{10}(1\,050 + 1\,100 + 1\,080 + 1\,120 + 1\,200 + 1\,250 + 1\,040 + 1\,130 + 1\,300 + 1\,200)$$
$$= 1\,147.$$

令 $\dfrac{1}{\lambda} = \overline{x}$,解得 $\hat{\lambda} = \dfrac{1}{1\,147}$,即作为参数 λ 的估计值.

一般来说,总体 X 的分布函数 $F(x; \theta_1, \theta_2, \cdots, \theta_k)$ 的形式已知,其中 $\theta_1, \theta_2, \cdots, \theta_k$ 为未知参数. 设 $X_1, X_2, \cdots, X_n$ 是总体 X 的一个样本,$x_1, x_2, \cdots, x_n$ 是相应的一个样本值. 若由 $X_1, X_2, \cdots, X_n$ 构造出统计量 $\hat{\theta}_i = \hat{\theta}_i(X_1, X_2, \cdots, X_n)$,用于估计参数 $\theta_i (i = 1, 2, \cdots, k)$,就称 $\hat{\theta}_i$ 为 θ_i 的**估计量**,而估计量 $\hat{\theta}_i$ 的观测值 $\hat{\theta}_i(x_1, x_2, \cdots, x_n)$ 称为参数 θ_i 的**估计值** $(i = 1, 2, \cdots, k)$.

我们面临的问题是:统计量 $\hat{\theta}_i = \hat{\theta}_i(X_1, X_2, \cdots, X_n)$ 是怎样构造出来的?其主要的方法有:矩估计法、极大似然估计法.

(一) 矩估计法

矩估计法是一种古老的估计方法. 大家知道,矩是描述随机变量的最简单的数字特征,有些总体分布中的参数与它的矩是一致的. 例如,泊松分布 $P(\lambda)$ 中的参数 λ 就是总体的均值,正态总体分布 $N(\mu, \sigma^2)$ 中参数 μ, σ^2 分别是总体均值和方差. 若总体 X 的 k 阶原点矩 $\alpha_k = E(X^k)$ 存在,则样本 k 阶原点矩 $A_k = \dfrac{1}{n} \sum\limits_{i=1}^{n} X_i^k$ 依概率收敛于总体的 k 阶原点矩 α_k,即

$$A_k = \dfrac{1}{n} \sum_{i=1}^{n} X_i^k \xrightarrow{P} \alpha_k (n \to \infty).$$

这是因为 $X_1, X_2, \cdots, X_n$ 相互独立且与总体 X 同分布,故有 $X_1^k, X_2^k, \cdots, X_n^k$ 相互独立且与 X^k 同分布,从而有

$$E(X_1^k) = E(X_2^k) = \cdots = E(X_n^k) = E(X^k) = \alpha_k.$$

由定理 5.3(辛钦大数定律)得

$$A_k = \frac{1}{n}\sum_{i=1}^{n} X_i^k \xrightarrow{P} \alpha_k \ (n\to\infty)(k=1,2,\cdots).$$

特别地,当 $k=1$ 时,$\overline{X} \xrightarrow{P} \alpha_1 \ (n\to\infty)$($\alpha_1$ 即是总体均值 $E(X)$).

此结果表明:n 很大时,可用一次抽样后所得的样本 k 阶原点矩的观测值 $a_k = \frac{1}{n}\sum_{i=1}^{n} x_i^k$ 近似于总体的 k 阶原点矩 α_k,即 $a_k \approx \alpha_k = E(X^k)$. 特别地,$k=1$ 时,样本均值的观测值 $\overline{x}$ 近似于总体均值 $E(X)$,即 $\overline{x} \approx E(X)$.

总之,用一句话来概括矩估计法,就是用样本矩估计总体矩.

例 2 将一枚纽扣抛 10 000 次,其中正面出现 4 500 次,试估计出现正面的概率 p 的值.

解 设总体 X 满足:$P\{X=1\}=p, P\{X=0\}=1-p$,其中未知参数 p 就是出现正面的概率. 由于总体 X 的均值 $E(X)=p$,设 $X_1, X_2, \cdots, X_{10^4}$ 为来自总体 X 的一个样本,$x_1, x_2, \cdots, x_{10^4}$ 为其样本观测值,我们知道 $\overline{X} = \frac{1}{n}\sum_{i=1}^{n} X_i \xrightarrow{P} p \ (n\to\infty)$. 从而参数 p 的估计量为 $\hat{p} = \overline{X}$. 而样本均值的观测值 $\overline{x} = \frac{1}{10^4}\sum_{i=1}^{10^4} x_i = 0.45$,于是有 $p \approx 0.45$.

例 3 设总体 X 服从区间 $[a,b]$ 上的均匀分布,其中 a,b 为未知参数,$X_1, X_2, \cdots, X_n$ 是来自该总体的一个样本,试求 a,b 的矩估计量及矩估计值.

解 由于总体 X 中含有两个未知参数 a,b,因此需列两个方程. 根据矩估计法,令

$$\begin{cases} E(X) = \overline{X}, \\ E(X^2) = \frac{1}{n}\sum_{i=1}^{n} X_i^2, \end{cases}$$

而

$$E(X) = \frac{a+b}{2}, \ E(X^2) = D(X) + [E(X)]^2 = \frac{(a-b)^2}{12} + \left(\frac{a+b}{2}\right)^2,$$

所以有

$$\begin{cases} \dfrac{a+b}{2} = \overline{X}, \\ \dfrac{(a-b)^2}{12} + \left(\dfrac{a+b}{2}\right)^2 = \dfrac{1}{n}\sum_{i=1}^{n} X_i^2, \end{cases} \quad (7.1.1)$$

即
$$\begin{cases} b+a=2\overline{X}, \\ b-a=\sqrt{12\left(\dfrac{1}{n}\sum_{i=1}^{n}X_i^2-\overline{X}^2\right)}. \end{cases}$$

解上述联立方程组,得 a,b 的矩估计量分别为

$$\hat{a}=\overline{X}-\sqrt{\dfrac{3}{n}\sum_{i=1}^{n}(X_i-\overline{X})^2}, \tag{7.1.2}$$

$$\hat{b}=\overline{X}+\sqrt{\dfrac{3}{n}\sum_{i=1}^{n}(X_i-\overline{X})^2}. \tag{7.1.3}$$

于是 a,b 的矩估计值分别为

$$\hat{a}=\overline{x}-\sqrt{\dfrac{3}{n}\sum_{i=1}^{n}(x_i-\overline{x})^2},$$

$$\hat{b}=\overline{x}+\sqrt{\dfrac{3}{n}\sum_{i=1}^{n}(x_i-\overline{x})^2}.$$

例 4 设总体 X 的均值 μ 及方差 σ^2 都存在,且 $\sigma^2>0$,但 μ,σ^2 均为未知,又设 $X_1,X_2,\cdots,X_n$ 是总体 X 的一个样本,试求 μ,σ^2 的矩估计量.

解 由于总体 X 中含有两个未知参数 μ,σ,因此需列两个方程,根据矩估计法,令

$$\begin{cases} E(X)=\overline{X}, \\ E(X^2)=\dfrac{1}{n}\sum_{i=1}^{n}X_i^2, \end{cases}$$

而

$$E(X)=\mu, E(X^2)=D(X)+[E(X)]^2=\sigma^2+\mu^2,$$

所以有

$$\begin{cases} \mu=\overline{X}, \\ \sigma^2+\mu^2=\dfrac{1}{n}\sum_{i=1}^{n}X_i^2. \end{cases}$$

解上述联立方程组,得 μ 和 σ^2 的矩估计量分别为

$$\hat{\mu}=\overline{X},$$

$$\hat{\sigma}^2=\dfrac{1}{n}\sum_{i=1}^{n}X_i^2-(\overline{X})^2=\dfrac{1}{n}\sum_{i=1}^{n}(X_i-\overline{X})^2.$$

所得结果表明:对于任意分布,只要总体均值及方差存在,其均值与方差的

矩估计量表达式都是一样的. 例如,例 3 中的总体均值 $\frac{a+b}{2}$、总体方差 $\frac{(b-a)^2}{12}$ 的矩估计量分别为 $\overline{X}, \frac{1}{n}\sum_{i=1}^{n}X_i^2-(\overline{X})^2 = \frac{1}{n}\sum_{i=1}^{n}(X_i-\overline{X})^2$ [(7.1.1)式].

(二)极大似然估计法

下面,我们从一个例子出发,来说明极大似然估计法的基本思想.

已知甲、乙两射手命中靶心的概率分别为 0.9, 0.4. 现有一张靶纸,上面的着弹点表明 10 枪中有 6 枪射中靶心,已知这张靶纸肯定是甲、乙两射手之一所射,判定是谁射的较为合理.

不论哪位射手,射击一次命中靶心次数 X 的分布都是 0-1 分布,即
$$P\{X=x\}=p^x(1-p)^{1-x}, x=0,1,$$
所不同的是 $p=0.9$ 或 $p=0.4$. 在这里,我们视 p 为参数,X 的分布即为总体 X 的分布.

设 $X_1, X_2, \cdots, X_{10}$ 为来自总体 X 的一个样本,$x_1, x_2, \cdots, x_{10}$ 为其观测值,设事件 A 为"10 枪中有 6 枪射中靶心",则 A 可表为 $\{X_1=x_1, X_2=x_2, \cdots, X_{10}=x_{10}\}$,即 $A=\{X_1=x_1, X_2=x_2, \cdots, X_{10}=x_{10}\}$. 从而有
$$P(A)=P\{X_1=x_1, X_2=x_2, \cdots, X_{10}=x_{10}\}=P\{X_1=x_1\}P\{X_2=x_2\}\cdots$$
$P\{X_{10}=x_{10}\}=p^{\sum_{i=1}^{10}x_i}(1-p)^{10-\sum_{i=1}^{10}x_i}.$

这里要注意的是:(1) $P(A)$ 是参数 p 的函数,p 的取值范围为 $\Theta=\{0.9, 0.4\}$;(2) $\sum_{i=1}^{10}x_i=6.$

当 $p=0.9$ 时,$P(A)=(0.9)^6(0.1)^4$;

当 $p=0.4$ 时,$P(A)=(0.4)^6(0.6)^4.$

所以,$p=0.4$ 时,$P(A)$ 达到最大值. 因此,似乎我们更有理由认为,这张靶纸是射手乙所射,即 $p=0.4$.

这种以最大概率对参数做出估计的方法称为**极大似然估计法**. 这种思想就是极大似然思想.

1. 离散型总体情形

设总体 X 的概率函数为
$$P(X=x)=p(x;\theta), x\in D, \theta\in\Theta.$$
其中 D 为 X 的所有可能取值的集合,θ 为待估参数,Θ 是 θ 可能的取值范围,概

率函数 $p(x;\theta)$ 的形式为已知.

设 $X_1, X_2, \cdots, X_n$ 是来自总体 X 的样本,则 $X_1, X_2, \cdots, X_n$ 的联合概率函数为
$$\prod_{i=1}^{n} p(t_i;\theta).$$

又设 $x_1, x_2, \cdots, x_n$ 是样本 $X_1, X_2, \cdots, X_n$ 的一个样本值,事件 $\{X_1 = x_1, X_2 = x_2, \cdots, X_n = x_n\}$ 发生的概率为

$$\begin{aligned}L(\theta) &\triangleq L(x_1, x_2, \cdots, x_n;\theta) \triangleq P\{X_1=x_1, X_2=x_2, \cdots, X_n=x_n\}\\ &= P\{X_1=x_1\}P\{X_2=x_2\}\cdots P\{X_n=x_n\}\\ &= \prod_{i=1}^{n} p(x_i;\theta), \theta \in \Theta.\end{aligned} \quad (7.1.4)$$

这一概率随 θ 的取值而变化,它是 θ 的函数. $L(\theta)$ 称为**样本的似然函数**. 在 θ 取值的范围 Θ 内挑选使概率 $L(x_1, x_2, \cdots, x_n;\theta)$ 达到最大的参数值 $\hat{\theta}$,作为参数 θ 的估计值,即取 $\hat{\theta}$ 使 $L(x_1, x_2, \cdots, x_n;\hat{\theta}) = \max_{\theta \in \Theta} L(x_1, x_2, \cdots, x_n;\theta).$

这样得到的 $\hat{\theta}$(由于 $\hat{\theta}$ 与样本值 $x_1, x_2, \cdots, x_n$ 有关,故记为 $\hat{\theta} = \hat{\theta}(x_1, x_2, \cdots, x_n)$),称为参数 θ 的极大似然估计值,而相应的统计量 $\hat{\theta}(X_1, X_2, \cdots, X_n)$ 称为参数 θ 的**极大似然估计量**.

为求函数 $L(\theta)$ 的最大值点,如果 L 对 θ 的导数存在,则可以采用高等数学中求极值的方法,只要令

$$\frac{\mathrm{d}L}{\mathrm{d}\theta} = 0, \quad (7.1.5)$$

由该方程解出 $\hat{\theta} = \hat{\theta}(x_1, x_2, \cdots, x_n)$ 作为参数 θ 的估计值.

又因 $L(\theta)$ 与 $\ln L(\theta)$ 可在同一 θ 处取到极值,所以 θ 的极大似然估计 $\hat{\theta}$ 也可以从方程

$$\frac{\mathrm{d}[\ln L(\theta)]}{\mathrm{d}\theta} = 0 \quad (7.1.6)$$

求得,而且通常从 (7.1.6) 式求解比较方便.

例 5 设总体 X 服从泊松分布 $P(\lambda)$,其分布列(概率函数)为

$$P\{X=k\} = \frac{\lambda^k}{k!} \mathrm{e}^{-\lambda}, k=0,1,2,\cdots,$$

其中 $\lambda > 0$. 试用极大似然估计法估计未知参数 λ.

解 设 $X_1, X_2, \cdots, X_n$ 是来自该总体 X 的样本，$x_1, x_2, \cdots, x_n$ 是相应于样本 $X_1, X_2, \cdots, X_n$ 的样本值. 于是似然函数为

$$L(\lambda) = L(x_1, x_2, \cdots, x_n; \lambda) = P\{X_1 = x_1, X_2 = x_2, \cdots, X_n = x_n\}$$

$$= \prod_{i=1}^{n} P\{X_i = x_i\} = \prod_{i=1}^{n} \left(\frac{\lambda^{x_i}}{x_i!} e^{-\lambda}\right) = \frac{\lambda^{\sum_{i=1}^{n} x_i}}{x_1! x_2! \cdots x_n!} e^{-n\lambda}.$$

对上式两边取对数得

$$\ln L = \sum_{i=1}^{n} x_i \ln \lambda - n\lambda - \ln(x_1! x_2! \cdots x_n!).$$

由方程 $\dfrac{d[\ln L]}{d\lambda} = \dfrac{1}{\lambda} \sum_{i=1}^{n} x_i - n = 0$，解得 $\lambda = \dfrac{1}{n} \sum_{i=1}^{n} x_i = \bar{x}$.

故 λ 的极大似然估计值 $\hat{\lambda} = \bar{x}$，λ 的极大似然估计量 $\hat{\lambda} = \bar{X}$.

这里求得的 λ 的估计量与用矩估计法求得的相同，从而从另一个侧面说明了极大似然估计的合理性. 一般来说，极大似然估计量优于矩估计量.

例 5 中 X 的分布列是用统一的表达式形式给出的. 有时，随机变量的分布难以用统一的表达式来表示，此时的似然函数是怎样构造的呢？ 为此，介绍下一例题.

例 6 设总体 X 的分布列为

X	1	2	3
P	θ	θ^2	$1-\theta-\theta^2$

其中 $\theta(0<\theta<1)$ 为未知参数. 设总体 X 的样本值为

$$1,2,1,1,2,1,3,2,1,1.$$

求参数 θ 的极大似然估计值及相应的分布列.

解 设 $X_1, X_2, \cdots, X_{10}$ 为来自总体 X 的一个样本，$x_1, x_2, \cdots, x_{10}$ 为相应的样本值. 于是，似然函数为

$$L(\theta) = P\{X_1 = x_1, x_2 = x_2, \cdots, X_{10} = x_{10}\} = \prod_{i=1}^{10} P\{X_i = x_i\}$$

$$= \theta^6 \cdot (\theta^2)^3 \cdot (1-\theta-\theta^2)^1 = \theta^{12}(1-\theta-\theta^2).$$

令

$$L'(\theta) = 12\theta^{11}(1-\theta-\theta^2) + \theta^{12}(-1-2\theta) = \theta^{11}(4-7\theta)(3+2\theta) = 0,$$

解得

$$\theta = \frac{4}{7}.$$

故 θ 的极大似然估计值为 $\hat{\theta} = \dfrac{4}{7}$. 相应的分布列为

X	1	2	3
P	$\dfrac{4}{7}$	$\dfrac{16}{49}$	$\dfrac{5}{49}$

2. 连续型总体情形

设总体 X 的概率密度是 $f(x;\theta), \theta \in \Theta$，其中 $f(x;\theta)$ 的形式为已知，θ 为待估参数，Θ 是 θ 的取值范围. 设 $X_1, X_2, \cdots, X_n$ 是来自总体 X 的一个样本，则 $X_1, X_2, \cdots, X_n$ 的联合概率密度为 $\prod_{i=1}^{n} f(t_i;\theta)$.

又设 $x_1, x_2, \cdots, x_n$ 是相应于样本 $X_1, X_2, \cdots, X_n$ 的一个样本值，则随机点 $(X_1, X_2, \cdots, X_n)$ 落在点 $(x_1, x_2, \cdots, x_n)$ 的邻域（边长分别为 $\mathrm{d}x_1, \mathrm{d}x_2, \cdots, \mathrm{d}x_n$ 的 n 维立方体）内的概率近似地为 $\prod_{i=1}^{n} f(x_i;\theta)\mathrm{d}x_i$，其值随 θ 的取值不同而变化. 与离散型情形一样，选取 θ 使此概率最大. 由于因子 $\prod_{i=1}^{n} \mathrm{d}x_i$ 不随 θ 变化，故只考虑似然函数

$$L(\theta)=L(x_1,x_2,\cdots,x_n;\theta)=\prod_{i=1}^{n} f(x_i;\theta) \tag{7.1.7}$$

的最大值. 在 θ 取值的范围 Θ 内挑选使概率 $L(x_1,x_2,\cdots,x_n;\theta)$ 达到最大的参数值 $\hat{\theta}$，作为参数 θ 的估计值，即取 $\hat{\theta}$（由于 $\hat{\theta}$ 与样本值 $x_1, x_2, \cdots, x_n$ 有关，故记为 $\hat{\theta} = \hat{\theta}(x_1, x_2, \cdots, x_n)$），使

$$L(x_1,x_2,\cdots,x_n;\hat{\theta})=\max_{\theta \in \Theta} L(x_1,x_2,\cdots,x_n;\theta),$$

则称 $\hat{\theta}(x_1, x_2, \cdots, x_n)$ 为参数 θ 的极大似然估计值，称 $\hat{\theta}(X_1, X_2, \cdots, X_n)$ 为参数 θ 的极大似然估计量.

如果 L 对 θ 的导数存在，则 $\hat{\theta}$ 可由方程

$$\frac{\mathrm{d}[L(\theta)]}{\mathrm{d}\theta}=0 \tag{7.1.8}$$

解得. 又因 $L(\theta)$ 与 $\ln L(\theta)$ 可在同一 θ 处取到极值，因此，θ 的极大似然估计 $\hat{\theta}$ 也可以由方程

$$\frac{\mathrm{d}[\ln L(\theta)]}{\mathrm{d}\theta}=0 \tag{7.1.9}$$

求得，而且通常从 (7.1.9) 式求解比较方便.

极大似然估计法也适用于分布中含多个未知参数 $\theta_1, \theta_2, \cdots, \theta_k$ 的情况. 此时似然函数为

$$L(x_1, x_2, \cdots, x_n; \theta_1, \theta_2, \cdots, \theta_k) = \prod_{i=1}^{n} f(x_i; \theta_1, \theta_2, \cdots, \theta_k).$$

分别令

$$\frac{\partial (\ln L)}{\partial \theta_i} = 0, i = 1, 2, \cdots, k.$$

解上述方程组,可得各未知参数 $\theta_i (i=1,2,\cdots,k)$ 的极大似然估计值 $\hat{\theta}_i$.

例7 设总体 X 服从指数分布 $E(\lambda)$,其密度函数为 $f(x) = \begin{cases} \lambda e^{-\lambda x}, & x > 0, \\ 0, & x \leq 0, \end{cases}$ 其中未知参数 $\lambda > 0$,试求 λ 的极大似然估计量.

解 由总体分布可知 $x \leq 0$ 时,$f(x) = 0$,可设样本值 $x_1, x_2, \cdots, x_n$ 中每个 $x_i > 0$,故可取似然函数

$$L(\lambda) = \prod_{i=1}^{n} f(x_i) = \prod_{i=1}^{n} (\lambda e^{-\lambda x_i}) = \lambda^n e^{-\lambda \sum_{i=1}^{n} x_i}.$$

对上式两边取对数,得

$$\ln L = n \ln \lambda - \lambda \sum_{i=1}^{n} x_i.$$

由方程

$$\frac{d[\ln L]}{d\lambda} = \frac{n}{\lambda} - \sum_{i=1}^{n} x_i = 0,$$

解得

$$\lambda = \frac{1}{\bar{x}},$$

即 λ 的极大似然估计值为

$$\hat{\lambda} = \frac{1}{\bar{x}},$$

从而 λ 的极大似然估计量为

$$\hat{\lambda} = \frac{1}{\bar{X}}.$$

例8 设总体 $X \sim N(\mu, \sigma^2)$,μ, σ^2 为未知参数,设 $x_1, x_2, \cdots, x_n$ 是来自该总体的样本值,求 μ, σ^2 的极大似然估计值及极大似然估计量.

解 设总体 X 的样本值为 $x_1, x_2, \cdots, x_n$. 因为总体 X 的密度函数为

$$f(x; \mu, \sigma^2) = \frac{1}{\sqrt{2\pi\sigma^2}} \exp\left[-\frac{1}{2\sigma^2}(x-\mu)^2\right],$$

于是似然函数为

$$L(\mu, \sigma^2) = \prod_{i=1}^{n} f(x_i; \mu, \sigma^2) = \left(\frac{1}{\sqrt{2\pi\sigma^2}}\right)^n \exp\left[-\frac{1}{2\sigma^2} \sum_{i=1}^{n} (x_i - \mu)^2\right].$$

对上式两边取对数,得

$$\ln L = -\frac{n}{2}\ln(2\pi) - \frac{n}{2}\ln\sigma^2 - \frac{1}{2\sigma^2}\sum_{i=1}^{n}(x_i-\mu)^2.$$

令

$$\begin{cases} \dfrac{\partial}{\partial \mu}(\ln L) = \dfrac{1}{\sigma^2}\sum_{i=1}^{n}(x_i-\mu) = 0, \\ \dfrac{\partial}{\partial \sigma^2}(\ln L) = -\dfrac{n}{2\sigma^2} + \dfrac{1}{2(\sigma^2)^2}\sum_{i=1}^{n}(x_i-\mu)^2 = 0, \end{cases}$$

解此方程组得 μ, σ^2 的极大似然估计值分别为

$$\hat{\mu} = \bar{x}, \hat{\sigma}^2 = \frac{1}{n}\sum_{i=1}^{n}(x_i-\bar{x})^2.$$

故 μ, σ^2 的极大似然估计量分别为

$$\hat{\mu} = \bar{X}, \hat{\sigma}^2 = \frac{1}{n}\sum_{i=1}^{n}(X_i-\bar{X})^2.$$

此结果与用矩估计法获得的矩估计相同.

例 9 设总体 X 服从区间 $[0,b]$ 上的均匀分布(其中未知参数 $b>0$),$x_1, x_2, \cdots, x_n \in [0,b]$ 是来自总体 X 的样本值,试求 b 的极大似然估计值.

解 由于 X 的密度函数为 $f(x;b) = \begin{cases} \dfrac{1}{b}, & 0 \leqslant x \leqslant b, \\ 0, & \text{其他}, \end{cases}$ 所以关于样本值 $x_1, x_2, \cdots, x_n$ 的似然函数为

$$L(b) = \prod_{i=1}^{n} f(x_i;b) = \frac{1}{b^n}.$$

由于方程 $\dfrac{\mathrm{d}[L(b)]}{\mathrm{d}b} = 0$ 无解,从而无法求出 $L(b)$ 的驻点. 我们求 $L(b)$ 的驻点的目的是为了求 $\hat{b} = \hat{b}(x_1, x_2, \cdots, x_n)$,使 $L(\hat{b})$ 为最大值,这就是极大似然思想. 下面我们运用极大似然思想来解决此问题.

由于 $x_1, x_2, \cdots, x_n \in [0,b]$,所以有 $\max\limits_{1 \leqslant i \leqslant n} x_i \leqslant b$,从而有

$$L(b) = \frac{1}{b^n} \leqslant \frac{1}{(\max\limits_{1 \leqslant i \leqslant n} x_i)^n}.$$

可以看出,取 $b = \max\limits_{1 \leqslant i \leqslant n} x_i$ 时,$L(b)$ 为最大值,故 b 的极大似然估计值为

$$\hat{b} = \max\limits_{1 \leqslant i \leqslant n} x_i,$$

从而 b 的极大似然估计量为

$$\hat{b} = \max_{1 \leq i \leq n} X_i.$$

例 9 给我们提供了利用极大似然思想来解决问题的方法. 因此, 理解极大似然思想就显得十分必要.

§7.2 估计量的评价标准

由上一节可见, 对于总体的同一未知参数, 运用不同的估计方法求出的估计量不一定相同, 如 §7.1 的例 3 (取 $a=0$ 的情形) 和例 9 中参数 b 的估计量就不相同. 我们自然会问, 采用哪一种估计量为好呢? 怎样衡量和比较估计量的好坏呢? 这就涉及用什么标准评价估计量的问题, 下面介绍三种常用的评价标准.

(一) 无偏性

估计量是随机变量, 估计值随样本值不同而不同, 我们希望估计值在未知参数的真值附近徘徊. 从直观上说, 若对一个总体抽取很多样本而得到很多估计值, 则这些估计值的理论平均值应等于未知参数的真值, 从而提出无偏性的标准.

设 $X_1, X_2, \cdots, X_n$ 是来自总体 X 的一个样本, X 的分布函数为 $F(x;\theta)$, 其中 θ 为未知参数.

定义 7.1 若参数 θ 的估计量 $\hat{\theta} = \hat{\theta}(X_1, X_2, \cdots, X_n)$ 的数学期望 $E(\hat{\theta})$ 存在且满足

$$E(\hat{\theta}) = \theta,$$

则称 $\hat{\theta}$ 是 θ 的**无偏估计量**. 若 $\lim_{n \to \infty} E(\hat{\theta}) = \theta$, 则称 $\hat{\theta}$ 是 θ 的**渐近无偏估计量**.

例 1 设总体 X 的 k 阶原点矩 $\alpha_k = E(X^k)$ 存在, $X_1, X_2, \cdots, X_n$ 是来自总体 X 的一个样本, 则无论总体服从什么分布, 样本的 k 阶原点矩 $A_k = \dfrac{1}{n} \sum_{i=1}^{n} X_i^k$ 是总体 k 阶原点矩 α_k 的无偏估计量, 即

$$E(A_k) = \alpha_k.$$

证 因为 $X_1, X_2, \cdots, X_n$ 与 X 同分布且相互独立, 所以有

$$E(X_i^k)=E(X^k)=\alpha_k, i=1,2,\cdots,n,$$

故
$$E(A_k)=E\left(\frac{1}{n}\sum_{i=1}^n X_i^k\right)=\frac{1}{n}\sum_{i=1}^n E(X_i^k)=\alpha_k.$$

由例1我们知道,无论总体 X 服从什么分布,只要它的数学期望 $E(X)=\mu$ 存在,必有 $E(\overline{X})=\mu$,即样本均值 $\overline{X}$ 总是总体均值 μ 的无偏估计量.

例2 设总体 X 的均值 μ 和方差 $\sigma^2>0$ 都存在,其中 μ,σ^2 为未知参数,则 σ^2 的估计量 $\hat{\sigma}^2=\frac{1}{n}\sum_{i=1}^n(X_i-\overline{X})^2$ 不是无偏估计量.

证
$$\hat{\sigma}^2=\frac{1}{n}\sum_{i=1}^n(X_i-\overline{X})^2=\frac{1}{n}\sum_{i=1}^n X_i^2-\overline{X}^2,$$

又
$$E(X_i^2)=D(X_i)+[E(X_i)]^2=\sigma^2+\mu^2,$$
$$E(\overline{X}^2)=D(\overline{X})+[E(\overline{X})]^2=\frac{\sigma^2}{n}+\mu^2,$$

于是有
$$E(\hat{\sigma}^2)=\sigma^2+\mu^2-\left(\frac{\sigma^2}{n}+\mu^2\right)=\frac{n-1}{n}\sigma^2\neq\sigma^2,$$

所以 $\hat{\sigma}^2$ 是有偏的,但它是 σ^2 的渐近无偏估计量.

若用样本方差 $S^2=\frac{1}{n-1}\sum_{i=1}^n(X_i-\overline{X})^2$ 来估计 σ^2,由上式可得 $E(S^2)=\sigma^2$,即样本方差 S^2 总是总体方差 σ^2 的无偏估计量,这也是样本方差 S^2 定义为 $\frac{1}{n-1}\sum_{i=1}^n(X_i-\overline{X})^2$ 而不是 $\frac{1}{n}\sum_{i=1}^n(X_i-\overline{X})^2$ 的原因.

(二) 有效性

参数的一个无偏估计量就是其数学期望等于该参数的一个随机变量. 显然,一个无偏估计量的方差越小,这个估计量取到接近它的数学期望的概率就越大. 因而未知参数的估计值在它的真值附近的频率越大. 比较参数 θ 的两个无偏估计量 $\hat{\theta}_1$ 和 $\hat{\theta}_2$,如果在样本容量 n 相同的情况下,$\hat{\theta}_1$ 的观察值在真值 θ 的附近比 $\hat{\theta}_2$ 更密集,我们就认为 $\hat{\theta}_1$ 比 $\hat{\theta}_2$ 理想. 由于方差反映了随机变量取值与数学期望的偏离程度,因此,我们总希望估计的方差尽可能小,即
$$D(\hat{\theta})=E(\hat{\theta}-\theta)^2$$

尽可能小. 这就引出了有效估计的概念.

定义 7.2 设 $\hat{\theta}_1=\hat{\theta}_1(X_1,X_2,\cdots,X_n)$ 与 $\hat{\theta}_2=\hat{\theta}_2(X_1,X_2,\cdots,X_n)$ 都是参数 θ 的无偏估计量,即 $E(\hat{\theta}_1)=E(\hat{\theta}_2)=\theta$. 若有
$$D(\hat{\theta}_1)<D(\hat{\theta}_2),$$
则称 $\hat{\theta}_1$ 比 $\hat{\theta}_2$ 有效.

考察 θ 的所有的无偏估计量(要求其二阶矩存在,即有限),如果其中一个估计量 $\hat{\theta}_0$ 的方差达到最小,这样的估计量应当最好,称这样的估计量 $\hat{\theta}_0$ 是 θ 的**最优无偏估计**.

例 3 设总体 X 的 2 阶矩存在,$X_1,X_2,\cdots,X_n$ 是来自总体 X 的一个样本,试证:$\overline{X}$ 与 $\hat{W}=\sum_{i=1}^{n}a_iX_i$($a_i$ 为不全相等的常数,且 $\sum_{i=1}^{n}a_i=1$)都是 $\mu=E(X)$ 的无偏估计量,且 $\overline{X}$ 比 $\hat{W}$ 有效.

证 设 X 的均值和方差分别为 μ,σ^2,很容易得到
$$E(\overline{X})=E(\hat{W})=\mu,$$
所以 $\overline{X}$ 和 $\hat{W}$ 都是 μ 的无偏估计.

又因为
$$D(\overline{X})=\frac{\sigma^2}{n},D(\hat{W})=\sigma^2\sum_{i=1}^{n}a_i^2,$$
由不等式知识可知:在条件 $\sum_{i=1}^{n}a_i=1$ 下,当 $a_1=a_2=\cdots=a_n=\frac{1}{n}$ 时,$\sum_{i=1}^{n}a_i^2$ 达到最小值 $\frac{1}{n}$,即 $D(\overline{X})\leqslant D(\hat{W})$,所以,当 $a_i(i=1,2,\cdots,n)$ 为不全相等的实数时,$D(\overline{X})<D(\hat{W})$,故 $\overline{X}$ 比 $\hat{W}$ 有效,而且 $\overline{X}$ 是 μ 的最优线性无偏估计量.

(三) 一致性

估计量 $\hat{\theta}$ 的无偏性和有效性都是在样本容量 n 固定的前提下考虑的. 然而,由于估计量 $\hat{\theta}(X_1,X_2,\cdots,X_n)$ 依赖于样本容量 n,故根据样本求得的未知参数的估计值常与这个参数的真值不同. 我们自然地希望:当样本容量无限大时,估计值在参数的附近的概率趋近于 1.

定义 7.3 设 $\hat{\theta}(X_1,X_2,\cdots,X_n)$ 为参数 θ 的估计量,若当 $n\to\infty$ 时,$\hat{\theta}(X_1,X_2,\cdots,X_n)$ 依概率收敛于 θ,即对于给定任意小的数 $\varepsilon>0$,有

$$\lim_{n\to\infty} P\{|\hat{\theta}-\theta|<\varepsilon\}=1,$$

则称 $\hat{\theta}$ 为 θ 的**一致估计量**.

例 4 设总体 $X\sim N(\mu,1)$，μ 未知，则容量为 n 的样本均值 $\overline{X}$ 是参数 μ 的一致估计量.

证 因为 $E(\overline{X})=\mu$，$D(\overline{X})=\dfrac{1}{n}$，对于给定任意小的正数 ε，由契比雪夫不等式得

$$P\{|\overline{X}-\mu|<\varepsilon\}\geqslant 1-\dfrac{1}{n\varepsilon^2},$$

所以
$$\lim_{n\to\infty} P\{|\overline{X}-\mu|<\varepsilon\}=1.$$

还可以证明，样本的 $k(k\geqslant 1)$ 阶原点矩是总体的 k 阶原点矩 $E(X^k)$（如果存在的话）的一致估计量.

§7.3 区间估计

什么叫参数的区间估计呢？我们知道，一方面，参数的点估计是由样本求出的对未知参数的一个估计值，但这样的估计值未必是真值；另一方面，人们在测量和计算时，常常不以得到近似值为满足，还需估计误差，即要求确切地知道近似值的精确度（即真值所在的范围）. 这样的范围通常以区间形式给出，从而，区间估计就是由样本给出参数真值的一个范围.

由于数理统计中未知参数所在的范围是根据样本作出的，而抽样带有随机性，所以没有百分之百的把握说这个范围包含参数 θ，只能是对于一定的可靠度（概率）而言. 由此可引出置信区间的定义.

定义 7.4 设总体 X 的分布函数 $F(x;\theta)$ 含有一个未知参数 θ，对于给定值 $\alpha(0<\alpha<1)$，若有关于样本 $X_1,X_2,\cdots,X_n$ 的两个统计量 $\underline{\theta}=\underline{\theta}(X_1,X_2,\cdots,X_n)$ 和 $\overline{\theta}=\overline{\theta}(X_1,X_2,\cdots,X_n)$ 满足

$$P\{\underline{\theta}(X_1,X_2,\cdots,X_n)<\theta<\overline{\theta}(X_1,X_2,\cdots,X_n)\}=1-\alpha,$$

则称随机区间 $(\underline{\theta},\overline{\theta})$ 是 θ 的置信度为 $1-\alpha$ 的**置信区间**，$\underline{\theta}$ 和 $\overline{\theta}$ 分别称为 θ 的置信度为 $1-\alpha$ 的双侧置信区间的**置信下限**和**置信上限**，$1-\alpha$ 称之为**置信度**，α 称之为**置信水平**.

由于
$$(\underline{\theta}(X_1, X_2, \cdots, X_n), \bar{\theta}(X_1, X_2, \cdots, X_n)) \qquad (7.3.1)$$
是一随机区间,而我们要求的是参数 θ 的具体的估计区间,为此,我们用(7.3.1)式的观测值(即观测区间)
$$(\underline{\theta}(x_1, x_2, \cdots, x_n), \bar{\theta}(x_1, x_2, \cdots, x_n)) \qquad (7.3.2)$$
作为参数 θ 的估计区间. 如果对样本进行多次观测,那么所得到观测区间((7.3.2)式)中能套住参数 θ 的频率大约为 $1-\alpha$.

我们不禁会提出这样的问题:怎样构造统计量 $\underline{\theta} = \underline{\theta}(X_1, X_2, \cdots, X_n)$,$\bar{\theta} = \bar{\theta}(X_1, X_2, \cdots, X_n)$? 由于要估计的参数 θ 的意义及总体的不同,所构造的统计量也有所不同. 为此,需分几种情况进行讨论.

(一) 单个正态总体均值 μ 和方差 σ^2 的区间估计

设 $X_1, X_2, \cdots, X_n$ 是来自总体 $N(\mu, \sigma^2)$ 的一个样本,$\overline{X}$ 和 S^2 分别表示样本均值和样本方差. 给定置信度为 $1-\alpha$.

1. 均值 μ 的置信区间(方差 σ^2 为已知)

由于
$$\frac{\sqrt{n}(\overline{X} - \mu)}{\sigma} \sim N(0, 1),$$
按标准正态分布的上侧 α 分位数的定义,给定置信度 $1-\alpha$ ($0 < \alpha < 1$),存在分位数 $u_{\frac{\alpha}{2}}$ (图 7-1),使

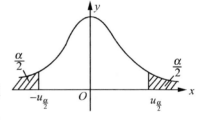

图 7-1

$$P\left\{ \left| \frac{\sqrt{n}(\overline{X} - \mu)}{\sigma} \right| < u_{\frac{\alpha}{2}} \right\} = 1 - \alpha. \qquad (7.3.3)$$

分位数 $u_{\frac{\alpha}{2}}$ 可从附表 1 查得.

改写(7.3.3)式为
$$P\left\{ \overline{X} - \frac{\sigma}{\sqrt{n}} u_{\frac{\alpha}{2}} < \mu < \overline{X} + \frac{\sigma}{\sqrt{n}} u_{\frac{\alpha}{2}} \right\} = 1 - \alpha, \qquad (7.3.4)$$

从而得到 μ 的一个置信度为 $1-\alpha$ 的置信区间:
$$\left(\overline{X} - \frac{\sigma}{\sqrt{n}} u_{\frac{\alpha}{2}}, \overline{X} + \frac{\sigma}{\sqrt{n}} u_{\frac{\alpha}{2}} \right). \qquad (7.3.5)$$

$\overline{X} - \frac{\sigma}{\sqrt{n}} u_{\frac{\alpha}{2}}$ 和 $\overline{X} + \frac{\sigma}{\sqrt{n}} u_{\frac{\alpha}{2}}$ 分别称为 μ 的置信度为 $1-\alpha$ 的置信下限和置信上限. 对

应于(7.3.5)式的具体的置信区间为

$$\left(\bar{x} - \frac{\sigma}{\sqrt{n}} u_{\frac{\alpha}{2}}, \bar{x} + \frac{\sigma}{\sqrt{n}} u_{\frac{\alpha}{2}}\right). \tag{7.3.6}$$

也称(7.3.6)式为 μ 的一个置信度为 $1-\alpha$ 的置信区间. 换句话说, 如果对样本进行多次观测, 那么所得到观测区间[(7.3.6)式]中能套住参数 μ 的频率大约为 $1-\alpha$. 也称 $\bar{x} - \frac{\sigma}{\sqrt{n}} u_{\frac{\alpha}{2}}$ 和 $\bar{x} + \frac{\sigma}{\sqrt{n}} u_{\frac{\alpha}{2}}$ 分别称为 μ 的置信度为 $1-\alpha$ 的置信下限和置信上限.

例1 从一批钉子中抽取 16 枚, 测得其长度(单位: cm) 如下:

2.14, 2.10, 2.13, 2.15, 2.13, 2.12, 2.13, 2.10,
2.15, 2.12, 2.14, 2.10, 2.13, 2.11, 2.14, 2.11.

设钉子的长度服从正态分布 $N(\mu, \sigma^2)$, 其中 $\sigma = 0.01$ (cm), 试求总体期望值 μ 的置信度为 90% 置信区间.

解 由于总体 $X \sim N(\mu, \sigma^2)$, 设 $X_1, X_2, \cdots, X_n$ 为来自总体 X 的样本 ($n=16$), 于是有

$$\bar{X} \sim N\left(\mu, \frac{\sigma^2}{n}\right),$$

从而

$$\frac{\sqrt{n}(\bar{X} - \mu)}{\sigma} \sim N(0, 1),$$

于是有

$$P\left\{\left|\frac{\sqrt{n}(\bar{X} - \mu)}{\sigma}\right| < u_{\frac{\alpha}{2}}\right\} = 1 - \alpha,$$

即

$$P\left\{\bar{X} - \frac{\sigma}{\sqrt{n}} u_{\frac{\alpha}{2}} < \mu < \bar{X} + \frac{\sigma}{\sqrt{n}} u_{\frac{\alpha}{2}}\right\} = 1 - \alpha.$$

从而得到 μ 的一个置信度为 $1-\alpha$ 的置信区间:

$$\left(\bar{X} - \frac{\sigma}{\sqrt{n}} u_{\frac{\alpha}{2}}, \bar{X} + \frac{\sigma}{\sqrt{n}} u_{\frac{\alpha}{2}}\right).$$

由于 $\sigma = 0.01, n = 16, \bar{x} = 2.125, \alpha = 0.1$, 查附表 1 得 $u_{\frac{\alpha}{2}} = 1.645$. 故 μ 的置信度为 0.9 的置信区间为

$$\left(\bar{x} - \frac{\sigma}{\sqrt{n}} u_{\frac{\alpha}{2}}, \bar{x} + \frac{\sigma}{\sqrt{n}} u_{\frac{\alpha}{2}}\right) = (2.1209, 2.1291).$$

2. 均值 μ 的置信区间（方差 σ^2 为未知）

方差 σ^2 未知时，μ 的置信度为 $1-\alpha$ 的置信区间为

$$\left(\overline{X}-\frac{S}{\sqrt{n}}t_{\frac{\alpha}{2}}(n-1),\overline{X}+\frac{S}{\sqrt{n}}t_{\frac{\alpha}{2}}(n-1)\right). \tag{7.3.7}$$

对应于(7.3.7)式的具体的置信区间为

$$\left(\overline{x}-\frac{s}{\sqrt{n}}t_{\frac{\alpha}{2}}(n-1),\overline{x}+\frac{s}{\sqrt{n}}t_{\frac{\alpha}{2}}(n-1)\right). \tag{7.3.8}$$

事实上，σ^2 未知时，不能使用(7.3.6)式作为置信区间，因为其中含有未知参数 σ. 由于 S^2 是 σ^2 的无偏估计，那么，能否用 S^2 替代 σ^2？回答是肯定的. 因为

$$U=\frac{\sqrt{n}(\overline{X}-\mu)}{\sigma}\sim N(0,1),\ V=\frac{(n-1)S^2}{\sigma^2}\sim\chi^2(n-1),$$

且 U,V 相互独立，由定理 6.3 知

$$T=\frac{U}{\sqrt{\dfrac{V}{(n-1)}}}=\frac{(\overline{X}-\mu)\sqrt{n}}{S}\sim t(n-1).$$

由于 T 中不含未知参数 σ，所以可利用它导出对正态总体均值 μ 的区间估计.

对于给定的置信度 $1-\alpha(0<\alpha<1)$，存在分位数 $t_{\frac{\alpha}{2}}(n-1)$（参见图 7-2），使

$$P\left\{-t_{\frac{\alpha}{2}}(n-1)<\frac{(\overline{X}-\mu)\sqrt{n}}{S}<t_{\frac{\alpha}{2}}(n-1)\right\}=1-\alpha$$

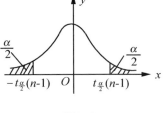

图 7-2

或

$$P\left\{\overline{X}-\frac{S}{\sqrt{n}}t_{\frac{\alpha}{2}}(n-1)<\mu<\overline{X}+\frac{S}{\sqrt{n}}t_{\frac{\alpha}{2}}(n-1)\right\}=1-\alpha,$$

从而得到(7.3.7)式及(7.3.8)式的结果.

例 2 假定初生男婴儿的体重服从正态分布，随机抽取 12 名初生男婴儿，测得其体重的均值为 $\overline{x}=3057$ g，标准差为 $s=375.3$ g，求初生男婴儿平均体重的置信度为 95% 的置信区间.

解 设总体为 $N(\mu,\sigma^2)$，其中参数 μ,σ 均为未知，$X_1,X_2,\cdots,X_n$ 为来自该总体的样本. 由于

$$T=\frac{(\overline{X}-\mu)\sqrt{n}}{S}\sim t(n-1),$$

所以有
$$P\{|T|<t_{\frac{\alpha}{2}}(n-1)\}=1-\alpha,$$
即
$$P\left\{-t_{\frac{\alpha}{2}}(n-1)<\frac{(\overline{X}-\mu)\sqrt{n}}{S}<t_{\frac{\alpha}{2}}(n-1)\right\}=1-\alpha,$$
从而有
$$P\left\{\overline{X}-\frac{S}{\sqrt{n}}t_{\frac{\alpha}{2}}(n-1)<\mu<\overline{X}+\frac{S}{\sqrt{n}}t_{\frac{\alpha}{2}}(n-1)\right\}=1-\alpha,$$
故 μ 的置信度为 $1-\alpha$ 的置信区间为
$$\left(\overline{X}-\frac{S}{\sqrt{n}}t_{\frac{\alpha}{2}}(n-1),\overline{X}+\frac{S}{\sqrt{n}}t_{\frac{\alpha}{2}}(n-1)\right).$$

由于 $\alpha=0.05, n=12, \overline{x}=3057, s=375.3$,查表(附录 D 中的附表 3)得 $t_{\frac{\alpha}{2}}(n-1)=t_{0.025}(11)=2.201$.

故所求的具体区间为 $\left(\overline{x}-\frac{s}{\sqrt{n}}t_{\frac{\alpha}{2}}(n-1),\overline{x}+\frac{s}{\sqrt{n}}t_{\frac{\alpha}{2}}(n-1)\right)=(2818.5,3295.5)$.

3. 方差 σ^2 的置信区间

这里只介绍 μ 未知的情况.考虑到 S^2 是 σ^2 的无偏估计,由定理 6.2 知
$$\frac{(n-1)S^2}{\sigma^2}\sim\chi^2(n-1),$$

且 $\chi^2(n-1)$ 的分布与 σ^2 无关.给定置信度 $1-\alpha$,在 $\chi^2(n-1)$ 的分布密度曲线中,存在分位数 $\chi^2_{\frac{\alpha}{2}}(n-1),\chi^2_{1-\frac{\alpha}{2}}(n-1)$(可通过查 χ^2 分布表求得),使左右两侧面积都等于 $\frac{\alpha}{2}$(参见图 7-3).

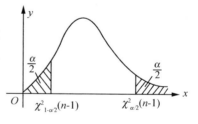

图 7-3

即
$$P\{\chi^2\geqslant\chi^2_{\frac{\alpha}{2}}(n-1)\}=\frac{\alpha}{2},$$
$$P\{\chi^2\leqslant\chi^2_{1-\frac{\alpha}{2}}(n-1)\}=\frac{\alpha}{2}.$$

故有
$$P\left\{\chi^2_{1-\frac{\alpha}{2}}(n-1)<\frac{(n-1)S^2}{\sigma^2}<\chi^2_{\frac{\alpha}{2}}(n-1)\right\}=1-\alpha,$$
即

$$P\left\{\frac{(n-1)S^2}{\chi_{\frac{\alpha}{2}}^2(n-1)} < \sigma^2 < \frac{(n-1)S^2}{\chi_{1-\frac{\alpha}{2}}^2(n-1)}\right\} = 1-\alpha.$$

由此得到 σ^2 的置信度为 $1-\alpha$ 的置信区间：

$$\left(\frac{(n-1)S^2}{\chi_{\frac{\alpha}{2}}^2(n-1)}, \frac{(n-1)S^2}{\chi_{1-\frac{\alpha}{2}}^2(n-1)}\right). \tag{7.3.9}$$

对应于(7.3.9)式的具体的置信区间为

$$\left(\frac{(n-1)s^2}{\chi_{\frac{\alpha}{2}}^2(n-1)}, \frac{(n-1)s^2}{\chi_{1-\frac{\alpha}{2}}^2(n-1)}\right). \tag{7.3.10}$$

进一步得标准差 σ 的置信度为 $1-\alpha$ 的置信区间：

$$\left(\frac{S\sqrt{n-1}}{\sqrt{\chi_{\frac{\alpha}{2}}^2(n-1)}}, \frac{S\sqrt{n-1}}{\sqrt{\chi_{1-\frac{\alpha}{2}}^2(n-1)}}\right). \tag{7.3.11}$$

对应于(7.3.11)式的具体的置信区间为

$$\left(\frac{s\sqrt{n-1}}{\sqrt{\chi_{\frac{\alpha}{2}}^2(n-1)}}, \frac{s\sqrt{n-1}}{\sqrt{\chi_{1-\frac{\alpha}{2}}^2(n-1)}}\right). \tag{7.3.12}$$

例3 设炮弹速度服从正态分布，取9发炮弹做试验，得样本方差 $s^2 = 11 (\text{m/s})^2$. 求炮弹速度的方差 σ^2 的置信度为 0.9 的置信区间.

解 由于 $\dfrac{(n-1)S^2}{\sigma^2} \sim \chi^2(n-1)$，所以有

$$P\left\{\chi_{1-\frac{\alpha}{2}}^2(n-1) < \frac{(n-1)S^2}{\sigma^2} < \chi_{\frac{\alpha}{2}}^2(n-1)\right\} = 1-\alpha,$$

即

$$P\left\{\frac{(n-1)S^2}{\chi_{\frac{\alpha}{2}}^2(n-1)} < \sigma^2 < \frac{(n-1)S^2}{\chi_{1-\frac{\alpha}{2}}^2(n-1)}\right\} = 1-\alpha.$$

由题设，$n=9, \dfrac{\alpha}{2} = 0.05$，查 χ^2 分布表，得

$$\chi_{0.05}^2(8) = 15.507, \chi_{0.95}^2(8) = 2.733.$$

从而得 σ^2 的置信上、下限分别为

$$\underline{\sigma^2} = \frac{(n-1)s^2}{\chi_{\frac{\alpha}{2}}^2(n-1)} = \frac{8 \times 11}{15.507} \approx 5.675,$$

$$\overline{\sigma^2} = \frac{(n-1)s^2}{\chi_{1-\frac{\alpha}{2}}^2(n-1)} = \frac{8 \times 11}{2.733} \approx 32.199.$$

故炮弹速度的方差 σ^2 的置信度为 0.9 的置信区间为 $(5.675, 32.199)$，标准差 σ

的置信度为 0.9 的置信区间为 $(2.38, 5.67)$.

(二) 两个正态总体均值差的区间估计

在实际中常遇到这样的问题,已知产品的某一质量指标服从正态分布,但由于工艺改变、原料不同、设备条件不同或操作人员不同等因素,可能引起总体均值、总体方差有所改变,要想知道这些改变有多大,需考虑两个正态总体均值差或两个正态总体方差比的估计问题.

设有两个正态总体的分布分别是 $N(\mu_1, \sigma_1^2), N(\mu_2, \sigma_2^2)$,$X_1, X_2, \cdots, X_{n_1}$ 和 $Y_1, Y_1, \cdots, Y_{n_2}$ 分别是从总体 $N(\mu_1, \sigma_1^2)$ 和 $N(\mu_2, \sigma_2^2)$ 中抽得的样本且两样本相互独立,$\overline{X}, S_1^2$ 及 $\overline{Y}, S_2^2$ 分别是两样本的样本均值和样本方差,则

(1) 当 σ_1^2, σ_2^2 已知时,$\mu_1 - \mu_2$ 的置信度为 $1-\alpha$ 的置信区间为

$$\left(\overline{X} - \overline{Y} - u_{\frac{\alpha}{2}}\sqrt{\frac{\sigma_1^2}{n_1} + \frac{\sigma_2^2}{n_2}}, \overline{X} - \overline{Y} + u_{\frac{\alpha}{2}}\sqrt{\frac{\sigma_1^2}{n_1} + \frac{\sigma_2^2}{n_2}}\right). \tag{7.3.13}$$

(2) 当 $\sigma_1^2 = \sigma_2^2 = \sigma^2$,但 σ^2 未知时,$\mu_1 - \mu_2$ 的置信度为 $1-\alpha$ 的置信区间为

$$\left(\overline{X} - \overline{Y} - t_{\frac{\alpha}{2}}(n_1+n_2-2)S_w\sqrt{\frac{1}{n_1}+\frac{1}{n_2}}, \overline{X} - \overline{Y} + t_{\frac{\alpha}{2}}(n_1+n_2-2)S_w\sqrt{\frac{1}{n_1}+\frac{1}{n_2}}\right), \tag{7.3.14}$$

其中

$$S_w = \sqrt{\frac{(n_1-1)S_1^2 + (n_2-1)S_2^2}{n_1+n_2-2}}.$$

例 4 为了估计磷肥对某种农作物增产的作用,现选 20 块条件大致相同的土地,10 块不施磷肥,另外 10 块施磷肥,得亩产量(单位:斤)(1 亩 = 666.7 m²,1 斤 = 500 g)如下:

不施磷肥亩产量/斤	560	590	560	580	570	600	550	570	550	570
施磷肥亩产量/斤	620	570	650	600	630	580	570	600	600	580

设不施磷肥亩产量和施磷肥亩产量都具有正态分布,且方差相同. 取置信度为 0.95,试对不施磷肥和施磷肥两种情况下的平均亩产量之差作区间估计.

解 把不施磷肥亩产量和施磷肥亩产量分别看成第一总体 $N(\mu_1, \sigma^2)$ 和第二总体 $N(\mu_2, \sigma^2)$,所求 $\mu_2 - \mu_1$ 的(具体的)置信区间为

$$\left(\overline{y} - \overline{x} - t_{\frac{\alpha}{2}}(n_1 - n_2 - 2)s_w\sqrt{\frac{1}{n_1}+\frac{1}{n_2}}, \overline{y} - \overline{x} + t_{\frac{\alpha}{2}}(n_1 - n_2 - 2)s_w\sqrt{\frac{1}{n_1}+\frac{1}{n_2}}\right).$$

题中 $n_1 = n_2 = 10$,经计算得

$$\overline{x} = 570, (n_1 - 1)s_1^2 = \sum_{i=1}^{n_1}(x_i - \overline{x})^2 = 2\,400,$$

$$\overline{y}=600,\ (n_2-1)s_2^2=\sum_{i=1}^{n_2}(y_i-\overline{y})^2=6\,400,$$

$$s_w=\sqrt{\frac{(n_1-1)s_1^2+(n_2-1)s_2^2}{n_1+n_2-2}}=\sqrt{\frac{2\,400+6\,400}{10+10-2}}\approx 22.$$

由 $1-\alpha=0.95$ 得 $t_{\frac{\alpha}{2}}(n_1-n_2-2)=t_{0.025}(18)=2.100\,9$,于是 $\mu_2-\mu_1$ 的置信下限为

$$\overline{y}-\overline{x}-t_{\frac{\alpha}{2}}(n_1+n_2-2)s_w\sqrt{\frac{1}{n_1}+\frac{1}{n_2}}\approx 9,$$

$\mu_2-\mu_1$ 的置信上限为

$$\overline{y}-\overline{x}+t_{\frac{\alpha}{2}}(n_1+n_2-2)s_w\sqrt{\frac{1}{n_1}+\frac{1}{n_2}}\approx 51.$$

故施磷肥和不施磷肥平均亩产量之差的置信度为 0.95 的置信区间是 $(9,51)$.由于置信下限大于 0,所以可以认为 $\mu_2>\mu_1$,且施磷肥和不施磷肥平均亩产最少相差 9 斤,最多相差 51 斤.

(三) 两个正态总体方差比的置信区间

设有两个正态总体 $N(\mu_1,\sigma_1^2),N(\mu_2,\sigma_2^2)$,其中的参数都未知.现从这两个总体中分别抽取容量为 n_1,n_2 的两个独立样本,样本方差分别为 S_1^2 和 S_2^2,下面对方差之比 $\dfrac{\sigma_1^2}{\sigma_2^2}$ 作区间估计.

我们仅讨论两总体均值 μ_1,μ_2 为未知的情况.由于 S_1^2 和 S_2^2 相互独立且

$$\frac{(n_1-1)S_1^2}{\sigma_1^2}\sim\chi^2(n_1-1),\ \frac{(n_2-1)S_2^2}{\sigma_2^2}\sim\chi^2(n_2-1).$$

按 F 分布的定义知

$$F=\frac{\dfrac{(n_1-1)S_1^2}{\sigma_1^2(n_1-1)}}{\dfrac{(n_2-1)S_2^2}{\sigma_1^2(n_2-1)}}=\frac{\dfrac{S_1^2}{\sigma_1^2}}{\dfrac{S_2^2}{\sigma_2^2}}\sim F(n_1-1,n_2-1).$$

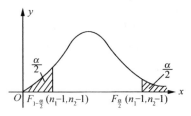

图 7-4

给定置信度 $1-\alpha$,查附录 D 中的附表 4 得分位数 $F_{1-\frac{\alpha}{2}}(n_1-1,n_2-1)$ 和 $F_{\frac{\alpha}{2}}(n_1-1,n_2-1)$(参见图7-4),使

$$P\{F_{1-\frac{\alpha}{2}}(n_1-1,n_2-1)<F<F_{\frac{\alpha}{2}}(n_1-1,n_2-1)\}=1-\alpha,$$

即
$$P\left\{\frac{S_1^2}{S_2^2}\cdot\frac{1}{F_{\frac{\alpha}{2}}(n_1-1,n_2-1)}<\frac{\sigma_1^2}{\sigma_2^2}<\frac{S_1^2}{S_2^2}\cdot\frac{1}{F_{1-\frac{\alpha}{2}}(n_1-1,n_2-1)}\right\}=1-\alpha.$$

因此方差比 $\dfrac{\sigma_1^2}{\sigma_2^2}$ 的置信度为 $1-\alpha$ 的(具体的)置信区间为

$$\left(\frac{s_1^2}{s_2^2}\cdot\frac{1}{F_{\frac{\alpha}{2}}(n_1-1,n_2-1)},\frac{s_1^2}{s_2^2}\cdot\frac{1}{F_{1-\frac{\alpha}{2}}(n_1-1,n_2-1)}\right). \quad (7.3.15)$$

因此,方差比的置信区间的含义是:若 $\dfrac{\sigma_1^2}{\sigma_2^2}$ 的置信上限小于 1,则说明总体 $N(\mu_1,\sigma_1^2)$ 的波动性较小;若 $\dfrac{\sigma_1^2}{\sigma_2^2}$ 的置信下限大于 1,则说明总体 $N(\mu_1,\sigma_1^2)$ 的波动性较大;若置信区间包含 1,则难以从这次试验中判定两个总体波动性的大小.

例 5 有两位化验员 A,B,他们独立地对某种聚合物的含氯量用相同的方法分别做了 9 次和 10 次测定,其测定值的样本方差依次为 $s_1^2=0.5419$ 和 $s_2^2=0.6065$. 设 σ_1^2,σ_2^2 分别为 A,B 所测的总体方差,又设两总体均为正态的,求方差比 $\dfrac{\sigma_1^2}{\sigma_2^2}$ 的置信度为 0.95 的置信区间.

解 由题设 $n_1=9, n_2=10, s_1^2=0.5419, s_2^2=0.6065, 1-\alpha=0.95$,查表得
$$F_{\frac{\alpha}{2}}(n_1-1,n_2-1)=F_{0.025}(8,9)=4.10,$$
$$F_{1-\frac{\alpha}{2}}(n_1-1,n_2-1)=F_{0.975}(8,9)=\frac{1}{F_{0.025}(9,8)}=\frac{1}{4.36}.$$

由(7.3.15)式得方差比 $\dfrac{\sigma_1^2}{\sigma_2^2}$ 的置信度为 0.95 的置信区间为

$$\left(\frac{s_1^2}{s_2^2}\cdot\frac{1}{F_{\frac{\alpha}{2}}(n_1-1,n_2-1)},\frac{s_1^2}{s_2^2}\cdot\frac{1}{F_{1-\frac{\alpha}{2}}(n_1-1,n_2-1)}\right)$$
$$=\left(\frac{0.5419}{0.6065}\times\frac{1}{4.10},\frac{0.5419}{0.6065}\times 4.36\right)\approx(0.2179,3.8956).$$

可见置信区间包含 1,即 A,B 所测的总体方差没有显著差异,但难以从这次试验中判定两个总体波动性的大小.

本章小结

一、参数的点估计及其求法

1. 点估计、估计量

根据总体 X 的一个样本 $X_1, X_2, \cdots, X_n$ 构造统计量 $\hat{\theta}(X_1, X_2, \cdots, X_n)$,用其观察值来估计参数 θ 真值称为参数的点估计,统计量 $\hat{\theta}(X_1, X_2, \cdots, X_n)$ 称为 θ 的估计量,$\hat{\theta}(x_1, x_2, \cdots, x_n)$ 称为 θ 的估计值.

2. 矩估计法

统计思想:样本 k 阶矩依概率收敛到相应的总体矩.

若总体有 k 个待估参数,则令前 k 阶样本矩估计等于前 k 阶总体矩的方程组,然后从方程组中解出未知参数得到的统计量称为参数的矩估计量.参数的这种点估计方法称为矩估计法.

3. 极大似然估计法

统计思想:一次抽验就发生的事件应为大概率事件.

$X_1, X_2, \cdots, X_n$ 是取自总体 X 的样本,$x_1, x_2, \cdots, x_n$ 为一组样本观测值,$\theta = (\theta_1, \theta_2, \cdots, \theta_k)$ 为未知参数,参数空间为 Θ,当总体 X 为离散型随机变量时设其分布律为 $P\{X=x\} = f(x, \theta_1, \theta_2, \cdots, \theta_k)$,$x \in R_X$,$R_X$ 为 X 所有可能取值的集合,当总体 X 为连续型随机变量时设其密度函数为 $f(x, \theta_1, \theta_2, \cdots, \theta_k)$,令 $L(\theta) = \prod_{i=1}^{n} f(x_i, \theta)$,称其为似然函数,若 $\hat{\theta} = \hat{\theta}(x_1, x_2, \cdots, x_n) \in \Theta$,使得 $L(\hat{\theta}) = \max_{\theta \in \Theta} \prod_{i=1}^{n} f(x_i, \theta)$,则称 $\hat{\theta} = \hat{\theta}(x_1, x_2, \cdots, x_n) \in \Theta$ 为 θ 的极大似然估计值,称 $\hat{\theta} = \hat{\theta}(X_1, X_2, \cdots, X_n) \in \Theta$ 为 θ 的极大似然估计量.

极大似然估计的方法步骤:

(1) 当总体 X 为离散型随机变量时写出总体分布列为 $P\{X=x\} = f(x, \theta_1, \theta_2, \cdots, \theta_k)$,$x \in R_X$,$R_X$ 为 X 所有可能取值的集合,当总体 X 为连续型随机变量时写出总体密度函数为 $f(x, \theta_1, \theta_2, \cdots, \theta_k)$.

(2) 写出似然函数 $L(\theta) = \prod_{i=1}^{n} f(x_i, \theta)$,取对数 $\ln L = \sum_{i=1}^{n} \ln f(x_i, \theta)$.

(3) 求 $\dfrac{\partial \ln L}{\partial \theta_i}, i=1,2,\cdots k$，令 $\dfrac{\partial \ln L}{\partial \theta_i}=0, i=1,2,\cdots k$，求得未知参数 θ 的极大似然估计.

4. 估计量的优劣标准

(1) 无偏性. 设 $\hat{\theta}=\hat{\theta}(X_1,X_2,\cdots,X_n)$，$E(\hat{\theta})$ 存在，且 $E(\hat{\theta})=\theta$，则称值 $\hat{\theta}$ 是 θ 的无偏估计量，否则称为有偏估计量.

(2) 有效性. 设 $\hat{\theta}_1$ 和 $\hat{\theta}_2$ 均为参数 θ 的无偏估计量，如果 $D(\hat{\theta}_1)<D(\hat{\theta}_2)$，则称估计量 $\hat{\theta}_1$ 比 $\hat{\theta}_2$ 有效.

(3) 一致性(相合性). 设 $\hat{\theta}$ 为 θ 的估计量，$\hat{\theta}$ 与样本容量 n 有关，记为 $\hat{\theta}=\hat{\theta}_n$，对于任意给定的 $\varepsilon>0$，都有 $\lim\limits_{n\to\infty} P\{|\hat{\theta}_n-\theta|<\varepsilon\}=1$，则称 $\hat{\theta}$ 为参数 θ 的一致估计量.

二、参数的区间估计

设总体 X 的分布 $F(x;\theta)$ 中含有未知参数 θ，若存在两个统计量 $\underline{\theta}=\underline{\theta}(X_1,X_2,\cdots,X_n)$ 和 $\overline{\theta}=\overline{\theta}(X_1,X_2,\cdots,X_n)$，使对于给定的 $\alpha(0<\alpha<1)$，有 $P\{\underline{\theta}<\theta<\overline{\theta}\}=1-\alpha$，则随机区间 $(\underline{\theta},\overline{\theta})$ 称为参数 θ 的置信度为 $1-\alpha$ 的双侧置信区间.

若有 $P\{\underline{\theta}<\theta\}=1-\alpha$ 或 $P\{\theta<\overline{\theta}\}=1-\alpha$，则定义 $(\underline{\theta},\infty)$ 或 $(-\infty,\overline{\theta})$ 为 θ 的置信度为 $1-\alpha$ 的单侧置信区间.

(1) 单个正态总体均值与方差的置信区间如下表：

估计的参数	参数的情况	统计量	置信度为 $1-\alpha$ 的置信区间
μ	σ^2 已知	$U=\dfrac{\overline{X}-\mu}{\sqrt{\sigma^2/n}}\sim N(0,1)$	$\left(\overline{X}-U_{\frac{\alpha}{2}}\cdot\dfrac{\sigma}{\sqrt{n}},\overline{X}+U_{\frac{\alpha}{2}}\cdot\dfrac{\sigma}{\sqrt{n}}\right)$
	σ^2 未知	$t=\dfrac{\overline{X}-\mu}{S/\sqrt{n}}\sim t(n-1)$	$\left(\overline{X}-t_{\frac{\alpha}{2}}(n-1)\cdot\dfrac{S}{\sqrt{n}},\overline{X}+t_{\frac{\alpha}{2}}(n-1)\cdot\dfrac{S}{\sqrt{n}}\right)$
σ^2	μ 未知	$\chi^2=\dfrac{(n-1)S^2}{\sigma^2}\sim\chi^2(n-1)$	$\left(\dfrac{(n-1)S^2}{\chi^2_{\frac{\alpha}{2}}(n-1)},\dfrac{(n-1)S^2}{\chi^2_{1-\frac{\alpha}{2}}(n-1)}\right)$
	μ 已知	$\chi^2=\dfrac{\sum\limits_{i=1}^{n}(X_i-\mu)^2}{\sigma^2}\sim\chi^2(n)$	$\left(\dfrac{\sum\limits_{i=1}^{n}(X_i-\mu)^2}{\chi^2_{\frac{\alpha}{2}}(n)},\dfrac{\sum\limits_{i=1}^{n}(X_i-\mu)^2}{\chi^2_{1-\frac{\alpha}{2}}(n)}\right)$

(2) 两个正态总体均值差与方差比的置信区间如下表：

估计的参数	参数的情况	置信度为 $1-\alpha$ 的置信区间
$\mu_1-\mu_2$	σ_1^2,σ_2^2 已知	$\left(\overline{X}-\overline{Y}-U_{\frac{\alpha}{2}}\cdot\sqrt{\frac{\sigma_1^2}{n_1}+\frac{\sigma_2^2}{n_2}},\overline{X}-\overline{Y}+U_{\frac{\alpha}{2}}\cdot\sqrt{\frac{\sigma_1^2}{n_1}+\frac{\sigma_2^2}{n_2}}\right)$
	$\sigma_1^2=\sigma_2^2$ 未知	$\left(\overline{X}-\overline{Y}-t_{\frac{\alpha}{2}}(n_1+n_2-1)\cdot\sqrt{\frac{1}{n_1}+\frac{1}{n_2}},\overline{X}-\overline{Y}+t_{\frac{\alpha}{2}}(n_1+n_2-1)\cdot\sqrt{\frac{1}{n_1}+\frac{1}{n_2}}\right)$
$\dfrac{\sigma_1^2}{\sigma_2^2}$	μ_1,μ_2 未知	$\left(\dfrac{S_1^2}{S_2^2\cdot F_{\frac{\alpha}{2}}(n_1-1,n_2-1)},\dfrac{S_1^2}{S_2^2\cdot F_{1-\frac{\alpha}{2}}(n_1-1,n_2-1)}\right)$
	μ_1,μ_2 已知	$\left(\dfrac{n_2\sum\limits_{i=1}^{n}(X_i-\mu_1)^2}{n_1 F_{\frac{\alpha}{2}}(n_1,n_2)\sum\limits_{i=1}^{n}(Y_i-\mu_2)^2},\dfrac{n_2\sum\limits_{i=1}^{n}(X_i-\mu_1)^2}{n_1 F_{1-\frac{\alpha}{2}}(n_1,n_2)\sum\limits_{i=1}^{n}(Y_i-\mu_2)^2}\right)$

习 题 7

第一部分　选择题

1. 设一批零件的长度服从正态分布 $N(\mu,\sigma^2)$，其中 μ,σ^2 均未知. 现在从中抽取 16 个零件，测得样本均值 $\overline{x}=20$ cm，样本标准差 $s=1$ cm，则 μ 的置信度为 0.90 的置信区间为(　　).

　　A. $\left(20-\dfrac{1}{4}t_{0.05}(16),20+\dfrac{1}{4}t_{0.05}(16)\right)$

　　B. $\left(20-\dfrac{1}{4}t_{0.1}(16),20+\dfrac{1}{4}t_{0.1}(16)\right)$

　　C. $\left(20-\dfrac{1}{4}t_{0.05}(15),20+\dfrac{1}{4}t_{0.05}(15)\right)$

　　D. $\left(20-\dfrac{1}{4}t_{0.1}(15),20+\dfrac{1}{4}t_{0.1}(15)\right)$

2. 设 $X_1,X_2,\cdots,X_n$ 为总体 X 的一个样本，$D(X_1)=\sigma^2$，$\overline{X}=\dfrac{1}{n}\sum\limits_{k=1}^{n}X_k$，$S^2=\dfrac{1}{n}\sum\limits_{k=1}^{n}(X_k-\overline{X})^2$，则(　　).

A. S 是 σ 的无偏估计量　　　　B. S 是 σ 的极大似然估计量

C. S^2 是 σ^2 的无偏估计量　　　D. S^2 与 $\overline{X}$ 相互独立

3. 对参数的一种区间估计及一个样本观测值 $(X_1,X_2,\cdots,X_n)$ 来说,下列结论正确的是( ).

A. 置信度越大,对参数取值范围估计越准确

B. 置信度越大,置信区间越长

C. 置信度越大,置信区间越短

D. 置信度大小与置信区间的长度无关

第二部分　填空题

1. 通常用的三条评选估计量的标准是_____.

2. 设总体 X 服从密度函数为 $f(x;\theta)=\dfrac{1}{\pi[1+(x-\theta)^2]}(-\infty<x<+\infty)$ 的柯西分布,$(X_1,X_2,\cdots,X_n)$ 为从 X 抽得的样本,则当 $n=1$ 时 θ 有极大似然估计为 $\hat{\theta}=$_____.

3. 设 $X_1,X_2,\cdots,X_n$ 是来自总体 $X\sim N(\mu,\sigma^2)$ 的样本,则有关于 μ 及 σ^2 的似然函数 $L(X_1,X_2,\cdots,X_n;\mu,\sigma)=$_____.

4. 设总体 X 的概率分布为

X	0	1	2	3
P	θ^2	$2\theta(1-\theta)$	θ^2	$1-2\theta$

其中 $\theta\left(0<\theta<\dfrac{1}{2}\right)$ 是未知参数,假设总体 X 的样本值为:3,1,3,0,3,1,2,3,则 θ 的矩估计值为_____,极大似然估计值为_____.

5. 设总体 X 的概率密度为

$$f(x;\theta)=\begin{cases}e^{-(x-\theta)}, & x\geqslant\theta,\\ 0, & x<\theta.\end{cases}$$

若 $X_1,X_2,\cdots,X_n$ 为总体的一个样本,则未知参数 θ 的矩估计量为_____.

第三部分　解答题

1. (1) 设总体 X 服从区间 $[a,12]$ 上的均匀分布,求 a 的矩估计量.

(2) 设总体 X 服从区间 $[10,b]$ 上的均匀分布,求 b 的矩估计量.

2. 设总体 ξ 的密度函数为

$$f(x)=\begin{cases}(\beta+1)x^\beta, & 0<x<1,\beta>-1,\\ 0, & \text{其他}.\end{cases}$$

总体观察值为 $0.3, 0.8, 0.27, 0.35, 0.62, 0.55$. 求 β 的极大似然估计值.

3. 设总体 $X \sim N(a, \sigma^2)$, 求方差 σ^2 的极大似然估计量, 假设其中 a 已知.

4. 设 $x_1, x_2, \cdots, x_n > c$ 为来自总体 X 的样本值, 总体分布的概率密度为
$$f(x) = \begin{cases} \theta c^\theta x^{-(\theta+1)}, & x > c, \\ 0, & x \leq c, \end{cases}$$
其中 $c > 0$ 为已知参数, 未知参数 $\theta > 1$. 求:

(1) θ 的矩估计值、矩估计量;

(2) θ 的极大似然估计值、极大似然估计量.

5. 设总体 X 具有几何分布, 它的分布列为
$$P\{X = k\} = (1-p)^{k-1} p, \quad k = 1, 2, \cdots.$$
求:(1) 未知参数 p 的矩估计量;

(2) 未知参数 p 的极大似然估计量.

6. 设总体分布的概率密度为
$$f(x) = \begin{cases} \dfrac{x}{\theta^2} e^{-\frac{x^2}{2\theta^2}}, & x > 0, \\ 0, & x \leq 0, \end{cases}$$
其中 $\theta > 0$, 求未知参数 θ 的极大似然估计量.

7. 设总体分布的概率密度为
$$f(x) = \begin{cases} \dfrac{1}{\theta} e^{-\frac{x-\mu}{\theta}}, & x > \mu, \\ 0, & x \leq \mu, \end{cases}$$
其中 $\theta > 0, \theta, \mu$ 均为未知参数. 试求:

(1) θ 和 μ 的矩估计量;

(2) θ 和 μ 的极大似然估计量.

8. 一地质学家为研究某湖滩地区岩石的成分, 随机地从该地区抽取了 100 个样品(即样本), 每个样品有 10 块石子, 并记录了每个样品中是石灰石的石子数. 假设这 100 次观察相互独立, 并且由过去经验知, 它们都服从参数为 $n = 10$, p 的二项分布, p 是该地区一块石子是石灰石的概率, 求 p 的极大似然估计值. 该地质学家所得的数据如下:

样品中是石灰石的石子数: $0, 1, 2, 3, 4, 5, 6, 7, 8, 9, 10$;

观察到石灰石的样品个数: $0, 1, 6, 7, 23, 26, 21, 12, 3, 1, 0$.

9. 设总体 X 服从正态分布 $N(\mu, 1)$, X_1, X_2 是从此总体中抽取的一个样

本,试验证下面三个估计量:

(1) $\hat{\mu}_1 = \frac{2}{3}X_1 + \frac{1}{3}X_2$,(2) $\hat{\mu}_2 = \frac{3}{4}X_1 + \frac{1}{4}X_2$,(3) $\hat{\mu}_3 = \frac{1}{2}X_1 + \frac{1}{2}X_2$,都是 μ 的无偏估计量,并求出每个估计量的方差.

10. 设总体 $X \sim N(\mu, \sigma^2)$,$X_1, X_2, \cdots, X_n$ 是来自总体 X 的一个样本.试确定常数 c,使 $c \sum_{i=1}^{n-1} (X_{i+1} - X_i)^2$ 为 σ^2 的无偏估计.

11. 设 $\hat{\theta}$ 是参数 θ 的无偏估计量,且有 $D(\hat{\theta}) > 0$.试证:$(\hat{\theta})^2$ 不是 θ^2 的无偏估计量.

12. 试证明均匀分布的密度函数

$$f(x) = \begin{cases} \frac{1}{\theta}, & 0 \leqslant x \leqslant \theta, \\ 0, & 其他 \end{cases}$$

中未知参数 θ 的极大似然计量不是无偏的.

13. 从均值为 μ,方差为 $\sigma^2 > 0$ 的总体中分别抽取容量为 n_1, n_2 的两个独立样本,$\overline{X_1}$ 和 $\overline{X_2}$ 分别是两样本均值.试证对于任意常数 $a, b(a+b=1)$,$Y = a\overline{X_1} + b\overline{X_2}$ 都是 μ 的无偏估计,并确定常数 a, b,使 $D(Y)$ 达到最小.

14. 假设一批电子管的使用寿命服从正态分布 $N(\mu, 40^2)$,从中抽取 100 只.若抽取的电子管的平均使用寿命为 1 000 h,试求整批电子管的平均使用寿命的置信区间(给定置信度为 0.95).

15. 设某种清漆的 9 个样品的干燥时间(单位:h)分别为 6.0,5.7,5.8,6.5,7.0,6.3,5.6,6.1,5.0.设干燥时间的总体服从正态分布 $N(\mu, \sigma^2)$,试就下述两种情况求 μ 的置信度为 0.95 的置信区间:

(1) 若由以往经验知 $\sigma = 0.6$;

(2) 若 σ 为未知.

16. 对方差 σ^2 为已知的正态分布总体来说,问抽取容量 n 为多大的样本,才能使总体期望值 μ 的置信度为 $1-\alpha$ 的置信区间的长度不大于 L?

17. 有一大批糖果,现从中随机地抽取 16 袋,称得重量(单位:g)如下:

    506 508 499 503 504 510 497 512
    514 505 493 496 506 502 509 496

设袋装糖果的重量近似服从正态分布,试求总体标准差 σ 的置信度为 0.95 的置信区间.

18. 随机地从 A 批导线中抽取 4 根,又从 B 批导线中抽取 5 根,测得电阻(单位:Ω)为

A 批导线:0.143,0.142,0.143,0.137;

B 批导线:0.140,0.142,0.136,0.138,0.140.

设测定数据分别来自分布 $N(\mu_1,\sigma^2)$,$N(\mu_2,\sigma^2)$,且两样本独立,又 μ_1,μ_2,σ^2 均未知,求 $\mu_1-\mu_2$ 的置信度为 0.95 的置信区间.

19. 研究机器 A 和机器 B 生产的钢管内径,随机抽取机器 A 生产的钢管 18 只,测得样本方差 $s_1^2=0.34(\text{mm}^2)$.抽取机器 B 生产的钢管 13 只,测得样本方差 $s_2^2=0.29(\text{mm}^2)$.设两样本独立,且机器 A 和机器 B 生产的钢管内径分别服从正态分布 $N(\mu_1,\sigma_1^2)$,$N(\mu_2,\sigma_2^2)$,这里 $\mu_i,\sigma_i^2(i=1,2)$ 均未知,试求方差比 $\dfrac{\sigma_1^2}{\sigma_2^2}$ 的置信度为 0.90 的置信区间.

20. 设 $X_1,X_2,\cdots,X_n$ 为总体 X 的一个样本,总体 X 的概率密度为
$$f(x)=\begin{cases}e^{-(x-\theta)}, & x<\theta,\\ 0, & x\leqslant\theta,\end{cases}$$
其中 θ 为未知参数,求参数 θ 的极大似然估计量.

第8章

假设检验

内容概要 假设检验的基本概念(原假设、备择假设、拒绝域、接受域、显著性水平等)、两类错误、单个正态总体参数的假设检验(双侧、单侧)、两个正态总体参数的假设检验(双侧).

学习要求 掌握假设检验的基本概念(原假设、备择假设、拒绝域、接受域、显著性水平等)、两类错误,熟练掌握单个正态总体参数的假设检验(双侧、单侧),了解两个正态总体参数的假设检验(双侧).

假设检验是指在总体上作某项假设,用从总体中随机抽取的一个样本值来检验此项假设是否成立. 假设检验可分为两类:一类是总体分布形式已知,为了推断总体的某些性质,对其参数作某种假设,一般对数字特征作假设,用样本值来检验此项假设是否成立,称此类假设为**参数假设检验**;另一类是总体形式未知,对总体分布作某种假设,如假设总体服从泊松分布,用样本值来检验假设是否成立,称此类检验为**分布假设检验**. 本章只介绍对总体的参数的假设检验问题.

§8.1 假设检验的基本概念

(一) 假设检验的概念

先看一个例子.

引例 某茶叶厂用自动包装机将茶叶装袋. 按设计每袋的茶叶净重为 100 g. 每天开工时,需要检验一下包装机工作是否正常. 根据以往的经验知道,用自动包装机装袋重量服从正态分布,装袋重量的标准差 $\sigma=1.15$ g. 某日开工后,抽测了 9 袋茶叶,其净重(单位:g)如下:

99.3,98.7,100.5,101.2,98.3,99.7,99.5,102.1,100.5.

试问此包装机工作是否正常?

设该日自动包装机装袋重量 $X \sim N(\mu, 1.15^2)$(总体). 设 $X_1, X_2, \cdots, X_n$ 为来自该总体的样本,于是样本均值 $\overline{X} \sim N\left(\mu, \dfrac{1.15^2}{9}\right)$. 现在的问题是:茶叶袋的平均重量是否为 100 g,即 $\mu=100$ 是否成立? 记原假设 $H_0: \mu=100$,备择假设 $H_1: \mu \neq 100$.

如果假设 H_0 成立,则 $\overline{X} \sim N\left(100, \dfrac{1.15^2}{9}\right)$,取统计量

$$U = \dfrac{\overline{X}-100}{\dfrac{1.15}{\sqrt{9}}}.$$

我们知道 $U \sim N(0,1)$,于是

$$P\{|U| \geqslant u_{\frac{\alpha}{2}}\} = \alpha, \text{其中 } 0<\alpha<1.$$

当 α 很小时,比如 $\alpha=0.05$,则事件 $A=\{|U| \geqslant u_{0.025}\}$ 是一个小概率事件. 由附表 1 查得 $u_{0.025}=1.96$. 又 $\overline{x}=99.98$,得统计量 U 的观测值

$$u = \dfrac{\overline{x}-100}{\dfrac{1.15}{\sqrt{9}}} = -0.052,$$

所以有
$$|u| = 0.052 < 1.96. \tag{8.1.1}$$

上式说明小概率事件 $A=\left\{\left|\dfrac{\overline{X}-100}{\dfrac{1.15}{\sqrt{9}}}\right| \geqslant u_{0.025}=1.96\right\}$ 没有发生. 因而可认为原假设 H_0 成立,即 $\mu=100$.

如果抽测的 9 袋茶叶的平均净重为 $\overline{x}=101$ g,此时所得统计量 U 的观测值

$$u = \dfrac{\overline{x}-100}{\dfrac{1.15}{\sqrt{9}}} = 2.61 > 1.96 = u_{0.025},$$

于是小概率事件 A 发生了,那么,就应该认为原来的假设不成立,即 $\mu \neq 100$.

上述分析方法是先假设 H_0 成立,然后在这个假设成立的条件下进行统计推断. 这里,我们运用了**统计推断原理:小概率事件在一次试验中不太可能发生**.

若小概率事件在一次试验中发生了,则认为原来的假设 H_0 不成立;若小概率事件在一次试验中没有发生,则认为原来的假设 H_0 成立.

如果得到的结果与统计推断原理相悖,则拒绝原来的假设 H_0,接受备择假设 H_1.我们称 H_0 为**原假设**,称 H_1 为**备择假设**(又称**对立假设**).给定的数 $\alpha(0<\alpha<1)$,称之为**显著性水平**,通常取 $\alpha=0.01,0.05,0.10$ 等.

把拒绝原假设 H_0 的区域称为**拒绝域**.引例中拒绝域为 $(-\infty,-u_{\frac{\alpha}{2}}] \cup [u_{\frac{\alpha}{2}},+\infty)$.把接受原假设 H_0 的区域称为**接受域**(即拒绝域以外的区域),引例中接受域为 $(-u_{\frac{\alpha}{2}},u_{\frac{\alpha}{2}})$.

如果根据样本值计算出统计量的观测值落入拒绝域,则认为原来的假设 H_0 不成立,称为在显著性水平 α 下拒绝 H_0;否则认为 H_0 成立,称为在显著性水平 α 下接受 H_0.

根据上述讨论,我们将假设检验的一般步骤归纳如下:

(1) 建立原假设 H_0(备择假设 H_1);

(2) 根据检验对象,构造适当的统计量 $g(X_1,X_2,\cdots,X_n)$;

(3) 在 H_0 成立的条件下,确定统计量 $g(X_1,X_2,\cdots,X_n)$ 的分布;

(4) 由显著性水平 α 确定临界值,从而得到拒绝域或接受域;

(5) 根据样本值计算统计量的观测值,由此作出接受原假设或拒绝原假设的结论.

(二) 两类错误

假设检验是依据局部样本对总体进行推断,由于样本的随机性和局部性,这种推断难免会作出错误的判断.通常可能犯如下两类错误:一种是当假设 H_0 为真时,依据样本的一次观测值作出拒绝 H_0 的结论;另一种是当 H_0 不真时,却作出了接受 H_0 的结论.前者称为**第一类错误**,又叫**弃真错误**,而后者称为**第二类错误**,又叫**取伪错误**.由前面的讨论知,犯第一类错误的概率即为给定的显著性水平 α.如果记 β 表示犯第二类错误的概率,则在实际应用中,人们往往希望 α,β 越小越好.但事实上,当样本容量给定后,犯两类错误的概率不可能同时减小,减小其中一个,往往会增加犯另一类错误的概率.要使它们同时减小,只有不断增大样本容量,而这在实际上往往是不易甚至根本不可能做到的.因此,在实际应用中,往往根据实际需要适当地选取 α,β 的值.

§8.2 正态总体均值的假设检验

(一) 单个总体 $N(\mu,\sigma^2)$ 的均值 μ 的检验

1. σ^2 已知,关于 μ 的 u 检验

设总体 $X \sim N(\mu,\sigma^2)$,σ^2 已知,$X_1,X_2,\cdots,X_n$ 为来自该总体的样本,$\overline{X}$ 为样本均值,$\overline{x}$ 为 $\overline{X}$ 的观测值. 提出原假设

$$H_0: \mu = \mu_0 \tag{8.2.1}$$

和备择假设

$$H_1: \mu \neq \mu_0. \tag{8.2.2}$$

在原假设 $H_0: \mu = \mu_0$ 下,统计量 $U = \dfrac{\overline{X}-\mu_0}{\dfrac{\sigma}{\sqrt{n}}} = \dfrac{\overline{X}-\mu}{\dfrac{\sigma}{\sqrt{n}}} \sim N(0,1)$,给定显著性水平 $\alpha(0<\alpha<1)$,有分位数 $u_{\frac{\alpha}{2}}$,使

$$P\{|U| \geq u_{\frac{\alpha}{2}}\} = \alpha.$$

当统计量 U 的观测值 $u = \dfrac{\overline{x}-\mu_0}{\dfrac{\sigma}{\sqrt{n}}}$ 满足不等式

$$|u| = \left|\dfrac{\overline{x}-\mu_0}{\dfrac{\sigma}{\sqrt{n}}}\right| \geq u_{\frac{\alpha}{2}}$$

时(且 α 较小时),就拒绝 $H_0: \mu = \mu_0$,从而接受备择假设 $H_1: \mu \neq \mu_0$. 否则,就接受 H_0.

在显著性水平 α 下,统计量 U 的接受域为

$$(-u_{\frac{\alpha}{2}}, u_{\frac{\alpha}{2}}). \tag{8.2.3}$$

这种利用服从标准正态分布的统计量来进行的检验法叫 **u 检验法.**

2. σ^2 未知,关于 μ 的 t 检验

设总体 $X \sim N(\mu,\sigma^2)$,σ^2 未知,$X_1,X_2,\cdots,X_n$ 为来自该总体的样本,$\overline{X}$ 为样本均值,S^2 为样本方差,$\overline{x}$,s^2 分别为 $\overline{X}$,S^2 的观测值.

提出原假设 $H_0:\mu_1=\mu_2$ 和备择假设 $H_0:\mu_1\neq\mu_2$.

在原假设 $H_0:\mu=\mu_0$ 下,给定显著性水平 $\alpha(0<\alpha<1)$,统计量 $T=\dfrac{\overline{X}-\mu}{\dfrac{S}{\sqrt{n}}}=\dfrac{\overline{X}-\mu_0}{\dfrac{S}{\sqrt{n}}}\sim t(n-1)$,有分位数 $t_{\frac{\alpha}{2}}(n-1)$,使

$$P\{|T|\geq t_{\frac{\alpha}{2}}(n-1)\}=\alpha.$$

当统计量 T 的观测值 $t=\dfrac{\overline{x}-\mu_0}{\dfrac{s}{\sqrt{n}}}$ 满足不等式

$$|t|=\left|\dfrac{\overline{x}-\mu_0}{\dfrac{s}{\sqrt{n}}}\right|\geq t_{\frac{\alpha}{2}}(n-1)$$

时(且 α 较小时),就拒绝 $H_0:\mu=\mu_0$,从而接受备择假设 $H_1:\mu\neq\mu_0$. 否则,就接受 H_0.

在显著性水平 α 下,统计量 T 的接受域为

$$(-t_{\frac{\alpha}{2}}(n-1),t_{\frac{\alpha}{2}}(n-1)). \tag{8.2.4}$$

这种利用服从 t 分布的统计量的检验法叫 **t 检验法**.

例 1 某种电子元件的使用寿命 X(单位:h)服从正态分布 $N(\mu,\sigma^2)$,μ,σ^2 均未知. 现测得 16 只元件的使用寿命如下:

159　280　101　212　224　379　179　264
362　168　250　149　260　485　170　222

问是否有理由认为元件的平均使用寿命等于 225 h(取 $\alpha=0.05$)?

解 提出原假设 $H_0:\mu=\mu_0=225$ 和备择假设 $H_1:\mu\neq 225$.

由于参数 σ 为未知,取统计量 $T=\dfrac{\overline{X}-\mu_0}{\dfrac{S}{\sqrt{n}}}=\dfrac{\overline{X}-\mu}{\dfrac{S}{\sqrt{n}}}$. 由于 $T\sim t(n-1)$,所以

$$P\left\{\left|\dfrac{\overline{X}-\mu_0}{\dfrac{S}{\sqrt{n}}}\right|\geq t_{\frac{\alpha}{2}}(n-1)\right\}=\alpha.$$

由于 $\alpha=0.05$,查 t 分布表得

$$t_{\frac{\alpha}{2}}(n-1)=t_{0.025}(15)=2.131\,5.$$

又 $\bar{x}=241.5, s=98.7259, n=16$，所以统计量 $T=\dfrac{\overline{X}-\mu_0}{\dfrac{S}{\sqrt{n}}}$ 的观测值满足不等式

$$|t|=\left|\dfrac{\bar{x}-\mu_0}{\dfrac{s}{\sqrt{n}}}\right|=0.6685<2.1315=t_{0.025}(15),$$

故接受 $H_0:\mu=\mu_0=225$，即认为元件的平均使用寿命与 225 h 无明显差异.

（二）正态总体均值的单侧假设检验

前面所讨论的检验问题都是双侧检验. 在形如(8.2.2)式中的备择假设 H_1: $\mu\neq\mu_0$，表示 μ 可能大于 μ_0，也可能小于 μ_0，故称形如(8.2.1)式的假设检验为**双侧检验**. 而在实际中遇到的往往是单侧检验问题. 例如，试验新工艺以提高材料的强度，如果能判断在新工艺下总体均值较以往正常生产的大，则可考虑采用新工艺. 这时，需要检验假设

$$H_0:\mu\leqslant\mu_0, H_1:\mu_0<\mu. \tag{8.2.5}$$

形如(8.2.5)式的假设检验，称为**右侧检验**（原假设中参数右侧有界）. 类似地，有时需要检验假设

$$H_0:\mu_0\leqslant\mu, H_1:\mu<\mu_0. \tag{8.2.6}$$

形如(8.2.6)式的假设检验，称为**左侧检验**（原假设中参数左侧有界）. 右侧检验和左侧检验统称为**单侧检验**.

通常原假设中的不等式中含等号(即 $\leqslant$ 或 $\geqslant$). 下面就假设(8.2.5)式的形式进行研究.

设总体 $X\sim N(\mu,\sigma^2)$，其中参数 μ 未知，σ 已知. 又设 $X_1,X_2,\cdots,X_n$ 为来自该总体的样本，$x_1,x_2,\cdots,x_n$ 为样本值，$\bar{x}$ 为样本均值 $\overline{X}$ 的观测值. 给定显著性水平 α，提出假设

$$H_0:\mu\leqslant\mu_0; H_1:\mu_0<\mu.$$

由于 $U=\dfrac{(\overline{X}-\mu)\sqrt{n}}{\sigma}\sim N(0,1)$，所以有 $P\{U\geqslant u_\alpha\}=\alpha$.

如果 $\dfrac{(\bar{x}-\mu_0)\sqrt{n}}{\sigma}\geqslant u_\alpha$，说明事件 $\left\{\dfrac{(\overline{X}-\mu_0)\sqrt{n}}{\sigma}\geqslant u_\alpha\right\}$ 已发生，而在原假设 H_0 下，有

$$\left\{\frac{(\overline{X}-\mu_0)\sqrt{n}}{\sigma}\geqslant u_\alpha\right\}\subseteq\left\{\frac{(\overline{X}-\mu)\sqrt{n}}{\sigma}\geqslant u_\alpha\right\},$$

从而说明事件$\{U\geqslant u_\alpha\}$已发生. 当α较小时,事件$\{U\geqslant u_\alpha\}$是小概率事件,此时拒绝原假设H_0,即拒绝域为$[u_\alpha,+\infty)$,相应的接受域为$(-\infty,u_\alpha)$.

同理可得,对于假设(8.2.6)式,拒绝域为$(-\infty,-u_\alpha]$,相应的接受域为$(-u_\alpha,+\infty)$.

例 1 现要求一种元件的使用寿命不得低于 1 000 h,今从一批这种元件中随机地抽取 25 件,测得使用寿命的平均值为 994 h,已知该种元件的使用寿命 $X\sim N(\mu,15^2)$,试在显著性水平 $\alpha=0.05$ 的条件下,确定这批元件是否合格.

解 如果总体的平均使用寿命 $\mu\geqslant 1\,000$,就意味着这批元件合格. 提出假设
$$H_0:1\,000=\mu_0\leqslant\mu;\quad H_1:\mu<\mu_0=1\,000.$$

设 $\overline{X}$ 为样本均值,依题意 $\overline{X}$ 的观测值为 $\overline{X}=994$. 由于
$$U=\frac{(\overline{X}-\mu)\sqrt{n}}{\sigma}\sim N(0,1),$$

所以有 $\quad P\{U\leqslant -u_\alpha\}=\alpha,$

即 $\quad P\{U\leqslant -u_{0.05}=-1.64\}=0.05.$

因为$\frac{(\bar{x}-\mu_0)\sqrt{n}}{\sigma}=\frac{(994-1\,000)\sqrt{25}}{15}=-2<-1.64$,这说明事件$\left\{\frac{(\overline{X}-\mu_0)\sqrt{n}}{\sigma}\leqslant -u_{0.05}\right\}$已发生,而在原假设$H_0$下,有

$$\left\{\frac{(\overline{X}-\mu_0)\sqrt{n}}{\sigma}<-u_{0.05}\right\}\subseteq\left\{\frac{(\overline{X}-\mu)\sqrt{n}}{\sigma}\leqslant -u_{0.05}\right\}=\{U\leqslant -u_{0.05}\},$$

从而说明事件$\{U\leqslant -u_{0.05}\}$已发生. 而该事件是小概率事件,故拒绝原假设H_0,即认为这批元件不合格.

(三) 两个正态总体均值差的检验

设 $X_1,X_2,\cdots,X_{n_1}$ 是总体 $N(\mu_1,\sigma^2)$ 的样本,$Y_1,Y_2,\cdots,Y_{n_2}$ 是总体 $N(\mu_2,\sigma^2)$ 的样本,且两样本相互独立. 它们的样本均值及样本方差分别记为 $\overline{X},\overline{Y}$ 及 S_1^2,S_2^2. 又设 μ_1,μ_2,σ^2 均未知(注:这里假定两总体的方差是相等的,即 $\sigma^2=\sigma_1^2=\sigma_2^2$).

提出原假设 $H_0:\mu_1=\mu_2$ 和备择假设 $H_1:\mu_1\neq\mu_2$.

取统计量 $T=\dfrac{(\overline{X}-\overline{Y})-0}{S_w\sqrt{\dfrac{1}{n_1}+\dfrac{1}{n_2}}}$,其中 $S_w^2=\dfrac{(n_1-1)S_1^2+(n_2-1)S_2^2}{n_1+n_2-2}$.

在 H_0 为真时，$T \sim t(n_1+n_2-2)$.

对于给定的显著性水平 α，查 t 分布表确定 $t_{\frac{\alpha}{2}}(n_1+n_2-2)$，有

$$P\{|T| \geqslant t_{\frac{\alpha}{2}}(n_1+n_2-2)\} = \alpha.$$

根据抽样值求得 $\bar{x}, \bar{y}, s_1^2, s_2^2$，进而求得 s_w 和统计量 T 的观测值

$$t = \frac{(\bar{x}-\bar{y})}{s_w \sqrt{\frac{1}{n_1}+\frac{1}{n_2}}}.$$

当 $|t| \geqslant t_{\frac{\alpha}{2}}(n_1+n_2-2)$ 时，拒绝 H_0；

当 $|t| < t_{\frac{\alpha}{2}}(n_1+n_2-2)$ 时，接受 H_0.

在显著性水平 α 下，统计量 T 的接受域为

$$(-t_{\frac{\alpha}{2}}(n_1+n_2-2), t_{\frac{\alpha}{2}}(n_1+n_2-2)). \tag{8.2.7}$$

例 2 为研究正常成年人男、女血液中红细胞的平均数之差，检查某地正常成年男子 156 名，正常成年女子 74 名，计算得男性红细胞的平均数为 465.13 万/mm³，样本标准差为 54.80 万/mm³；女性红细胞的平均数为 422.16 万/mm³，样本标准差为 49.20 万/mm³. 由经验知道正常成年人男、女血液中红细胞数均服从正态分布，且方差相同. 试检验该地正常成年人红细胞的平均数是否与性别有关（$\alpha = 0.01$）.

解 设 X 表示正常成年男性红细胞数，Y 表示正常成年女性红细胞数.

现假设 $H_0: \mu_1 = \mu_2$；$H_1: \mu_1 \neq \mu_2$.

由题设知

$$n_1 = 156, \bar{x} = 465.13, s_1 = 54.8;$$
$$n_2 = 74, \bar{y} = 422.16, s_2 = 49.2.$$

由 $\alpha = 0.01$，查表得

$$t_{\frac{\alpha}{2}}(n_1+n_2-2) = t_{0.005}(228) = 2.60, \quad s_w \sqrt{\frac{1}{n_1}+\frac{1}{n_2}} = 7.49,$$

$$\frac{|\bar{x}-\bar{y}|}{s_w \sqrt{\frac{1}{n_1}+\frac{1}{n_2}}} = \frac{42.97}{7.49} \approx 5.74 > 2.6896 = t_{0.005}(228).$$

因此，拒绝 H_0，即认为正常成年男、女红细胞数有显著性差异.

§8.3 正态总体的方差的假设检验

（一）单个正态总体方差 σ^2 的检验——χ^2 检验

设总体 $X\sim N(\mu,\sigma^2)$，μ,σ^2 均未知，$X_1,X_2,\cdots,X_n$ 为来自该总体的一个样本，$\overline{X},S^2$ 分别为样本均值和样本方差，$\overline{x},s^2$ 分别为 $\overline{X},S^2$ 的观测值。在显著性水平 α 下，提出原假设

$$H_0:\sigma^2=\sigma_0^2\ (\sigma_0^2\ 为已知常数)$$

和备择假设

$$H_1:\sigma^2\neq\sigma_0^2.$$

当 H_0 为真时，$\chi^2=\dfrac{(n-1)S^2}{\sigma_0^2}=\dfrac{(n-1)S^2}{\sigma^2}\sim\chi^2(n-1)$.

对于给定的 $\alpha(0<\alpha<1)$，查附表 2 确定分位数 $\chi^2_{\frac{\alpha}{2}}(n-1)$ 和 $\chi^2_{1-\frac{\alpha}{2}}(n-1)$，则有

$$P(A)\triangleq P\left(\left\{\dfrac{(n-1)S^2}{\sigma_0^2}\leqslant\chi^2_{1-\frac{\alpha}{2}}(n-1)\right\}\right)=\dfrac{\alpha}{2},$$

$$P(B)\triangleq P\left(\left\{\dfrac{(n-1)S^2}{\sigma_0^2}\geqslant\chi^2_{\frac{\alpha}{2}}(n-1)\right\}\right)=\dfrac{\alpha}{2}.$$

当 α 较小时，事件 A,B 均为小概率事件．若不等式

$$\dfrac{(n-1)s^2}{\sigma_0^2}\leqslant\chi^2_{1-\frac{\alpha}{2}}(n-1)$$

或

$$\dfrac{(n-1)s^2}{\sigma_0^2}\geqslant\chi^2_{\frac{\alpha}{2}}(n-1)$$

成立，就拒绝 H_0；否则，就接受 H_0．

在显著性水平 α 下，统计量 χ^2 的接受域为

$$(\chi^2_{1-\frac{\alpha}{2}}(n-1),\chi^2_{\frac{\alpha}{2}}(n-1)). \tag{8.3.1}$$

这种利用服从 χ^2 分布的统计量的检验法叫 χ^2 **检验法**．

例 1 一工厂生产某种型号的电池，电池的使用寿命（单位：h）长期以来服从方差为 $\sigma^2=5\,000$ 的正态分布．现有一批这种电池，从生产情况来看，使用寿命

的波动性有所改变,现随机抽取 26 只电池测得其使用寿命的样本方差 $s^2=9\,200$.问根据这一数据能否推断这批电池的使用寿命的波动性较以往有显著变化($\alpha=0.02$)?

解 按题意要在显著水平 $\alpha=0.02$ 下,检验假设
$$H_0:\sigma^2=5\,000;H_1:\sigma^2\neq 5\,000.$$
由 $n=26,\alpha=0.02$,查表得
$$\chi_{\frac{\alpha}{2}}^2(n-1)=\chi_{0.01}^2(25)=44.314,$$
$$\chi_{1-\frac{\alpha}{2}}^2(n-1)=\chi_{0.99}^2(25)=11.524.$$
将 $\sigma_0^2=5\,000$ 和抽样所得 $s^2=9\,200$ 代入 $\dfrac{(n-1)s^2}{\sigma_0^2}$ 中算得
$$\frac{(n-1)s^2}{\sigma_0^2}=46\notin(\chi_{0.99}^2(25),\chi_{0.01}^2(25)).$$
所以拒绝 H_0,即认为电池的使用寿命的波动性较以往有显著变化.

(二)两个正态总体方差相等的检验——F 检验

设 $X_1,X_2,\cdots,X_{n_1}$ 是来自总体 $N(\mu_1,\sigma_1^2)$ 的样本,$Y_1,Y_2,\cdots,Y_{n_2}$ 是来自总体 $N(\mu_2,\sigma_2^2)$ 的样本,且两样本相互独立.它们的样本方差分别为 S_1^2,S_2^2.

提出原假设 $H_0:\sigma_1^2=\sigma_2^2$ 和备择假设 $H_1:\sigma_1^2\neq\sigma_2^2$.

由于
$$\frac{(n_1-1)S_1^2}{\sigma_1^2}\sim\chi^2(n_1-1),\frac{(n_2-1)S_2^2}{\sigma_2^2}\sim\chi^2(n_2-1),$$
所以
$$\frac{\dfrac{S_1^2}{\sigma_1^2}}{\dfrac{S_2^2}{\sigma_2^2}}\sim F(n_1-1,n_2-1).$$
当 H_0 为真,即 $\sigma_1^2=\sigma_2^2$ 时,
$$F=\frac{S_1^2}{S_2^2}\sim F(n_1-1,n_2-1).$$
对给定显著性水平 α,查附表 4 确定分位数 $F_{1-\frac{\alpha}{2}}(n_1-1,n_2-1)$ 和 $F_{\frac{\alpha}{2}}(n_1-1,n_2-1)$,则有
$$P\left\{F_{1-\frac{\alpha}{2}}(n_1-1,n_2-1)<\frac{S_1^2}{S_2^2}<F_{\frac{\alpha}{2}}(n_1-1,n_2-1)\right\}=1-\alpha.$$

根据所得样本计算样本方差的观测值 s_1^2, s_2^2. 若满足不等式

$$F_{1-\frac{\alpha}{2}}(n_1-1, n_2-1) < \frac{s_1^2}{s_2^2} < F_{\frac{\alpha}{2}}(n_1-1, n_2-1),$$

则接受 H_0；否则，就拒绝 H_0.

在显著性水平 α 下，统计量 F 的接受域为

$$(F_{1-\frac{\alpha}{2}}(n_1-1, n_2-1), F_{\frac{\alpha}{2}}(n_1-1, n_2-1)). \qquad (8.3.2)$$

这种利用服从 F 分布的统计量的检验法称为 **F 检验法**.

例 2 在上一节例 2 中我们假设成年男、女红细胞数的分布的方差相等，现在我们就来检验这一假设 $H_0: \sigma_1^2 = \sigma_2^2$.

解 $n_1 = 156, n_2 = 74, s_1 = 54.80, s_2 = 49.20$.

在 $H_0: \sigma_1^2 = \sigma_2^2$ 下，统计量 $F = \dfrac{S_1^2}{S_2^2} \sim F(155, 73)$.

给定显著性水平 $\alpha = 0.02$，查 F 分布表得

$$F_{\frac{\alpha}{2}}(n_1-1, n_2-1) = F_{0.01}(155, 73) = 1.73,$$

$$F_{1-\frac{\alpha}{2}}(n_1-1, n_2-1) = \frac{1}{F_{\frac{\alpha}{2}}(n_2-1, n_1-1)} = \frac{1}{F_{0.01}(73, 155)} = \frac{1}{1.66} \approx 0.60,$$

算得统计量 F 的观测值

$$\frac{s_1^2}{s_2^2} = \frac{(54.80)^2}{(49.20)^2} = 1.24 \in (0.60, 1.73),$$

所以接受 H_0，即认为正常成年男、女红细胞数分布的方差无显著性差异.

本 章 小 结

1. 假设检验的基本概念

（1）假设检验.

对总体的分布或参数提出某种假设，然后利用样本所提供的信息，根据概率论的原理对假设作出"接受"还是"拒绝"的判断，这一类统计推断问题统称为假设检验.

假设检验所依据的原则是：小概率事件在一次试验中是不该发生的.

（2）两类错误.

在根据样本作推断时，由于样本的随机性，难免会作出错误的决定. 当原假

设 H_0 为真时,而作出拒绝 H_0 的判断,称为犯第一类错误;当原假设 H_0 不真时,而作出接受 H_0 的判断,称为犯第二类错误.

控制犯第一类错误的概率不大于一个较小的数 $\alpha(0<\alpha<1)$ 称为检验的显著性水平.

(3) 假设检验的基本步骤.

① 建立原假设 H_0;

② 根据检验对象,构造合适的统计量;

③ 求出在假设 H_0 成立的条件下,该统计量服从的概率分布;

④ 选择显著性水平 α,确定临界值;

⑤ 根据样本值计算统计量的观察值,由此作出接受或拒绝 H_0 的结论.

2. 单个正态总体的假设检验

设总体 $X \sim N(\mu, \sigma^2)$.

(1) 关于均值 μ 的检验见下表:

	H_0	H_1	统计量	拒绝域
u 检验法(σ^2 已知)	$\mu = \mu_0$ $\mu \leq \mu_0$ $\mu \geq \mu_0$	$\mu \neq \mu_0$ $\mu > \mu_0$ $\mu < \mu_0$	$U = \dfrac{\overline{X} - \mu_0}{\sigma/\sqrt{n}} \sim N(0,1)$	$\|U\| > U_{\alpha/2}$ $U > U_\alpha$ $U < -U_\alpha$
t 检验法(σ^2 未知)	$\mu = \mu_0$ $\mu \leq \mu_0$ $\mu \geq \mu_0$	$\mu \neq \mu_0$ $\mu > \mu_0$ $\mu < \mu_0$	$T = \dfrac{\overline{X} - \mu_0}{S_n/\sqrt{n}} \sim t(n-1)$	$\|T\| > t_{\alpha/2}(n-1)$ $T > t_\alpha(n-1)$ $T < -t_\alpha(n-1)$

(2) 关于方差 σ^2 的检验见下表:

	H_0	H_1	统计量	拒绝域
χ^2 检验法(μ 已知)	$\sigma^2 = \sigma_0^2$	$\sigma^2 \neq \sigma_0^2$	$\chi^2 = \dfrac{\sum\limits_{i=1}^{n}(X_i - \mu)^2}{\sigma_0^2} \sim \chi^2(n)$	$k^2 > \chi_{\frac{\alpha}{2}}^2(n)$ 或 $k^2 < \chi_{1-\frac{\alpha}{2}}^2(n)$
χ^2 检验法(μ 未知)	$\sigma^2 = \sigma_0^2$	$\sigma^2 \neq \sigma_0^2$	$\chi^2 = \dfrac{(n-1)S_n^2}{\sigma^2} \sim \chi^2(n-1)$	$k^2 > \chi_{\frac{\alpha}{2}}^2(n-1)$ 或 $k^2 < \chi_{1-\frac{\alpha}{2}}^2(n-1)$

3. 两个正态总体的假设检验

设总体 $X \sim N(\mu_1, \sigma_1^2)$,样本容量为 n_1;$Y \sim N(\mu_2, \sigma_2^2)$,样本容量为 n_2.

(1) 两个正态总体均值的检验见下表:

	H_0	H_1	统计量	拒绝域
u 检验法 (σ_1^2, σ_2^2 已知)	$\mu_1 = \mu_2$	$\mu_1 \neq \mu_2$	$U = \dfrac{\overline{X} - \overline{Y} - (\mu_1 - \mu_2)}{\sqrt{\dfrac{\sigma_1^2}{n_1} + \dfrac{\sigma_2^2}{n_2}}}$	$|U| > U_{\alpha/2}$
t 检验法 ($\sigma_1^2 = \sigma_2^2 = \sigma^2$ 未知)	$\mu_1 = \mu_2$	$\mu_1 \neq \mu_2$	$T = \dfrac{\overline{X} - \overline{Y} - (\mu_1 - \mu_2)}{S_w \sqrt{\dfrac{1}{n_1} + \dfrac{1}{n_2}}}$	$|T| > t_{\alpha/2}(n_1 + n_2 - 2)$

(2) 两个正态总体方差的检验见下表：

	H_0	H_1	统计量	拒绝域
F 检验法 (μ_1, μ_2 已知)	$\sigma_1^2 = \sigma_2^2$	$\sigma_1^2 \neq \sigma_2^2$	$F = \dfrac{n_1 \sum\limits_{i=1}^{n_1} (x_i - \mu_1)^2}{n_2 \sum\limits_{j=1}^{n_2} (y_j - \mu_2)^2}$	$F > F_{\frac{\alpha}{2}}(n_1, n_2)$ 或 $F < F_{1-\frac{\alpha}{2}}(n_1, n_2)$
F 检验法 (μ_1, μ_2 未知)	$\sigma_1^2 = \sigma_2^2$	$\sigma_1^2 \neq \sigma_2^2$	$F = \dfrac{S_1^2}{S_2^2}$	$F > F_{\frac{\alpha}{2}}(n_1 - 1, n_2 - 1)$ 或 $F < F_{1-\frac{\alpha}{2}}(n_1 - 1, n_2 - 1)$

习 题 8

第一部分 选择题

1. 设对统计假设 H_0 构造了一种显著性检验方法,则下列结论错误的是( ).

A. 对同一个检验水平 α,基于不同的观测值所做的推断结果相同

B. 对不同的检验水平 α,基于不同的观测值所做的推断结果未必相同

C. 对不同检验水平 α,拒绝域可能不同

D. 对不同检验水平 α,接收域可能不同

2. 样本容量 n 确定后,在一个假设检验中,给定显著水平为 α,设此第二类错误的概率为 β,则必有( ).

A. $\alpha + \beta = 1$ B. $\alpha + \beta > 1$ C. $\alpha + \beta < 1$ D. $\alpha + \beta < 2$

3. 设总体 $X \sim N(\mu, \sigma^2)$, μ, σ^2 未知,对检验问题 $H_0: \sigma^2 = \sigma_0^2$, $H_1: \sigma^2 > \sigma_0^2$ 取显著性水平 $\alpha = 0.05$ 进行 χ^2 检验, $X_1, X_2, \cdots, X_9$ 为样本,记 $\overline{X} = \dfrac{1}{9} \sum\limits_{i=1}^{9} X_i, S^2 =$

$\frac{1}{8}\sum_{i=1}^{9}(X_i-\overline{X})^2$,$\chi_\alpha^2(n)$为分位点:$P\{\chi^2(n)\leqslant\chi_\alpha^2(n)\}=\alpha$. 下列对拒绝域 G 的取法正确的是(   ).

  A. $G=\left\{(x_1,x_2,\cdots x_9)\,|\,S^2\leqslant\dfrac{\sigma_0^2}{8}\chi_{0.05}^2(8)\right\}$

  B. $G=\left\{(x_1,x_2,\cdots x_9)\,|\,S^2\leqslant\dfrac{\sigma_0^2}{8}\chi_{0.975}^2(8)\right\}$ 或 $S^2\leqslant\dfrac{\sigma_0^2}{8}\chi_{0.025}^2(8)\right\}$

  C. $G=\left\{(x_1,x_2,\cdots x_9)\,|\,S^2\geqslant\dfrac{\sigma_0^2}{8}\chi_{0.95}^2(8)\right\}$

  D. $G=\left\{(x_1,x_2,\cdots x_9)\,|\,S^2\geqslant\dfrac{\sigma_0^2}{9}\chi_{0.95}^2(9)\right\}$

4. 设 $X_1,X_2,\cdots,X_n$ 为正态总体 $N(\mu,\sigma^2)$ 的一个样本,$n\geqslant 2$,其中参数 μ 已知,σ^2 未知,则下列说法正确的是(   ).

  A. $\dfrac{\sigma^2}{n}\sum_{k=1}^{n}(X_k-\mu)^2$ 是统计量 B. $\dfrac{\sigma^2}{n}\sum_{k=1}^{n}X_k^2$ 是统计量

  C. $\dfrac{\sigma^2}{n-1}\sum_{k=1}^{n}(X_k-\mu)^2$ 是统计量 D. $\dfrac{\mu}{n}\sum_{k=1}^{n}X_k^2$ 是统计量

5. 假设总体 $X\sim N(\mu,\sigma^2)$,σ^2 未知,$X_1,X_2,\cdots,X_n$ 为总体的一个样本. 记 $\overline{X}$ 为样本均值,S 为样本标准差,则检验假设 $H_0:\mu=\mu_0$;$H_1:\mu\neq\mu_0$ 采用的检验统计量为(   ).

  A. $\dfrac{\overline{X}-\mu_0}{\sigma}\sqrt{n}\sim N(0,1)$ B. $\dfrac{\overline{X}-\mu_0}{\sigma}\sqrt{n}\sim t(n-1)$

  C. $\dfrac{\overline{X}-\mu_0}{S}\sqrt{n}\sim t(n-1)$ D. $\dfrac{\overline{X}-\mu_0}{S}\sqrt{n}\sim t(n)$

第二部分　填空题

1. 给定显著性水平 $\alpha(0<\alpha<1)$,对总体未知参数 μ 及已知数 μ_0,检查假设 $H_0:\mu=\mu_0$. 若 H_0 本来成立,但按统计结果却否定 H_0,因此犯了第一类错误(犯弃真错误). 则犯第一类错误的概率是_____.

2. 设样本 $(X_1,X_2,\cdots,X_n)$ 抽自总体 $X\sim N(\mu,\sigma^2)$. μ,σ^2 均未知. 要对 μ 作假设检验,统计假设为 $H_0:\mu=\mu_0$(μ_0 已知),$H_1:\mu>\mu_0$,则要用检验统计量为_____,给定显著性水平 α,则检验的拒绝区间为_____.

3. 在 H_0 成立的情况下,样本值落入了拒绝域,因而 H_0 被拒绝,称这种错误为_____;在 H_0 不成立的情况下,样本值未落入拒绝域,因而 H_0 被接受,称这种错误为_____.

4. 单个正态总体的方差检验：$H_0: \sigma^2 = \sigma_0^2$；$H_1: \sigma^2 \neq \sigma_0^2$（均值 μ 未知）采用的检验统计量为_____，在显著性水平 α 下的拒绝域为_____.

5. 两个正态总体均值的假设检验：$H_0: \mu_1 = \mu_2$；$H_1: \mu_1 \neq \mu_2$（$\sigma_1^2 = \sigma_1^2 = \sigma^2$ 已知）采用的检验统计量为_____，在显著性水平 α 下的拒绝域为_____. 两个正态总体均值的假设检验：$H_0: \mu_1 = \mu_2$；$H_1: \mu_1 \neq \mu_2$（$\sigma_1^2 = \sigma_2^2$ 未知）采用的检验统计量为_____，在显著性水平 α 下的拒绝域为_____.

6. 设 $X_1, X_2, \cdots, X_n$ 为正态总体 $N(\mu, \sigma^2)$ 的一个样本，其中参数 μ, σ^2 未知. 记 $\overline{X} = \frac{1}{n} \sum_{k=1}^{n} X_k$，$Q^2 = \sum_{k=1}^{n} (X_k - \overline{X})^2$，则检验假设 $H_0: \mu = 0$ 使用的检验统计量为_____；在 H_0 为真时，该统计量服从_____分布，自由度为_____.

第三部分　解答题

1. 设某种产品的某指标服从正态分布，它的标准差 $\sigma = 150$，今抽取一个容量为 26 的样本，计算得平均值为 1637. 问在 5% 的显著性水平下，能否认为这批产品的该指标的期望值 $\mu = 1600$？

2. 从正态总体 $N(\mu, 1)$ 中抽取 100 个样品，计算得 $\overline{x} = 5.32$，试检验 $H_0: \mu = 5$ 是否成立（$\alpha = 0.05$）.

3. 某一厂家生产某种旧安眠药，根据资料用该种旧安眠药时，平均睡眠时间为 20.8 h，标准差为 1.6 h. 现厂家生产一种新安眠药，厂家声称在剂量不变时，能比旧安眠药至少平均增加睡眠时间 3 h（设标准差不变）. 为了检验这个说法是否正确，收集到一组使用新安眠药的睡眠时间为：26.7, 22.0, 24.1, 21.0, 27.2, 25.0, 23.4. 试问：这组数据能否说明厂家的声称是否属实（假定睡眠时间服从正态分布，$\alpha = 0.05$）？

4. 测定某种溶液中的水分，由其 10 个测定值求得 $\overline{x} = 0.452\%$，$s = 0.037\%$，设测定值的总体服从正态分布. 试在显著性水平 $\alpha = 0.05$ 下，分别检验假设：

(1) $H_0: \mu = 0.5\%$；

(2) $H_0: \sigma = 0.04\%$.

5. 在 10 块田地上同时试种甲、乙两种品种的农作物，计算得两种品种产量的样本均值和样本标准差分别为 $\overline{x} = 30.97$，$\overline{y} = 21.79$，$s_x = 26.7$，$s_y = 21.1$. 试问这两种品种产量有无显著差异($\alpha=0.05$)? 假定两种品种的农作物产量都服从正态分布,且方差相等.

6. 有甲、乙两台机床加工同样产品,从这两台机床加工的产品中随机抽取若干件,测得产品直径(单位:mm)为

  机床甲:20.5 19.8 19.7 20.4 20.1 20.0 19.0 19.9

  机床乙:19.7 20.8 20.5 19.8 19.4 20.6 19.2

  假定两台机床加工的产品的直径都服从正态分布,且总体方差相等,试比较甲、乙两台机床加工的产品的直径有无显著差异($\alpha=0.05$).

7. 已知维尼纶纤度在正常条件下服从正态分布,且标准差 $\sigma=0.048$. 从某天生产的产品中抽取 5 根纤维,测得其纤度为 1.32,1.55,1.36,1.40,1.44. 问这一天纤度的总体标准差是否正常($\alpha=0.05$)?

8. 某电工器材厂生产一种保险丝,现测量其熔化时间. 依通常情况,方差为 400. 现从某天的产品中抽取容量为 25 的样本,测量其熔化时间并计算得 $s^2=440$. 问这天保险丝的熔化时间的方差与通常有无显著差异($\alpha=0.1$)? 假定熔化时间服从正态分布.

9. 测得两批电子器件的样品的电阻(单位:Ω)为

  A 批:0.140 0.138 0.143 0.142 0.144 0.137

  B 批:0.135 0.140 0.142 0.138 0.136 0.140

  设这两批器材的电阻值总体分别服从分布 $N(\mu_1,\sigma_1^2)$, $N(\mu_2,\sigma_1^2)$,且两样本独立.

  (1) 检验假设 $H_0:\sigma_1^2=\sigma_1^2$ (取 $\alpha=0.05$);

  (2) 在(1)的基础上检验 $H_0:\mu_1=\mu_2$ (取 $\alpha=0.05$).

10. 两位化验员 A,B 对一种矿砂的含铁量独立地用同一种方法作分析. A,B 两人分别分析 5 次、7 次,得到样本方差值分别为 0.432 与 0.500 6. 设 A,B 两人测定的总体都服从正态分布,试在 $\alpha=0.05$ 下检验两位化验员测定两总体的方差有无显著差异.

11. 在一批木材中抽出 100 根,测量其小头直径,得到样本均值 $\bar{x}=11.6\,\mathrm{cm}$, 样本方差 $s^2=\dfrac{1}{n-1}\sum_{i=1}^{n}(x_i-\bar{x})^2=6.76\,\mathrm{cm}^2$. 已知木材小头直径服从正态分布 $N(\mu,\sigma^2)$, 问是否可答为该批木材小头直径的均值小于 12.00 cm($\alpha=0.05$)? [已知 $t_{0.05}(99)=-1.65$]

12. 从甲、乙两地段分别取岩心 10 块和 8 块进行磁化率测定,测得样本均

方差 $S_1=0.1179, S_2=0.0728$. 设两地段的岩心磁化率都服从正态分布,试问甲、乙两地段的岩心的磁化率的均方差有无显著差异($\alpha=0.05$)? [已知 $F_{0.95}(9,7)=4.82, S_1^2, S_2^2$ 均为无偏方差]

13. 某厂生产的某种钢索的断裂强度服从 $N(\mu,\sigma^2)$,其中 $\sigma=40(\text{kg/mm}^2)$. 现从一批这种钢索的容量为 9 的一个样本,测得断裂强度平均值 $\bar{x}$,与以往正常生产时的 μ 相比,$\bar{x}$ 较 μ 大 $20(\text{kg/mm}^2)$. 设总体方差不变,问在 $\alpha=0.01$ 下,能否认为这批钢索质量有显著提高? (已知 $u_{0.99}=2.33$)

14. 某部件设计使用寿命平均为 3 500 h,今抽得 35 件进行试验,结果样本平均寿命为 3 300 h,而标准差为 425 h,问该部件使用寿命是否低于设计寿命($\alpha=0.05$)? [已知当 $\xi \sim N(0,1), P(\xi < -1.645)=0.05$]

15. 测定某种植物成分在果仁的含量,它的 10 个测定值给出 $\bar{x}=0.452, s=0.037$. 假定被测定总体服从正态分布,试在显著性水平 $\alpha=0.05$ 下检验假设
$$H_0:\sigma=0.04; H_1:\sigma<0.04. [已知 \chi_{0.05}^2(9)=3.325]$$

16. 某苗圃采用两种育苗试验,由两组育苗试验中(已知苗高服从正态分布且标准差分别为 $\sigma_1=20, \sigma_2=18$),各抽取 60 株苗作样本,测出苗高的样本平均值 $\bar{x}_1=59.34\text{cm}, \bar{x}_2=49.16\text{cm}$,试以 95% 的可靠性估计两种试验方案对平均苗高的影响.(已知 $u_{0.95}=1.65$)

17. 某类钢板的重量指标平日服从正态分布,它的制造规格规定,钢板重量的方差不得超过 $\sigma_0^2=0.016 \text{ kg}^2$,现由 25 块钢板组成的一个随机样本给出样本方差 $s^2=\frac{1}{n-1}\sum_{i=1}^{n}(x_i-\bar{x})^2=0.025$,从这些数据能否得出钢板不合格的结论? [取 $\alpha=0.01, 0.05$;已知 $\chi_{0.99}^2(24)=42.98, \chi_{0.95}^2(24)=36.4$]

第9章

方差分析及回归分析

内容概要　本章讨论了一元方差分析、一元线性回归.

学习要求　了解一元方差分析、一元线性回归.

在科学实验和生产实践中,影响一些事物的因素往往很多. 例如,在药品生产中,有原料成分、原料比例、温度、时间、机器设备、操作人员水平等因素,每一个因素的改变都可能影响产品的质量和数量. 在众多影响因素中,有的影响较大,有的影响较小. 因此,常常需要分析哪几种因素对产品质量和产量有显著影响. 为了解决这类问题,一般需要做两步工作:首先是设计一个试验,使得这个试验一方面能很好地反映我们所感兴趣的因素的作用,另一方面试验的次数要尽可能地少,尽可能地节约人力、物力和时间;其次是如何充分地利用试验结果的信息,对我们所关心的事物(因素的影响)作出合理的推断. 前者通常称为试验设计,后者最常用的统计方法就是方差分析. 方差分析和回归分析都是数理统计中具有广泛应用的内容,本章介绍其最基本的内容.

§9.1　一元方差分析

一项试验中,若只有一个因素在改变,则称为单因素试验;若有多于一个因素在改变,则称为**多因素试验**.

因素(即影响试验指标的条件)可分为两类:一类是可控因素,如温度、比例、浓度等;另一类是不可控因素,如测量误差、气象条件等. 我们这里所说的因素是可控因素,且称因素所处的不同状态为该因素的不同水平.

例 1　为了比较四种不同肥料对某农作物产量的影响,选用一块肥沃程度和水利灌溉比较均匀的土地,将其分成 16 小块,如表 9-1 所示(按表 9-1 划分土地是为了尽可能减少土地原有肥沃程度及灌溉条件差异的影响,只分析肥料这个因素对产量的影响).

表 9-1 土地分块示意图

A_1	A_2	A_3	A_4
A_2	A_3	A_4	A_1
A_3	A_4	A_1	A_2
A_4	A_1	A_2	A_3

在表 9-1 中,A_i 表示在一小块土地上施第 i 种肥料.显然施每种肥料的各有四小块土地,所得产量由表 9-2 给出.问施肥对该作物的产量有无显著影响?若影响显著,施哪种肥料好?

表 9-2 产量统计

肥料种类(A_i)	收获量(x_i)				平均收获量($\bar{x}$)
A_1	98	96	91	96	87.75
A_2	60	69	50	35	53.50
A_3	79	64	81	70	73.50
A_4	90	70	79	88	81.75

例 1 是一个单因素试验,这个因素就是肥料,不同的肥料 A_1,A_2,A_3,A_4 就是这个因素的 4 个水平.我们在因素的每一水平下进行独立试验,所得数据如表 9-2 所示.可以看出,虽然所施肥料相同,其他生产条件也一样,但相同面积土地的收获量是不相等的.这说明产量也是一个随机变量.从表 9-2 右边所示的平均收获量又可以看出,施不同的肥料对收获量是有影响的.我们现在判断肥料对作物产量的影响问题,就是要辨别收获量之间的差异主要是由抽样误差造成的还是由肥料的影响造成的.

例 2 设有三台机器,用来生产规格相同的铝合金薄板.取样,测量薄板的厚度,精确至 0.001 cm,得结果如表 9-3 所示.这里试验的指标是薄板的厚度,机器为因素,不同的三台机器就是这个因素的三个不同的水平.我们假定除机器这一因素外,材料的规格、操作人员的水平等其他条件都相同.显然这是单因素试验,试验的目的是为了考察各台机器所生产的厚度有无显著的差异,即考察机器这一因素对厚度有无显著的影响.

表 9-3　铝合金板的厚度

机器Ⅰ	机器Ⅱ	机器Ⅲ
0.236	0.257	0.258
0.238	0.253	0.264
0.248	0.255	0.259
0.245	0.254	0.267
0.243	0.261	0.262

表 9-2 中的数据可看成来自 4 个不同的总体(每一个水平对应一个总体)的容量为 4 的样本值. 我们假设各总体均为正态变量, 即 X_1, X_2, X_3, X_4 分别服从 $N(\mu_i, \sigma^2)(i=1,2,3,4)$.

$X_{ij}(j=1,2,3,4)$ 是从总体 X_i 中抽得的简单随机样本 $(i=1,2,3,4)$.

按题意, 即要检验假设 $H_0: \mu_1 = \mu_2 = \mu_3 = \mu_4$, 故这是一个检验方差相等的多个正态总体均值是否相等的问题. 我们讨论的方差分析法就是解决这类问题的一种统计方法.

下面我们来推导更一般的问题.

设有 r 个正态总体 $X_i \sim N(\mu_i, \sigma^2)(i=1,2,\cdots,r)$, 这里假定 r 个总体的方差相等, 都为 σ^2. 在 r 个总体上作假设

$$H_0: \mu_1 = \mu_2 = \cdots = \mu_r.$$

现独立地从各总体上取出一个样本, 列成下表, 用 r 个样本检验上述假设 H_0 是否成立.

水平	总体	样本				样本平均	总体均值
A_1	X_1	X_{11}	X_{12}	$\cdots$	X_{1n_1}	$\overline{X_1}$	μ_1
A_2	X_2	X_{21}	X_{22}	$\cdots$	X_{2n_2}	$\overline{X_2}$	μ_2
$\vdots$	$\vdots$	$\vdots$				$\vdots$	$\vdots$
A_r	X_r	X_{r1}	X_{r2}	$\cdots$	X_{rn_r}	$\overline{X_r}$	μ_r

上表也可以看成因素 A 有 r 种水平 $A_1, A_2, \cdots, A_r$, 在各水平 A_i 下进行若干次独立试验, 所得样本 $X_{i1}, X_{i2}, \cdots, X_{in_i}$ 来自正态总体 $N(\mu_i, \sigma^2)(i=1,2,\cdots,r)$. 问因素 A 的各种水平对试验结果有无显著影响?

我们采用直观的离差分解的方法来处理上述问题. 将每个样本看成一组, 则组内平均

$$\overline{X}_i = \frac{1}{n_i}\sum_{j=1}^{n_i} X_{ij}, \quad i=1,2,\cdots,r. \tag{9.1.1}$$

总平均

$$\overline{X} = \frac{1}{n}\sum_{i=1}^{r}\sum_{j=1}^{n_i} X_{ij} = \frac{1}{n}\sum_{i=1}^{r} n_i \overline{X}_i, \quad n=\sum_{i=1}^{r} n_i. \tag{9.1.2}$$

总离差平方和为

$$\begin{aligned}
\theta &= \sum_{i=1}^{r}\sum_{j=1}^{n_i}(X_{ij}-\overline{X})^2 = \sum_{i=1}^{r}\sum_{j=1}^{n_i}\left[(X_{ij}-\overline{X}_i)+(\overline{X}_i-\overline{X})\right]^2 \\
&= \sum_{i=1}^{r}\sum_{j=1}^{n_i}(X_{ij}-\overline{X}_i)^2 + 2\sum_{i=1}^{r}\sum_{j=1}^{n_i}(X_{ij}-\overline{X}_i)(\overline{X}_i-\overline{X}) + \sum_{i=1}^{r}\sum_{j=1}^{n_i}(\overline{X}_i-\overline{X})^2 \\
&= \sum_{i=1}^{r}\sum_{j=1}^{n_i}(X_{ij}-\overline{X}_i)^2 + \sum_{i=1}^{r} n_i(\overline{X}_i-\overline{X})^2 \\
&= \theta_1+\theta_2.
\end{aligned} \tag{9.1.3}$$

其中，$\theta_1 = \sum_{i=1}^{r}\sum_{j=1}^{n_i}(X_{ij}-\overline{X}_i)^2$ 是每个观察数据与其组内平均值的差的平方和，称为**组内离差**，它反映了各水平下样本值的随机波动的大小程度；$\theta_2 = \sum_{i=1}^{r} n_i(\overline{X}_i-\overline{X})^2$ 是组内平均与总平均的差的平方和，称为**组间离差**，它反映了各水平之间的样本值的差异. 从而 θ 表示所有观察数据 X_{ij} 与总平均数 $\overline{X}$ 的差的平方和，是反映所得全部数据离散程度的一个指标，它等于组内离差与组间离差的和. $\theta=\theta_1+\theta_2$ 称为**离差分解**.

下面通过比较 θ_1 和 θ_2 的数值来检验假设 H_0.

由计算得

$$E(\theta_1) = (n-r)\sigma^2, \tag{9.1.4}$$

$$E(\theta_2) = (r-1)\sigma^2 + \sum_{i=1}^{r} n_i(\mu_i-\mu)^2, \tag{9.1.5}$$

其中

$$\mu = \frac{1}{n}\sum_{i=1}^{r} n_i\mu_i.$$

记

$$S_1^{*2} = \frac{\theta_1}{n-r}, \tag{9.1.6}$$

$$S_2^{*2} = \frac{\theta_2}{r-1}, \tag{9.1.7}$$

则

$$E(S_1^{*2}) = \sigma^2,$$

$$E(S_2^{*2}) = \sigma^2 + \frac{1}{r-1} \sum_{i=1}^{r} n_i (\mu_i - \mu)^2. \tag{9.1.8}$$

由此可见，不管对 μ_i 的假设如何，S_1^{*2} 是 σ^2 的一个无偏估计，而 S_2^{*2} 仅当 $H_0(\mu_1 = \mu_2 = \cdots = \mu_r)$ 成立时，才是 σ^2 的一个无偏估计，否则，它的期望值要大于 σ^2. 这说明，比值

$$F = \frac{S_2^{*2}}{S_1^{*2}} = \frac{(n-r)\theta_2}{(r-1)\theta_1} \tag{9.1.9}$$

在假设 H_0 不成立时，有偏大倾向.

可以证明，在假设 H_0 成立时，$\frac{\theta_1}{\sigma^2}$ 和 $\frac{\theta_2}{\sigma^2}$ 相互独立且服从分布 $\chi^2(n-r)$ 和 $\chi^2(r-1)$.

由 F 分布的定义知

$$F = \frac{\dfrac{\theta_2}{\sigma^2(r-1)}}{\dfrac{\theta_1}{\sigma^2(n-r)}} = \frac{(n-r)\theta_2}{(r-1)\theta_1} \sim F(r-1, n-r), \tag{9.1.10}$$

所以

$$F = \frac{S_2^{*2}}{S_1^{*2}} = \frac{(n-r)\theta_2}{(r-1)\theta_1} \sim F(r-1, n-r). \tag{9.1.11}$$

由前面的讨论知，当 H_0 成立时，

$$E(S_1^{*2}) = E(S_2^{*2}) = \sigma^2;$$

当 H_0 不成立时，

$$E(S_1^{*2}) < E(S_2^{*2}). \tag{9.1.12}$$

对给定的显著性水平 α，由(9.1.11)式和(9.1.12)式知，小概率事件取在 F 的值大的一侧较为合理. 故查 F 分布表可得分位数 $F_\alpha(r-1, n-r)$ 的值，使

$$P\{F \geqslant F_\alpha(r-1, n-r)\} = \alpha. \tag{9.1.13}$$

当 F 的观测值大于或等于 $F_\alpha(r-1, n-r)$ 时，拒绝 H_0，即认为因素对试验结果有显著影响.

为方便计算 F 的数值，常用下面的方差分析表来计算.

表 9-4 方差分析表

方差来源	平方和	自由度	均方	F 值
因素的影响（组间）	$\theta_2 = \sum_{i=1}^{r} n_i (\overline{X_i} - \overline{X})^2$	$r-1$	$S_2^{*2} = \dfrac{1}{r-1}\theta_2$	$F = \dfrac{S_2^{*2}}{S_1^{*2}}$

续表

方差来源	平方和	自由度	均方	F 值
误差（组内）	$\theta_1 = \sum_{i=1}^{r}\sum_{j=1}^{n_i}(X_{ij}-\overline{X_i})^2$	$n-r$	$S_1^{*2}=\dfrac{1}{n-r}\theta_1$	
总和	$\theta = \sum_{i=1}^{r}\sum_{j=1}^{n_i}(X_{ij}-\overline{X})^2$	$n-1$		

例 3（续例 1） 取 $\alpha=0.01$，检验肥料对农作物的收获量是否有显著影响．

解 即检验 $H_0:\mu_1=\mu_2=\mu_3=\mu_4$．

由例 1 中的表 9-2 中的数据，可得如下的方差分析表：

方差来源	平方和	自由度	均方	F 值
A 的影响	3 664.5	3	1 221.5	13.26
误差	1 105.5	12	92.13	
总和	4 770	15		

取 $\alpha=0.01$，查表得
$$F_\alpha(3,12)=F_{0.01}(3,12)=5.95.$$
因为 $F=13.26>5.95=F_{0.01}(3,12)$，
所以拒绝假设 H_0，即认为肥料对该农作物的收获量有显著影响．

例 4（续例 2） 取 $\alpha=0.05$，检验各台机器生产的薄板厚度是否有显著的差异．

解 检验假设 $H_0:\mu_1=\mu_2=\mu_3$．由题设，$r=3,n_1=n_2=n_3=5,n=15$．

利用例 2 中的数据，得如下的方差分析表：

方差来源	平方和	自由度	均方	F 值
A 的影响	0.001 053 33	2	0.000 526 65	32.92
误差	0.000 192	12	0.000 016	
总 和	0.001 245 33	14		

对 $\alpha=0.05$，查表得
$$F_{0.05}(2,12)=3.89.$$
因此 $F=32.92>3.89=F_{0.05}(2,12)$．

故在水平 $\alpha=0.05$ 下拒绝 H_0，即认为各台机器生产的薄板厚度有显著的差异．

§9.2 一元线性回归

一般来讲,客观世界中存在的变量之间的关系可分为两大类:一类是变量之间为确定关系,另一类是变量之间为非确定关系.确定关系指变量之间的关系可用函数关系表示,当自变量取确定值时,因变量的值也随之确定,如 $f(x)=x^2+2$,这是我们在高等数学中所研究的函数关系.而另一类非确定关系即所谓的相关关系,具有统计规律性.下面举一些例子来说明.

(1) 人的身高 x 与体重 y 之间存在一定的变量关系.一般来说人高一些,体重也重一些,但同样高度的人体重往往不一定相同.

(2) 人们的收入水平与消费水平之间也有一定的关系.人们的收入水平 x 越高,相应的消费水平 y 也越高,但收入水平相同的人消费水平却不一定相同.

(3) 人的血压 y 与年龄 x 之间也存在着这种关系,一般年龄大的人血压也高,然而相同年龄的人血压往往各不相同.

在上面这些例子中,当自变量 x 取确定值时,因变量 y 的值是不确定的.我们称变量间的这种非确定关系为**相关关系**.回归分析是研究相关关系的一种数学工具,它能帮助我们从一个变量取得的值去估计另一个变量所取得的值.我们把只有一个自变量的回归分析称为**一元回归**,多于一个自变量的回归分析称为**多元回归**.本节只介绍一元回归.

(一) 一元线性回归方程的概念

设随机变量 y 与普通变量 x 之间存在某种相关关系:对 x 的每一个确定的值,y 都有自己的分布.

设
$$y=a+bx+\varepsilon,\varepsilon\sim N(0,\sigma^2), \quad (9.2.1)$$

其中 a,b 及 σ^2 都是不依赖于 x 的未知参数,称(9.2.1)式为一元线性回归模型.

在这个模型中,ε 是随机变量,因为
$$E(\varepsilon)=0, D(\varepsilon)=\sigma^2,$$

所以对(9.2.1)式两边取数学期望得
$$E(y)=a+bx,$$

故
$$y\sim N(a+bx,\sigma^2).$$

记
$$E(y)=\mu(x),$$
则有
$$\mu(x)=a+bx. \tag{9.2.2}$$

在实际中,对 x 取定的一组不同值 $x_1,x_2,\cdots,x_n$ 做独立试验,得 n 对观察结果:
$$(x_1,y_1),(x_2,y_2),\cdots,(x_n,y_n),$$
其中 y_i 是 $x=x_i$ 处对随机变量 y 观察的结果. 这 n 对观察结果就是一个容量为 n 的样本,我们首先要解决的问题是如何利用这个样本来估计 y 关于 x 的回归 $\mu(x)$.

在直角坐标系中,画出坐标为 (x_i,y_i) 的 n 个点($i=1,2,\cdots,n$),这种图称为散点图. 当 n 很大时,散点图中的 n 个点大致在一条直线附近,直观上可认为 x 与 y 的关系具有(9.2.1)式的形式,即
$$y_i=a+bx_i+\varepsilon_i, i=1,2,\cdots,n, \tag{9.2.3}$$
其中
$$\varepsilon_i\sim N(0,\sigma^2).$$

若由上面样本得到 a,b 的估计 $\hat{a},\hat{b}$,则对给定的 x,我们用 $\hat{y}=\hat{a}+\hat{b}x$ 作为 $\mu(x)=a+bx$ 的估计,方程 $\hat{y}=\hat{a}+\hat{b}x$ 称为 y 对 x 的**线性回归方程**或**回归方程**.

(二) 对 a 和 b 的估计

对 x 的 n 个不同的取值 $x_1,x_2,\cdots,x_n$ 做独立试验,得样本 $(x_1,y_1),(x_2,y_2),\cdots,(x_n,y_n)$. 下面用最小二乘法求 a,b 的估计值.

作离差平方和
$$Q=\sum_{i=1}^{n}[y_i-\mu(x_i)]^2=\sum_{i=1}^{n}(y_i-a-bx_i)^2. \tag{9.2.4}$$
选择 a,b 使 Q 达到最小,故 Q 需对 a,b 分别求偏导,并令偏导等于零. 即
$$\begin{cases}\dfrac{\partial Q}{\partial a}=-2\sum_{i=1}^{n}(y_i-a-bx_i)=0,\\ \dfrac{\partial Q}{\partial b}=-2\sum_{i=1}^{n}(y_i-a-bx_i)x_i=0,\end{cases} \tag{9.2.5}$$
整理得
$$\begin{cases}na+b\sum_{i=1}^{n}x_i=\sum_{i=1}^{n}y_i,\\ a\sum_{i=1}^{n}x_i+b\sum_{i=1}^{n}x_i^2=\sum_{i=1}^{n}x_iy_i.\end{cases} \tag{9.2.6}$$

称(9.2.6)式为**正规方程组**.

解此以 a,b 为未知数的方程组即得 a,b 的估计值分别为

$$\hat{b} = \frac{n\sum_{i=1}^{n} x_i y_i - (\sum_{i=1}^{n} x_i)(\sum_{i=1}^{n} y_i)}{n\sum_{i=1}^{n} x_i^2 - (\sum_{i=1}^{n} x_i)^2},\qquad(9.2.7)$$

$$\hat{a} = \frac{1}{n}\sum_{i=1}^{n} y_i - \frac{\hat{b}}{n}\sum_{i=1}^{n} x_i = \bar{y} - \hat{b}\bar{x}.\qquad(9.2.8)$$

于是所求线性回归方程为

$$\hat{y} = \hat{a} + \hat{b}x.\qquad(9.2.9)$$

若将 $\hat{a}=\bar{y}-\hat{b}\bar{x}$ 代入(9.2.9)式,则线性回归方程变为

$$\hat{y} = \bar{y} + \hat{b}(x - \bar{x}).\qquad(9.2.10)$$

(9.2.10)式表明回归直线通过散点图的几何中心 $(\bar{x},\bar{y})$.

例1 为研究化学反应过程中温度 $x(℃)$ 对产品得率 $y(\%)$ 的影响,测得数据如下:

温度 x/℃	100	110	120	130	140	150	160	170	180	190
得率 y/%	45	51	54	61	66	70	74	78	85	89

其散点图如图 9-1 所示.

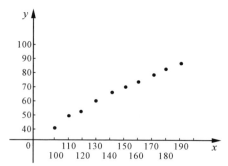

图 9-1

设 y 满足 $y=a+bx+\varepsilon, \varepsilon \sim N(0,\sigma^2)$,求 y 关于 x 的线性回归方程.

解 由题设 $n=10$,为求线性回归方程,计算列表如下:

x	y	x^2	y^2	xy
100	45	10 000	2 025	4 500
110	51	12 100	2 601	5 610
120	54	14 400	2 916	6 480
130	61	16 900	3 721	7 930
140	66	19 600	4 356	9 240
150	70	22 500	4 900	10 500
160	74	25 600	5 476	11 840
170	78	28 900	6 084	13 260
180	85	32 400	7 225	15 300
190	89	36 100	7 921	16 910
$\sum$ 1 450	673	218 500	47 225	101 570

$$\hat{b} = \frac{n\sum_{i=1}^{n} x_i y_i - (\sum_{i=1}^{n} x_i)(\sum_{i=1}^{n} y_i)}{n\sum_{i=1}^{n} x_i^2 - (\sum_{i=1}^{n} x_i)^2} = \frac{39\ 850}{82\ 500} \approx 0.483\ 03,$$

$$\hat{a} = \overline{y} - \hat{b}\overline{x} \approx -2.739\ 35,$$

于是得线性回归方程

$$\hat{y} = -2.739\ 35 + 0.483\ 03x.$$

(三) σ^2 的估计

下面用矩法求 σ^2 的估计.

由于 $\sigma^2 = D(\varepsilon) = E(\varepsilon^2)$,而 $E(\varepsilon^2)$ 可用 $\frac{1}{n}\sum_{i=1}^{n} \varepsilon_i^2$ 作估计,又因为

$$\varepsilon_i = y_i - a - bx_i,$$

其中 a, b 可用 $\hat{a}, \hat{b}$ 代替,故有 σ^2 的估计量

$$\hat{\sigma}^2 = \frac{1}{n}\sum_{i=1}^{n}(y_i - \hat{a} - \hat{b}x_i)^2. \tag{9.2.11}$$

将 $\hat{a} = \overline{y} - \hat{b}\overline{x}$ 代入得

$$\hat{\sigma}^2 = \left(\frac{1}{n}\sum_{i=1}^{n} y_i^2 - \overline{y}^2\right) - \hat{b}^2\left(\frac{1}{n}\sum_{i=1}^{n} x_i^2 - \overline{x}^2\right). \tag{9.2.12}$$

例 2(续例 1) 求例 1 中 σ^2 的估计.

解 $\hat{\sigma}^2 = \frac{1}{10} \times 47\ 225 - \left(\frac{673}{10}\right)^2 - (0.483\ 03)^2 \times \left[\frac{1}{10} \times 218\ 500 - \left(\frac{1\ 450}{10}\right)^2\right]$
$\approx 0.72.$

§9.3 一元线性回归中的假设检验和预测

(一) 线性假设的显著性检验

在上节中我们假定一元线性回归模型具有以下的形式:
$$y = a + bx + \varepsilon,$$
其中 a,b 是未知参数, $\varepsilon \sim N(0,\sigma^2)$. 一般来说, 求得的线性回归方程是否具有实用价值, 需经过假设检验才能确定, 即 b 不应为零. 因为若 $b=0$, 则 y 就不依赖 x 了. 因此我们需要检验假设
$$H_0: b=0, H_1: b \neq 0.$$
可以证明
$$T = \frac{\hat{b}-b}{\hat{\sigma}} \sqrt{\sum_{i=1}^{n}(x_i-\bar{x})^2} \sim t(n-2). \tag{9.3.1}$$

当 H_0 为真时, $b=0$, 故
$$T = \frac{\hat{b}}{\hat{\sigma}} \sqrt{\sum_{i=1}^{n}(x_i-\bar{x})^2} \sim t(n-2). \tag{9.3.2}$$

给定显著水平 α, 查表确定 $t_{\frac{\alpha}{2}}(n-2)$, 抽样后计算 (9.3.2) 式中 T 的值:

若 $|T| \geq t_{\frac{\alpha}{2}}(n-2)$, 则拒绝 H_0, 认为回归效果显著;

若 $|T| < t_{\frac{\alpha}{2}}(n-2)$, 则接受 H_0, 认为回归效果不显著.

例 1 检验 §9.2 例 1 中线性回归效果是否显著 (取 $\alpha=0.05$).

解 由 §9.2 例 1 知
$$\hat{b} = 0.483\ 03, \hat{\sigma}^2 = 0.72,$$
$$\sqrt{\sum_{i=1}^{n}(x_i-\bar{x})^2} = \sqrt{8\ 250}.$$

查表得
$$t_{\frac{0.05}{2}}(n-2) = t_{0.025}(8) = 2.306\ 0.$$

因此假设 $H_0: b=0$ 的拒绝域为

$$|T| = \frac{|\hat{b}|}{\sigma} \sqrt{\sum_{i=1}^{n}(x_i - \overline{x})^2} \geqslant 2.306\ 0.$$

现在计算得

$$|T| = \frac{0.483\ 03}{\sqrt{0.72}} \times \sqrt{8\ 250} \approx 51.71 > 2.306\ 0,$$

故拒绝 $H_0:b=0$，即认为回归效果显著．

（二）预测

回归方程的一个重要应用是，对于给定的点 $x=x_0$，可以用一定的置信度预测对应的 y 的观察值的取值范围，即预测区间．

设 y_0 是 $x=x_0$ 处随机变量 y 的观察值，则有

$$y_0 = a + bx_0 + \varepsilon_0,\ \varepsilon_0 \sim N(0,\sigma^2).$$

取 x_0 处的回归值

$$\hat{y}_0 = \hat{a} + \hat{b}x_0,$$

作为 $y_0 = a + bx_0 + \varepsilon_0$ 的预测值，还可以证明

$$y_0 - \hat{y}_0 \sim N\left(0, 1 + \left[\frac{1}{n} + \frac{(x_0 - \overline{x})^2}{\sum_{i=1}^{n}(x_i - \overline{x})^2}\right]\sigma^2\right),$$

且

$$\frac{(n-2)\hat{\sigma}^2}{\sigma^2} \sim \chi^2(n-2).$$

由 t 分布的定义知

$$\frac{y_0 - \hat{y}_0}{\hat{\sigma}\sqrt{1 + \frac{1}{n} + \frac{(x_0 - \overline{x})^2}{\sum_{i=1}^{n}(x_i - \overline{x})^2}}} \sim t(n-2). \tag{9.3.3}$$

对给定的置信度 $1-\alpha$，有

$$P\left\{\frac{|y_0 - \hat{y}_0|}{\hat{\sigma}\sqrt{1 + \frac{1}{n} + \frac{(x_0 - \overline{x})^2}{\sum_{i=1}^{n}(x_i - \overline{x})^2}}} < t_{\frac{\alpha}{2}}(n-2)\right\} = 1-\alpha.$$

故得 y_0 的置信度为 $1-\alpha$ 预测区间（置信区间）为

$$(\hat{y}_0 - \delta(x_0), \hat{y}_0 + \delta(x_0)),$$

其中
$$\delta(x_0) = t_{\frac{\alpha}{2}}(n-2)\hat{\sigma}\sqrt{1+\frac{1}{n}+\frac{(x_0-\overline{x})^2}{\sum_{i=1}^{n}(x_i-\overline{x})^2}}. \qquad (9.3.4)$$

于是在 x 处,置信下限为
$$y_1(x) = \hat{y}(x) - \delta(x), \qquad (9.3.5)$$

而置信上限为
$$y_2(x) = \hat{y}(x) + \delta(x). \qquad (9.3.6)$$

当 x 变化时,这两条曲线形成包含回归直线 $\hat{y} = \hat{a} + \hat{b}x$ 的带域. 当 $x = \overline{x}$ 时,带域最窄,估计最精确;x 离 $\overline{x}$ 越远,带域越宽,估计的精确性越差.

例 2 求 §9.2 的例 1 中温度 $x_0 = 125\,°\!C$ 时产品得率 y_0 的预测区间(取 $\alpha = 0.05$).

解 $\hat{y}_0 = [-2.739\,35 + 0.483\,03x]_{x=125} \approx 57.64$,
$$\delta(x_0) = t_{\frac{\alpha}{2}}(n-2)\hat{\sigma}\sqrt{1+\frac{1}{n}+\frac{(x_0-\overline{x})^2}{\sum_{i=1}^{n}(x_i-\overline{x})^2}} = 2.10,$$

故得预测区间为
$$(57.64 \pm 2.10) = (56.54, 59.74).$$

当 n 很大时,x 在 $\overline{x}$ 附近取值,有
$$(x-\overline{x})^2 < \sum_{i=1}^{n}(x_i-\overline{x})^2,$$

故可认为(9.3.4)式中的根式近似等于 1. 而
$$t_{\frac{\alpha}{2}}(n-2) \approx u_{\frac{\alpha}{2}},$$

于是 y_0 的置信度为 $1-\alpha$ 的预测区间近似为
$$(\hat{y}_0 - \hat{\sigma}u_{\frac{\alpha}{2}},\ \hat{y}_0 + \hat{\sigma}u_{\frac{\alpha}{2}}).$$

本章小结

1. 方差分析表

方差来源	平方和	自由度	均方	F 值
因素的影响（组间）	$\theta_2 = \sum_{i=1}^{r} n_i (\overline{X_i} - \overline{X})^2$	$r-1$	$S_2^{*2} = \frac{1}{r-1} \theta_2$	$F = \frac{S_2^{*2}}{S_1^{*2}}$
误差（组内）	$\theta_1 = \sum_{i=1}^{r} \sum_{j=1}^{n_i} (X_{ij} - \overline{X_i})^2$	$n-r$	$S_1^{*2} = \frac{1}{n-r} \theta_1$	
总和	$\theta = \sum_{i=1}^{r} \sum_{j=1}^{n_i} (X_{ij} - \overline{X})^2$	$n-1$		

2. 回归分析

(1) 基本概念.

回归分析：利用样本数据建立起相关变量之间相关关系的数学模型，并应用统计推断的一般法则，对相关关系进行有效的统计分析方法.

一元线性回归模型为 $y = a + bx + \varepsilon, \varepsilon \sim N(0, \sigma^2)$，其中 a, b 及 σ^2 都是不依赖于 x 的未知参数.

(2) 最小二乘法.

线性回归方程可表示为 $\hat{y} = \hat{a} + \hat{b}x$，可用最小二乘法求得回归系数的估计值：

$$\hat{b} = \frac{n \sum_{i=1}^{n} x_i y_i - (\sum_{i=1}^{n} x_i)(\sum_{i=1}^{n} y_i)}{n \sum_{i=1}^{n} x_i^2 - (\sum_{i=1}^{n} x_i)^2}, \hat{a} = \frac{1}{n} \sum_{i=1}^{n} y_i - \frac{\hat{b}}{n} \sum_{i=1}^{n} X_i = \overline{y} - \hat{b}\overline{x}.$$

(3) 矩法求 σ^2 的估计.

σ^2 的估计量为

$$\hat{\sigma} = \frac{1}{n} \sum_{i=1}^{n} (y_i - \hat{a} - \hat{b} X_i)^2. \tag{1}$$

(4) 线性假设的显著性检验.

$$H_0: b = 0, H_1: b \neq 0.$$

可以证明

$$T=\frac{\hat{b}-b}{\hat{\sigma}}\sqrt{\sum_{i=1}^{n}(x_i-\overline{x})^2}\sim t(n-2). \tag{2}$$

当 H_0 为真时,$b=0$,故

$$T=\frac{\hat{b}}{\hat{\sigma}}\sqrt{\sum_{i=1}^{n}(x_i-\overline{x})^2}\sim t(n-2). \tag{3}$$

给定显著水平 α,查表确定 $t_{\frac{\alpha}{2}}(n-2)$,抽样后计算(3)式中 T 的值:

若 $|T|\geqslant t_{\frac{\alpha}{2}}(n-2)$,则拒绝 H_0,认为回归效果显著;

若 $|T|<t_{\frac{\alpha}{2}}(n-2)$,则接受 H_0,认为回归效果不显著.

习 题 9

第一部分 选择题

1. 对线性模型(Ⅰ): $X_{ij}=\mu_i+e_{ij}$,$Ee_{ij}=0$,$De_{ij}=\sigma_i^2$. e_{ij} 相互独立,$i=1,2,\cdots,r;j=1,2,\cdots,t$,单因子方差分析是( ).

A. 在模型(Ⅰ)中,对假设 $H_0:\mu_1=\mu_2=\cdots=\mu_r$ 作检验

B. 在模型(Ⅰ)中,对假设 $H_0:\sigma_1^2=\sigma_2^2=\cdots=\sigma_r^2$ 作检验

C. 在模型(Ⅰ)中,假定 $e_{ij}\sim N(0,\sigma^2)$,σ^2 为未知,对假设 $H_0:\mu_1=\mu_2=\cdots=\mu_r$ 作检验

D. 在模型(Ⅰ)中,假定 $e_{ij}\sim N(0,\sigma_i^2)$,$\mu_1=\mu_2=\cdots=\mu_r=\mu$,$\mu$ 为未知,对假设 $H_0:\sigma_1^2=\sigma_2^2=\cdots=\sigma_r^2$ 作检验

2. 设对因子 A 取 r 个水平进行试验,每个水平上试验 t 次,记 S_A 为因子 A 的偏差平方和,S_e 为误差的偏差平方和,α 为显著性水平,$F_\alpha(n,m)$ 为分位点:$P\{F(n,m)\geqslant F_\alpha(n,m)\}=1-\alpha$. 则对因子 A 的显著性检验的拒绝域 G 应为( ).

A. $G=\left\{(x_{ij})_{r\times t}\left|\frac{S_A}{S_e}\geqslant\frac{r-1}{n-r}F_{1-\alpha}(r-1,n-r)\right.\right\}$

B. $G=\left\{(x_{ij})_{r\times t}\left|\frac{S_A}{S_e}\geqslant\frac{r-1}{n-r}F_{1-\alpha/2}(r-1,n-r) \text{ 或 } \frac{S_A}{S_e}\leqslant\frac{r-1}{n-r}F_{\alpha/2}(r-1,n-r)\right.\right\}$

C. $G=\left\{(x_{ij})_{r\times t}\left|\frac{S_A}{S_e}\leqslant\frac{r-1}{n-r}F_{1-\alpha/2}(r-1,n-r)\right.\right\}$

D. $G=\left\{(x_{ij})_{r\times t}\left|\frac{S_A}{S_e}\leqslant\frac{r-1}{n-r}F_{1-\alpha/2}(r-1,n-r) \text{ 或 } \frac{S_A}{S_e}\leqslant\frac{(r-1)}{(n-r)F_{1-\alpha/2}(n-r,r-1)}\right.\right\}$

3. 设因子 A 取 r 个不同水平,因子 B 取 s 个不同水平进行试验.则在双因子无交互作用的方差分析模型中,对观测数据 y_{ij}, $i=1,2,\cdots,r$; $j=1,2,\cdots,s$ 的偏差平方和的分解式 $S_T=$ 因子 A 的偏差平方和 (S_A) +因子 B 的偏差平方和 (S_B) +误差平方和 (S_e). 以下结论错误的是(　　).

  A. $F_A=\dfrac{S_A}{S_e}\dfrac{(r-1)(s-1)}{r-1}\sim F(r-1,(r-1)(s-1))$

  B. $F_B=\dfrac{S_A}{S_e}\dfrac{(r-1)(s-1)}{s-1}\sim F(s-1,(r-1)(s-1))$

  C. $F_{A+B}=\dfrac{S_A+S_B}{S_e}\dfrac{(r-1)(s-1)}{r+s-2}\sim F(r+s-2,(r-1)(s-1))$

  D. $F_T=\dfrac{S_T}{S_B}\dfrac{(s-1)}{rs-1}\sim F(rs-1,s-1)$

4. 在线性模型 $Y=\beta_0+\beta_1 x+\varepsilon$ 的相关性检验中,如果原假设 $H_0:\beta_1=0$ 没有被否定,则表明(　　).

  A. 两个变量之间没有任何相关关系

  B. 两个变量之间存在显著的线性相关关系

  C. 两个变量之间不存在显著的线性相关关系

  D. 不存在一条曲线 $\hat{Y}=f(x)$ 能近似地描述两个变量间的关系

5. 在回归分析中习惯常用的对线性相关显著性检验的三种检验是下面的四种中除去(　　).

  A. 相关显著性检验法   B. t 检验法

  C. F 检验法(即方差分析法)   D. χ^2 检验法

第二部分　填空题

1. 进行方差分析的前提之一是鉴定对于表示 r 个水平的 r 个总体的方差_____.

2. 若进行方差分析时,将 S_T 表示为 $S_T=S_A+S_E$,则 $\dfrac{S_E}{\sigma^2}\sim$ _____.

3. 设总体 X 的样本为 $(x_1,x_2,\cdots,x_n)$,对应总体 Y 有样本 $(y_1,y_2,\cdots,y_n)$,则 X 和 Y 的样本相关系数为 $r=\dfrac{L_{xy}}{\sqrt{L_{xx}L_{yy}}}$,其中 $L_{xy}=$_____; $L_{xx}=$_____; $L_{yy}=$_____;若 $|r|$ 接近于 1,就表示 X 与 Y 之间_____.

4. 若测得 x,y 的观测值如下表:

x	-2	-1	0	1	2
y	1	0	2	3	4

则 y 对 x 的回归方程是_____,且可用统计量 $T=\dfrac{(n-2)r}{\sqrt{1-r^2}}\sim t(n-2)$ 检验得 y 对 x 的线性关系是_____,其中 n 为样本容量,r 是 x,y 的样本值相互系数,指定显著性水平 $\alpha=0.05$,有临界值 $t_{1-\frac{\alpha}{2}}(3)=3.18$.

第三部分　解答题

1. 今有某种型号的电池三批,它们分别是 A,B,C 三个工厂所生产的. 评比其质量,从各厂随机抽取 5 只电池为样品,经试验得其使用寿命(单位:h)如下：

A	B	C
40	26	39
48	34	40
38	30	43
42	28	50
45	32	50

试在显著性水平为 0.05 下检验电池的平均使用寿命有无显著的差异. 若差异是显著的,试求均值差 $\mu_A-\mu_B$,$\mu_A-\mu_C$ 及 $\mu_B-\mu_C$ 的置信度为 95% 的置信区间. 设工厂所生产的电池的使用寿命服从同方差的正态分布.

2. 一个年级有三个小班,他们进行了一次数学考试,现从各个班级随机地抽取了一些学生,记录其成绩如下：

一班		二班		三班	
73	66	88	56	68	15
89	60	78	77	79	41
82	45	48	31	56	59
43	93	91	78	91	68
80	36	51	62	71	53
73	77	85	76	71	79
		74	96	87	
		80			

设各个总体服从正态分布,且方差相等. 试在显著性水平 0.05 下检验各班

级的平均分数有无显著差异.

3. 抽查某地区三所小学五年级男生的身高,得数据如下:

小学	身高数据(单位:cm)
第一小学	128.1,134.1,133.1,138.9,140.8,127.4
第二小学	150.3,147.9,136.8,126.0,150.7,155.8
第三小学	140.6,143.1,144.5,143.7,148.5,146.4

试问该地区三所小学五年级男生的平均身高是否有显著差异($\alpha=5\%$)?

4. 将抗生素注入人体会产生抗生素与血浆蛋白结合的现象,以至减小了药效.下表列出了5种常用的抗生素注入牛的体内时,抗生素与血浆蛋白结合的百分比.试在显著性水平 $\alpha=0.05$ 下检验这些百分比的均值有无显著的差异.设各总体服从正态分布,且方差相同.

青霉素	四环素	链霉素	红霉素	氯霉素
29.6	27.3	15.8	21.6	29.2
24.3	32.6	16.2	17.4	32.8
28.5	30.8	11.0	18.3	25.0
32.0	34.8	18.3	19.0	24.2

5. 通过原点的一元回归的线性模型为
$$y_i = \beta x_i + \varepsilon_i, i=1,2,\cdots,n,$$
其中,各 ε_i 相互独立,并且都服从正态分布 $N(0,\sigma^2)$. 试由 n 组观测值 (x_i, y_i), $i=1,2,\cdots,n$,用最小二乘法估计 β.

6. 在考察硝酸钠的可溶性程度时,在不同温度下观察在 100 ml 的水中溶解的硝酸钠的重量,获得观察结果如下:

温度 x_i	0	4	10	15	21	29	36	51	68
重量 y_i	66.7	71.0	76.3	80.6	85.7	92.9	99.4	113.6	125.1

从经验和理论知 y_i 与 x_i 之间有下述关系:
$$y_i = a + b_i x_i + \varepsilon_i (i=1,2,\cdots,9),$$
其中各 ε_i 相互独立,并且都服从正态分布 $N(0,\sigma^2)$. 试估计 a,b,并用矩估计法估计 σ^2.

7. 在钢线碳含量对于电阻的效应的研究中,得到以下的数据:

碳含量 x/%	0.10	0.30	0.40	0.55	0.70	0.80	0.95
电阻 y(20℃时,$\mu\Omega$)	15	18	19	21	22.6	23.8	26

设对于给定的 x,y 为正态变量,且方差与 x 无关.

(1) 画出散点图;

(2) 求线性回归方程 $\hat{y}=\hat{a}+\hat{b}x$;

(3) 检验假设 $H_0:b=0, H_1:b\neq 0$;

(4) 求 $x=0.50$ 处的置信度为 0.95 的预测区间.

8. 下表数据是退火温度 x(℃)对黄铜延性 y 效应的试验结果,y 是以延长度计算的,且设对于给定的 x,y 为正态变量,其方差与 x 无关. 根据数据画出散点图,并求 y 对于 x 的线性回归方程.

x/℃	300	400	500	600	700	800
y/%	40	50	55	60	67	70

第10章 多指标统计分析

内容概要　讨论了主成分分析法、因子分析法、聚类分析法、判别分析法.

学习要求　了解主成分分析法、因子分析法、聚类分析法、判别分析法的基本步骤.

一系列评价对象或试验的结果往往是用多个指标加以描述和分析的,如何作出整体的评价判断,是统计学中多指标综合评价要解决的问题.

当试验结果(或评价对象)由多个单项指标描述和分析时,这些单项指标在评价试验结果方面有着各自不可取代的作用. 单凭其中一个试验指标评价一系列试验结果尽管能产生排序,但只能反映试验结果的一个侧面,而不可能全面反映试验结果的整体情况. 用多个单项指标所构成的整体即指标体系来评价试验结果,能够在一定程度上克服单项指标的局限性,提高评价的全面性和科学性,但也有一些弊病,如无法对一系列试验结果给出"优劣"次序,某些指标间会产生信息重叠,等等. 而多指标综合评价就是将多个描述试验结果的单项指标信息加以综合并对试验结果作出整体性评价,它既弥补了单项指标信息采集的不足,又能对一系列试验结果作出整体性比较和排序.

多指标综合评价一般分为以下几类问题:

第一类是将多指标统计信息综合成一个综合评价指标,从而使各被评价对象可以依据该综合评价指标排列成序. 这类问题有许多评价方法,本书介绍处理多指标信息重叠问题的主成分分析法和因子分析法.

第二类是对所研究的事物(或指标或因素)进行分类,即把具有相同或相近属性的事物归成一类,用聚类分析法予以讨论.

第三类是对某一被评价对象进行整体评价,判断其是否属于某个参照系,用判别分析法来解决此类问题.

§10.1 主成分分析法

在有多个指标的许多问题中,若指标重复互有相关性,分析工作就比较烦琐,需要有一种简捷的方法.多指标的主成分分析法可以在不损失或很少损失原有信息的前提下,将原来个数较多且彼此相关的指标用线性组合的方法转换为新的个数较少且彼此独立或不相关的综合指标,起一种"降维"的作用.而且这些综合指标都是原指标的线性函数,便于计算与研究.

例如,在医学中用 SGPT(转氨酶量)、肝大指数、ZnT(硫酸锌浊度)和 AFP(甲胎蛋白)等 4 项指标代表人体肝功能的状态.但是,这 4 项指标彼此相关,直接分析不易做出明确的诊断.用多指标的主成分分析法,可以根据这 4 项肝功能指标构造一些彼此独立或不相关的综合肝功能指标,在这些综合指标中蕴藏着各种肝病的信息,并且综合指标的个数比 4 少. 4 维的问题可以用 3 个或 2 个综合指标来进行研究,包括解释综合指标的实际意义,对综合指标与其他指标的相关及回归进行分析,根据综合指标进行聚类与判别,等等.

(一) 主成分分析法原理

假设要进行主成分分析的原指标有 p 个,记作 $x_1, x_2, \cdots, x_p$. 现有 n 个样品,相应的观测值为 $x_{ij}, i=1,2,\cdots,n; j=1,2,\cdots,p$.

作标准化变换,将 x_{ij} 变成 z_{ij},即

$$z_{ij} = \frac{x_{ij} - \overline{x}_j}{\sqrt{S_{jj}}}, i=1,2,\cdots,n; j=1,2,\cdots,p. \quad (10.1.1)$$

其中

$$\overline{x}_j = \frac{1}{n} \sum_{i=1}^{n} x_{ij}, j=1,2,\cdots,p; \quad (10.1.2)$$

$$S_{jj} = \frac{1}{n-1} \sum_{i=1}^{n} (x_{ij} - \overline{x}_j)^2, j=1,2,\cdots,p; \quad (10.1.3)$$

$$S_{ij} = \frac{1}{n-1} \sum_{k=1}^{n} (x_{ki} - \overline{x}_i)(x_{kj} - \overline{x}_j), i \neq j; i,j=1,2,\cdots,p. \quad (10.1.4)$$

由 S_{jj}, S_{ij} 形成的实对称矩阵 $V=(S_{ij})_{p \times p}$,称为指标 $x_1, x_2, \cdots, x_p$ 的样本协方差阵.令样本相关系数矩阵 $R=(r_{ij})_{p \times p}$,其中 r_{ij} 为 x_i 与 x_j 的相关系数,即

$$r_{ij} = \frac{S_{ij}}{\sqrt{S_{ii}}\sqrt{S_{jj}}}, i,j=1,2,\cdots,p. \tag{10.1.5}$$

主成分分析的目标是根据标准化变换后的观测值 z_{ij} 求出系数 $a_{kj}(k=1,2,\cdots,m;j=1,2,\cdots,p;m<p)$，建立综合指标 y_k 的方程 $y_k = \sum_{j=1}^{p} a_{kj} z_j$，也可建立原指标 x_j 的综合指标 $y_k = \sum_{j=1}^{p} b_{kj} x_j + c_k$. 系数 a_{kj} 的要求是:

（1）使各个综合指标 y_k 彼此独立或不相关；

（2）使各个综合指标 y_k 所反映的各个样品的总信息等于原来 p 个指标 z_j 所反映的各个样品的总信息，即 m 个 y_k 的方差 λ_k 之和等于 p 个 z_j 的方差 λ_j 之和，即 $\sum_{k=1}^{m} \lambda_k = \sum_{j=1}^{p} \lambda_j$.

称上述彼此独立或不相关，又不损失或很少损失原有信息的各个综合指标 y_k 为原指标的主成分. 其中，y_1 的方差最大，吸收原来 p 个指标的总信息最多，称为第一主成分，y_2 称为第二主成分. 同理，y_3, y_4, $\cdots$ 依次称为第三主成分、第四主成分 $\cdots\cdots$.

各个主成分 y_k 的方差 λ_k 又称为它的方差贡献，而 $\frac{\lambda_k}{p}$ 则称为 y_k 的方差贡献率，前 m 个主成分 $y_1, y_2, \cdots, y_m$ 的方差贡献率之和 $\frac{\sum_{k=1}^{m} \lambda_k}{p}$ 称为累计贡献率. 如果前 m 个主成分的累计贡献率已经很大，如超过 80% 或 90%，后面的主成分就可以略去.

下面给出系数 a_{kj} 及 λ_k 的求法.

由于相关系数阵 $\boldsymbol{R}$ 为实对称阵，由线性代数可得，$\boldsymbol{R}$ 的 p 个特征值 $\lambda_1 \geqslant \lambda_2 \geqslant \cdots \geqslant \lambda_p$ 及对应特征向量经施密特（Schmidt）正交规范化后的正交阵 $\boldsymbol{A} = (a_{ij})_{p \times p}$，有

$$\boldsymbol{ARA}^{-1} = \boldsymbol{\Lambda} = \begin{bmatrix} \lambda_1 & & & \\ & \lambda_2 & & \\ & & \ddots & \\ & & & \lambda_p \end{bmatrix}. \tag{10.1.6}$$

令 $\boldsymbol{y} = (y_1, y_2, \cdots, y_p)^{\mathrm{T}}$, $\boldsymbol{z} = (z_1, z_2, \cdots, z_p)^{\mathrm{T}}$, $\boldsymbol{y} = \boldsymbol{A}\boldsymbol{z}$，则

$$D(y) = D(Az) = E(Az - E(Az))(Az - E(Az))^{\mathrm{T}}$$
$$= E(A(z - E(z)))(z - E(z))^{\mathrm{T}} A^{\mathrm{T}}$$
$$= AD(z)A^{\mathrm{T}} = A R A^{\mathrm{T}} = \Lambda = \begin{bmatrix} \lambda_1 & & & \\ & \lambda_2 & & \\ & & \ddots & \\ & & & \lambda_p \end{bmatrix}.$$

满足主成分分析的要求.

另外,还可证得 y_k 与 z_j 的相关系数 $r(y_k, z_j) = \sqrt{\lambda_k}\, a_{kj}$,称 $r(y_k, z_j)$ 为 z_j 在 y_k 上的因子载荷. 根据相关系数的意义,因子载荷的绝对值和它的符号可反映主成分 y_k 与原指标 z_j 之间相关关系密切的程度和性质. 进一步还可证明,各 z_j 在 y_k 上的因子载荷的平方和

$$\sum_{j=1}^{p} r^2(y_k, z_j) = \sum_{j=1}^{p} \lambda_k a_{kj}^{\,2} = \lambda_k. \qquad (10.1.7)$$

(二) 主成分分析法的实例

例 1 有 20 例肝病患者的四项肝功能指标 x_1(转氨酶量 SGPT),x_2(肝大指数),x_3(硫酸锌浊度 ZnT)及 x_4(甲胎蛋白 AFP)的观测数据如表 10-1(引自参考文献[3])所示,试作这四项指标的主成分分析.

表 10-1 20 例肝病患者肝功能指标的观测数据

i	x_{i1}	x_{i2}	x_{i3}	x_{i4}
1	40	2.0	5	20
2	10	1.5	5	30
3	120	3.0	13	50
4	250	4.5	18	0
5	120	3.5	9	50
6	10	1.5	12	50
7	40	1.0	19	40
8	270	4.0	13	60
9	280	3.5	11	60
10	170	3.0	9	60
11	180	3.5	14	40

续表

i	x_{i1}	x_{i2}	x_{i3}	x_{i4}
12	130	2.0	30	50
13	220	1.5	17	20
14	160	1.5	35	60
15	220	2.5	14	30
16	140	2.0	20	20
17	220	2.0	14	10
18	40	1.0	10	0
19	20	1.0	12	60
20	120	2.0	20	0

解 (1) 由观测数据计算 $\overline{x_j}$ 及 $S_{jj}(j=1,2,3,4)$ 得到

$$\overline{x_1}=138, \quad \overline{x_2}=2.325, \quad \overline{x_3}=15, \quad \overline{x_4}=35.5,$$

$S_{11}=88.887\ 86, \quad S_{22}=1.054\ 75, \quad S_{33}=7.419\ 75, \quad S_{44}=21.878\ 85.$

计算相关系数,得

$$\boldsymbol{R}=\begin{bmatrix} 1 & 0.694\ 98 & 0.219\ 46 & 0.024\ 90 \\ 0.694\ 98 & 1 & -0.147\ 96 & 0.135\ 13 \\ 0.219\ 46 & -0.147\ 96 & 1 & 0.071\ 33 \\ 0.024\ 90 & 0.135\ 13 & 0.071\ 33 & 1 \end{bmatrix}.$$

(2) 由相关系数矩阵 $\boldsymbol{R}$ 得到特征值 $\lambda_k(k=1,2,3,4)$ 及各个主成分的方差贡献、方差贡献率和累计贡献率如下:

Eigenvalues of the Correlation Matrix

	Eigenvalue (方差贡献)	Difference (方差贡献的差)	Proportion (方差贡献率)	Cumulative (累计贡献率)
PRIN1	1.718 25	0.624 716	0.429 563	0.429 56
PRIN2	1.093 54	0.112 189	0.273 384	0.702 95
PRIN3	0.981 35	0.774 481	0.245 337	0.948 28
PRIN4	0.206 87		0.051 716	1.000 00

方差贡献越大,它所对应的主成分包含原指标的信息就越多.这里,第一个至第四个主成分的贡献率分别为 42.956 3%,27.338 4%,24.533 7% 和 5.171 6%,前三个主成分就包含了原来四个指标全部信息的 94.828%.

(3) 利用特征向量的施密特正交化,求出主成分的系数如下:

主成分	PRIN1(y_1)	PRIN2(y_2)	PRIN3(y_3)	PRIN4(y_4)
z_1	0.699 964	0.095 010	−0.240 049	−0.665 883
z_2	0.689 798	−0.283 647	0.058 463	0.663 555
z_3	0.087 939	0.904 159	−0.270 314	0.318 895
z_4	0.162 777	0.304 983	0.930 532	−0.120 830

各主成分表达式为

$$\begin{cases} y_1 = 0.699\,964 z_1 + 0.689\,798 z_2 + 0.087\,939 z_3 + 0.162\,777 z_4, \\ y_2 = 0.095\,010 z_1 - 0.283\,647 z_2 + 0.904\,159 z_3 + 0.304\,983 z_4, \\ y_3 = -0.240\,049 z_1 + 0.058\,463 z_2 - 0.270\,314 z_3 + 0.930\,532 z_4, \\ y_4 = -0.665\,883 z_1 + 0.663\,555 z_2 + 0.318\,895 z_3 - 0.120\,830 z_4. \end{cases}$$

(4) 计算主成分的值,得

OBS	x_1	x_2	x_3	x_4	PRIN1	PRIN2	PRIN3	PRIN4
1	40	2.0	5	20	−1.218 10	−1.452 00	−0.048 27	0.185 49
2	10	1.5	5	30	−1.706 94	−1.210 21	0.430 34	0.040 45
3	120	3.0	13	50	0.383 87	−0.242 35	0.775 59	0.393 45
4	250	4.5	18	0	2.075 84	−0.594 47	−1.801 06	0.854 29
5	120	3.5	9	50	0.663 46	−0.864 25	0.949 03	0.536 09
6	10	1.5	12	50	−1.475 18	−0.078 41	1.025 94	0.230 85
7	40	1.0	19	40	−1.557 37	0.801 73	0.236 88	0.047 64
8	270	4.0	13	60	2.293 47	−0.211 55	0.851 24	−0.156 35
9	280	3.5	11	60	2.021 51	−0.310 12	0.869 38	−0.631 78
10	170	3.0	9	60	0.804 60	−0.536 95	1.211 60	−0.208 25
11	180	3.5	14	40	1.120 80	−0.330 22	0.179 53	0.356 74
12	130	2.0	30	50	0.010 11	2.108 85	0.073 82	0.420 08
13	220	1.5	17	20	0.014 57	0.337 16	−0.999 27	−0.961 74
14	160	1.5	35	60	0.053 02	3.024 07	0.208 24	0.040 46
15	220	2.5	14	30	0.707 40	−0.157 94	−0.409 24	−0.516 79
16	140	2.0	20	20	−0.252 86	0.482 77	−0.864 81	0.081 05
17	220	2.0	14	10	0.231 61	−0.302 27	−1.287 57	−0.720 90
18	40	1.0	10	0	−1.961 63	−0.852 58	−1.136 48	−0.118 27
19	20	1.0	12	60	−1.649 03	0.206 14	1.396 53	−0.213 85
20	120	2.0	20	0	−0.559 15	0.182 60	−1.661 42	0.341 33

为方便计算主成分的值,可根据标准化变换的公式

$$z_1 = \frac{x_1 - 138}{88.887\ 86}, \quad z_2 = \frac{x_2 - 2.325}{1.054\ 75},$$

$$z_3 = \frac{x_3 - 15}{7.419\ 75}, \quad z_4 = \frac{x_4 - 35.5}{21.878\ 85},$$

得到用原指标 x_1, x_2, x_3, x_4 表示的各个主成分.

(5) 计算原指标与主成分的相关系数即因子载荷,得

Pearson Correlation Coefficients

/Prob>|R| under H$_0$:Rho= 0/N=20

	PRIN1	PRIN2	PRIN3	PRIN4
x_1	0.917 53	0.099 35	−0.237 80	−0.302 86
z_1	0.000 1	0.676 9	0.312 7	0.194 3
x_2	0.904 20	−0.296 62	0.057 92	0.301 80
z_2	0.000 1	0.204 1	0.808 4	0.195 9
x_3	0.115 27	0.945 50	−0.267 78	0.145 04
z_3	0.628 4	0.000 1	0.253 7	0.541 8
x_4	0.213 37	0.318 93	0.921 81	−0.054 96
z_4	0.366 4	0.170 5	0.000 1	0.818 0

根据因子载荷的大小及其显著性分析,决定 y_1 或 PRIN1 大小的主要是 z_1 和 z_2,决定 y_2 或 PRIN2 大小的主要是 z_3,决定 y_3 或 PRIN3 大小的主要是 z_4,决定 y_4 或 PRIN4 大小的主要是 $-z_1$ 和 z_2. 医学专家指出,第一主成分 y_1 指向急性炎症,第二主成分 y_2 指向慢性炎病,第三主成分 y_3 指向原发性肝癌,第四主成分 y_4 的方差贡献很小,仅作参考,它可以指向其他肝病,如指向急性肝萎缩等. 对任意一个样品都可以由原指标的观测值计算得到主成分的值,为肝病的诊断提供参考.

§10.2 因子分析法

因子分析法的主要目的是找出不一定可观测的潜在变量作为公因子,并解释公因子的意义及如何用不可观测随机变量计算可观测随机变量.因子分析法在心理学、经济学、医学、生物学、教育学等方面有重要用途.例如,为了测验应聘者的素质,出 40 道题,让应聘者回答,每道题有一个得分,40 题得分被认为是可以观测的随机变量.我们希望找出有限个不可观测的潜在变量来解释这 40 个随机变量,这些不可观测的潜在变量不一定能表示为原来随机变量的线性组合,但是有实际意义的.例如,交际能力、应变能力、语言能力、推理能力、艺术修养、历史知识和生活常识等.又如,在分析生物生长状况时,从生物的实测指标(长、宽和体重等)可以分析出生长因子和控制因子,找出它们在不同时刻的作用.

(一) 因子分析法原理

定义 10.1 设 $\boldsymbol{X}=(x_1,x_2,\cdots,x_p)$ 为 $1\times p$ 随机向量,其均值向量为 $\boldsymbol{\mu}=(\mu_1,\mu_2,\cdots,\mu_p)$,协方差阵为 $\mathrm{Var}(\boldsymbol{X})=\boldsymbol{\Sigma}$,若 $\boldsymbol{X}$ 能表示为

$$\boldsymbol{X}=\boldsymbol{\mu}+\boldsymbol{\Lambda}\boldsymbol{f}+\boldsymbol{u}, \tag{10.2.1}$$

其中 $\boldsymbol{\Lambda}$ 是 $p\times k$ 待定常数阵,$\boldsymbol{f}=(f_1,f_2,\cdots,f_k)$ 是 k 维随机向量 $(k\leqslant p)$,$\boldsymbol{u}=(u_1,u_2,\cdots,u_p)$ 是 p 维随机向量,且

$$\begin{cases} E(\boldsymbol{f})=0,\mathrm{Var}(\boldsymbol{f})=\boldsymbol{I},\\ E(\boldsymbol{u})=0,\mathrm{Var}(\boldsymbol{u})=\boldsymbol{\psi}=\mathrm{diag}(\psi_1^2,\cdots,\psi_p^2),\\ \mathrm{Cov}(\boldsymbol{f},\boldsymbol{u})=0, \end{cases} \tag{10.2.2}$$

则满足条件(10.2.2)式的(10.2.1)式称为 $\boldsymbol{X}$ 有 k 个因子的因子分析模型.$\boldsymbol{f}$ 称为公因子(向量),$\boldsymbol{u}$ 称为特殊因子(向量),$\boldsymbol{\Lambda}=(\lambda_{ij})_{p\times k}$ 称为因子负荷矩阵,λ_{ij} 称为第 i 个变量在第 j 个因子上的负荷.

例 1 某年级学生 6 门课成绩分别记为 $x_1,x_2,\cdots,x_6$,它们构成可观测随机向量 $\boldsymbol{X}$.统计若干名学生成绩,经过一定计算(因子分析)后发现存在不可观测的随机变量 f_1,f_2,它们与 $x_1,x_2,\cdots,x_6$ 之间有如下关系:

$$X = \begin{bmatrix} x_1 \\ x_2 \\ x_3 \\ x_4 \\ x_5 \\ x_6 \end{bmatrix} = \begin{bmatrix} b_1 \\ b_2 \\ b_3 \\ b_4 \\ b_5 \\ b_6 \end{bmatrix} + \begin{bmatrix} \lambda_{11} & \lambda_{12} \\ \lambda_{21} & \lambda_{22} \\ \lambda_{31} & \lambda_{32} \\ \lambda_{41} & \lambda_{42} \\ \lambda_{51} & \lambda_{52} \\ \lambda_{61} & \lambda_{62} \end{bmatrix} \begin{bmatrix} f_1 \\ f_2 \end{bmatrix} + \begin{bmatrix} u_1 \\ u_2 \\ u_3 \\ u_4 \\ u_5 \\ u_6 \end{bmatrix} = \boldsymbol{\mu} + \boldsymbol{\Lambda} \boldsymbol{f} + \boldsymbol{u}. \quad (10.2.3)$$

其中不可观测随机变量 f_1, f_2 分别表示学生的记忆能力和理解能力,分别称为记忆因子和理解因子. (10.2.3)式揭示了这两个因子如何影响 6 门课的成绩. 其中, X 是可观测成绩, $\boldsymbol{\mu}$ 反映学生平均成绩, f 是不可观测因子, u 表示每门课程成绩的分散性和测量误差, $\boldsymbol{\Lambda}$ 是因子负荷阵,反映记忆因子和理解因子对成绩影响的权重, $(\psi_1^2, \psi_2^2, \psi_3^2, \psi_4^2, \psi_5^2, \psi_6^2)$ 反映 6 门课成绩的区分度(由命题区分度决定).

由(10.2.1)式知,第 i 个变量的值 x_i 由 $\sum_{j=1}^{k} \lambda_{ij} f_j$ 再加上常数项 μ_i 和特殊因子 u_i 组成, λ_{ij} 的大小反映第 j 个因子对第 i 个变量的影响. 令

$$h_i^2 = \sum_{j=1}^{k} \lambda_{ij}^2,$$

则它反映了所有公因子对 X 第 i 个变量影响的大小.

定义 10.2 h_i^2 称为共同度或共性方差.

由(10.2.1)式和(10.2.2)式可知

$$\mathrm{Var}(\boldsymbol{X}) = \boldsymbol{\Lambda}\boldsymbol{\Lambda}^{\mathrm{T}} + \boldsymbol{\psi} = \boldsymbol{\Sigma} = (\sigma_{ij}), \quad (10.2.4)$$

$$\sigma_{ii} = \sum_{j=1}^{k} \lambda_{ij}^2 + \psi_i^2 = h_i^2 + \psi_i^2, i = 1, 2, \cdots, p. \quad (10.2.5)$$

所以由协方差阵 $\boldsymbol{\Sigma}$ 分解成(10.2.4)式,只要解得 $\boldsymbol{\Lambda}$ 即可由(10.2.5)式得 $\boldsymbol{\psi}$.

值得注意的是,因子负荷阵不是唯一的. 设 $\boldsymbol{\Gamma}$ 是任一 k 阶正交阵,则(10.2.1)式可写为

$$X = \boldsymbol{\mu} + (\boldsymbol{\Lambda}\boldsymbol{\Gamma})(\boldsymbol{\Gamma}\boldsymbol{f}) + \boldsymbol{u}. \quad (10.2.6)$$

将 $\boldsymbol{\Lambda}\boldsymbol{\Gamma}$ 作为因子负荷阵, $\boldsymbol{\Gamma}\boldsymbol{f}$ 作为公因子,称 $\boldsymbol{\Gamma}^{\mathrm{T}}\boldsymbol{f}$ 为因子旋转,这样就有更多的选择余地使 $\boldsymbol{\Gamma}^{\mathrm{T}}\boldsymbol{f}$ 的意义变得更适合实际背景.

为减少可观测变量的单位对因子分析的影响,常常把随机变量标准化后再作因子分析,这时(10.2.4)式中的 $\boldsymbol{\Sigma}$ 化为相关系数阵 $\boldsymbol{R}$,从而 $\psi_i^2 = 1 - h_i^2$. 由于(10.2.4)式不一定有精确解,通常采用近似解法. 常用的有主成分法、最大似然

法、主因子法和迭代主因子法，下面仅介绍主成分法.

设 X_C 是 X 的标准化，相关系数阵 R 的特征值和相应单位特征向量分别是 $\lambda_1, \lambda_2, \cdots, \lambda_p$ 和 $a_1, a_2, \cdots, a_p$，X 的全部主成分是

$$y_1 = a_1^T X_C, \quad y_2 = a_2^T X_C, \cdots, y_p = a_p^T X_C.$$

按一定阈值取前 k 个主成分：

$$\frac{\lambda_1 + \lambda_2 + \cdots + \lambda_k}{\sum_{i=1}^{p} \lambda_i} \geq C,$$

因为 $E(y_i) = 0$，$\mathrm{Var}(y_i) = \lambda_i$，$f_i = \dfrac{y_i}{\sqrt{\lambda_i}}$ 的方差是 1，取公因子为 $f_i = \dfrac{y_i}{\sqrt{\lambda_i}}$，$i = 1, 2, \cdots, k$.

令 $A = (a_1, \cdots, a_p)$，则

$$Y = \begin{bmatrix} y_1 \\ \vdots \\ y_p \end{bmatrix} = \begin{bmatrix} a_1^T \\ \vdots \\ a_p^T \end{bmatrix} X_C = A^T X_C. \tag{10.2.7}$$

因为 A 的列向量是单位向量且彼此正交，故 A 是正交阵，所以 $X_C = AY$. 将 A 剖分，$A = (A_1, A_2)$，其中 $A_1 = (a_1, \cdots, a_k)$，则由 (10.2.7) 式，得

$$X_C = AY = A_1 \begin{bmatrix} y_1 \\ \vdots \\ y_k \end{bmatrix} + (a_{k+1}, \cdots, a_p) \begin{bmatrix} y_{k+1} \\ \vdots \\ y_p \end{bmatrix}$$

$$= A_1 \begin{bmatrix} \sqrt{\lambda_1} & & \\ & \ddots & \\ & & \sqrt{\lambda_k} \end{bmatrix} \begin{bmatrix} f_1 \\ \vdots \\ f_k \end{bmatrix} + (a_{k+1}, \cdots, a_p) \begin{bmatrix} y_{k+1} \\ \vdots \\ y_p \end{bmatrix}$$

$$= B_1 \begin{bmatrix} f_1 \\ \vdots \\ f_k \end{bmatrix} + u.$$

于是可取 $\Lambda = B_1 = A_1 \mathrm{diag}(\sqrt{\lambda_1}, \cdots, \sqrt{\lambda_k})$ 为因子负荷阵，$f_1, \cdots, f_k$ 为公因子，$u = \sum_{j=k+1}^{p} y_j a_j$ 为特殊因子. 容易证明，上面的取值满足 (10.2.1) 式及 (10.2.2) 式.

(二) 因子分析法实例

例 2 有 20 例肝病患者的四项肝功能指标 x_1（转氨酶量 SGPT），x_2（肝大

指数),x_3(硫酸锌浊度 ZnT)及 x_4(甲胎蛋白 AFP)的观测数据如表 10-1(引自参考文献[3])所示,试作这四项指标的因子分析.

解 (1) 由观测数据计算 $\overline{x_k}$ 及 $S_{kk}(k=1,2,3,4)$,得

$$\overline{x_1}=138, \overline{x_2}=2.325, \overline{x_3}=15, \overline{x_4}=35.5,$$

$S_{11}=88.887\ 86, S_{22}=1.054\ 75, S_{33}=7.419\ 75, S_{44}=21.878\ 85,$

计算相关系数,得到

$$\boldsymbol{R}=\begin{bmatrix} 1 & 0.694\ 98 & 0.219\ 46 & 0.024\ 90 \\ 0.694\ 98 & 1 & -0.147\ 96 & 0.135\ 13 \\ 0.219\ 46 & -0.147\ 96 & 1 & 0.071\ 33 \\ 0.024\ 90 & 0.135\ 13 & 0.071\ 33 & 1 \end{bmatrix}.$$

(2) 由相关系数矩阵 $\boldsymbol{R}$ 得到特征值 $\lambda_j, j=1,2,3,4$ 及各个公因子的方差贡献、方差贡献率和累计贡献率如下:

Eigenvalues of the Correlation Matrix

	Eigenvalue (方差贡献)	Difference (方差贡献的差)	Proportion (方差贡献率)	Cumulative (累计贡献率)
1	1.718 25	0.624 716	0.429 563	0.429 56
2	1.093 54	0.112 189	0.273 384	0.702 95
3	0.981 35	0.774 481	0.245 337	0.948 28
4	0.206 87		0.051 716	1.000 00

方差贡献越大,它所对应的公因子包含原指标的信息就越多.这里,第一个至第四个公因子的方差贡献率分别为 42.956 3%,27.338 4%,24.533 7% 和 5.171 6%,前三个公因子就包含了原来四个指标全部信息的 94.828%.

(3) 执行主成分法后得到的因子负荷表(表头为 Factor Pattern)如下:

Factor Pattern

	Factor1	Factor2	Factor3
x_1	0.917 53	0.099 35	-0.237 80
x_2	0.904 20	-0.296 62	0.057 92
x_3	0.115 27	0.945 50	-0.267 78
x_4	0.213 37	0.318 93	0.921 81

上表就是因子负荷阵.从表中可以看出第一公因子基本上支配了 x_1(转氨酶量 SGPT)和 x_2(肝大指数),第二公因子基本上支配了 x_3(硫酸锌浊度 ZnT),

第三公因子基本上支配了 x_4（甲胎蛋白 AFP）. 同主成分分析相一致, 上述结果表示, 第一公因子 f_1 指向急性肝炎, 第二公因子 f_2 指向慢性肝炎, 第三公因子 f_3 指向原发性肝癌.

(4) 因子解释的变差表（表头为 Variance Explained by Each Factor）如下：

Variance Explained by Each Factor

Factor1	Factor2	Factor3
1.718 252	1.093 536	0.981 347

上表第二行是每个因子负荷的平方和, 平方和越大, 该因子越重要. 本例中因子 1 相对重要一些.

(5) 共性方差表（表头为 Final Communality Estimates）如下：

Final Communality Estimates：Total＝3.793 134

x_1	x_2	x_3	x_4
0.908 276	0.908 916	0.978 963	0.996 980

上表第二行就是共同度 h_i^2, 由表可见, 每个标准化指标的公因子方差占每个标准化指标总方差的百分数都超过 90％, 其中有 2 个超过 95％, 1 个超过 99％. 因此, 本例因子分析的结果是比较好的.

§10.3 聚类分析法

聚类分析法是把样本或指标按一定规则分成组或类的方法. 聚类的结果中, 属于同一类的对象在某种意义上倾向于彼此相似, 而属于不同类的对象倾向于不相似. 例如, 商店里的顾客应当分成多少类？各种公司应分成多少类？多元分析的聚类分析为分类学提供了有力的工具. 本节主要介绍系统聚类法.

聚类分析法的基本思想是：比较接近的两个类可以合并成一个类. 因而聚类首先要解决的问题是怎样确定两类之间的接近程度, 即相似统计量. 相似统计量一般有距离与相似系数两种, 这里仅介绍距离作为相似统计量的情况. 设有 n 个样品, 每个样品有 p 个指标, x_{ij} 表示第 i 个样品的第 j 个指标的观测值, 相应的数据矩阵为

$$\boldsymbol{X}_{n\times p} = \begin{bmatrix} x_{11} & x_{12} & \cdots & x_{1p} \\ x_{21} & x_{22} & \cdots & x_{2p} \\ \vdots & \vdots & & \vdots \\ x_{n1} & x_{n2} & \cdots & x_{np} \end{bmatrix}.$$

常见样本点距离 d_{ij}(表示第 i 个样本与第 j 个样本的距离)有:

欧几里得距离 $d_{ij} = \sqrt{\sum_{k=1}^{p}(x_{ik}-x_{jk})^2}$,

闵可夫斯基距离 $d_{ij} = \left(\sum_{k=1}^{p}|x_{ik}-x_{jk}|^q\right)^{\frac{1}{q}}$,

马氏距离 $d_{ij} = (\boldsymbol{x}_i - \boldsymbol{x}_j)^{\mathrm{T}} \boldsymbol{V}^{-1}(\boldsymbol{x}_i - \boldsymbol{x}_j)$, $\boldsymbol{V}$ 为观测数据的协方差阵, $\boldsymbol{x}_i = (x_{i1}, x_{i2}, \cdots, x_{ip})^{\mathrm{T}}$.

常见类间距离有最短距离法、最长距离法、重心法、类平均法等方法. 设 $G_1, G_2, \cdots, G_m$ 表示 m 个类, 用 d_{ij} 表示样本 x_i 与 x_j 的距离, 用 D_{pq} 表示类 G_p 与类 G_q 的距离.

(1) 最短距离法(Single Linkage).

$$D_{pq} = \min_{x_i \in G_p} \min_{x_j \in G_q} d_{ij}.$$

SAS 的 CLUSTER 过程中, 由 "METHOD=SIN" 执行.

(2) 最长距离法(Complete Linkage).

$$D_{pq} = \max_{x_i \in G_p} \max_{x_j \in G_q} d_{ij}.$$

SAS 的 CLUSTER 过程中, 由 "METHOD=COM" 执行.

(3) 重心法(Centrovid).

设 G_p, G_q 的重心为 $\overline{x}_p, \overline{x}_q$, 定义

$$D_{pq} = d(\overline{x}_p, \overline{x}_q).$$

SAS 的 CLUSTER 过程中, 由 "METHOD=CEN" 执行.

(4) 类平均法(Average Linkage).

$$D_{pq} = \sqrt{\frac{1}{n_p n_q} \sum_{x_i \in G_p} \sum_{x_j \in G_q} d_{ij}^2}.$$

SAS 的 CLUSTER 过程中, 由 "METHOD=AVE" 执行.

系统聚类法的基本思想是: 先将 n 个样本各自看成一类, 得 n 类; 然后按性质规定类与类间的距离, 选择距离最小的一对合并成一类, 得 $n-1$ 类; 再将距离最近的两类合并, 得 $n-2$ 类; ……; 这样每次减少一类, 直至所有的样本都成一

类. 通常还将上述过程画成聚类图(也称为聚类树或谱系图). 实际使用时还要分析其中分成几类最有意义.

例 1 现有 8 个样品(i)和 2 个指标(x_1, x_2),如表 10-2 所示,试用欧几里得距离及最短距离法进行系统聚类.

表 10-2 8 个样品和 2 个指标的观测值

i	1	2	3	4	5	6	7	8
x_1	2	2	4	4	−4	−2	−3	−1
x_2	5	3	4	3	3	2	2	−3

解 样本间距离距阵

$$D_{(0)} = \begin{matrix} 1 \\ 2 \\ 3 \\ 9 < 4 \\ 5 \\ 6 \\ 10 < 7 \\ 8 \end{matrix} \begin{bmatrix} 0 & & & & & & & \\ 2.0 & 0 & & & & & & \\ 2.2 & 2.2 & 0 & & & & & \\ 2.8 & 2.9 & 1.0 & 0 & & & & \\ 6.3 & 6.0 & 8.1 & 8.0 & 0 & & & \\ 5.0 & 4.1 & 6.3 & 6.1 & 2.2 & 0 & & \\ 5.8 & 5.1 & 7.3 & 7.1 & 1.4 & 1.0 & 0 & \\ 8.5 & 6.7 & 8.6 & 7.8 & 6.7 & 5.1 & 5.4 & 0 \end{bmatrix},$$

在 $D_{(0)}$ 中最小非零元素是 1.0,把 G_3, G_4 合并成新类 G_9,把 G_6, G_7 合并成新类 G_{10};

$$D_{(1)} = \begin{matrix} 1 \\ 2 \\ 9 \\ 5 \\ 11 < 10 \\ 8 \end{matrix} \begin{bmatrix} 0 & & & & & \\ 2.0 & 0 & & & & \\ 2.2 & 2.0 & 0 & & & \\ 6.3 & 6.0 & 8.0 & 0 & & \\ 5.0 & 4.1 & 6.1 & 1.4 & 0 & \\ 8.5 & 6.7 & 7.8 & 6.7 & 5.1 & 0 \end{bmatrix},$$

在 $D_{(1)}$ 中最小非零元素是 1.4,把 G_5, G_{10} 合并成新类 G_{11};

$$D_{(2)} = \begin{matrix} 1 \\ 12 < 2 \\ 9 \\ 11 \\ 8 \end{matrix} \begin{bmatrix} 0 & & & & \\ 2.0 & 0 & & & \\ 2.2 & 2.0 & 0 & & \\ 5.0 & 4.1 & 6.1 & 0 & \\ 8.5 & 6.7 & 7.8 & 5.1 & 0 \end{bmatrix},$$

在 $\boldsymbol{D}_{(2)}$ 中最小非零元素是 2.0,把 G_1, G_2, G_9 合并成新类 G_{12};

$$\boldsymbol{D}_{(3)} = \begin{matrix} 12 \\ 13 \\ 11 \\ 8 \end{matrix} \begin{bmatrix} 0 & & \\ 4.1 & 0 & \\ 6.7 & 5.1 & 0 \end{bmatrix},$$

在 $\boldsymbol{D}_{(3)}$ 中最小非零元素是 4.1,把 G_{11}, G_{12} 合并成新类 G_{13};

$$\boldsymbol{D}_{(4)} = 14 \begin{matrix} 13 \\ 8 \end{matrix} \begin{bmatrix} 0 & \\ 5.1 & 0 \end{bmatrix},$$

在 $\boldsymbol{D}_{(4)}$ 中最小非零元素是 5.1,把 G_8, G_{13} 合并成新类 G_{14}.

聚类图如图 10-1 所示.

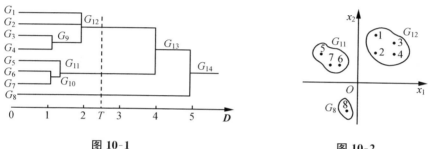

图 10-1　　　　　　　　　　　　**图 10-2**

在实际问题中,并不需要把聚类过程进行到全部样品合并成一类为止,通常事先定一个阈值 T,当 $\boldsymbol{D}_{(k)}$ 中所有非零元素都大于 T 时,即终止聚类,并由此确定具体的分类.

如果 $T=2.5$,那么到 $\boldsymbol{D}_{(3)}$ 结束,分成三类:$\{1,2,3,4\}, \{5,6,7\}, \{8\}$.

如果把 8 个样品在 $x_1 O x_2$ 平面上表示,聚类结果是很直观的,如图 10-2 所示.

§10.4　判别分析法

判别问题在日常生活中很常见:天上飞一只怪鸟,要判别它是什么鸟;今年的气象资料已有,要判断明年是旱年、涝年,还是常年;由卫星若干个通道所获得的信息,判断地面长的是什么庄稼或有什么矿藏.多元统计的判别分析是从可观测的多个指标出发判定某样本属于哪一类.

(一) 判别分析方法

多元统计判别把每一类看成一个总体，一些数值变量看成随机向量，这些数值变量称为判别因子或预报因子. 设判别因子来自 k 个总体，它们分别服从多元正态分布 $N(\boldsymbol{\mu}_1, \boldsymbol{\Sigma}_1), N(\boldsymbol{\mu}_2, \boldsymbol{\Sigma}_2), \cdots, N(\boldsymbol{\mu}_k, \boldsymbol{\Sigma}_k)$，其中 $\boldsymbol{\mu}_1, \boldsymbol{\mu}_2, \cdots, \boldsymbol{\mu}_k$ 是 p 维未知向量，$\boldsymbol{\Sigma}_1, \boldsymbol{\Sigma}_2, \cdots, \boldsymbol{\Sigma}_k$ 是 p 阶未知正定阵. 第 1 个总体有 n_1 个样本 $\boldsymbol{X}_1^{(1)}, \cdots, \boldsymbol{X}_{n_1}^{(1)}$；$\cdots$；第 k 个总体有 n_k 个样本 $\boldsymbol{X}_1^{(k)}, \cdots, \boldsymbol{X}_{n_k}^{(k)}$. 现有一个来自 k 个总体的样本 $\boldsymbol{X}$，要判断 $\boldsymbol{X}$ 来自哪一个总体. 判别分析的方法很多，如欧氏距离判别、马氏距离判别、最大概率判别、贝叶斯判别等，由于 $\boldsymbol{X}, \boldsymbol{X}^{(1)}, \cdots, \boldsymbol{X}^{(k)}$ 都是随机向量的观测值，因而存在误判问题，在此不做讨论，仅介绍判别方法.

(1) 欧氏距离判别.

用样本均值 $\overline{\boldsymbol{X}}^{(i)}$ 代替 $\boldsymbol{\mu}_i$，计算 $\boldsymbol{X}$ 与第 i 个总体样本均值 $\overline{\boldsymbol{X}}^{(i)}$ 的欧氏距离 $\|\boldsymbol{X} - \overline{\boldsymbol{X}}^{(i)}\|$，判定 $\boldsymbol{X}$ 属于距离最小的一类. 该方法将有些相互联系的分量作为一个加数计算，会出现重复计算，而马氏距离判别能避免这些缺点.

(2) 马氏距离判别.

用样本均值 $\overline{\boldsymbol{X}}^{(i)}$ 代替 $\boldsymbol{\mu}_i$，用样本方差阵 $\boldsymbol{V}_i$ 代替 $\boldsymbol{\Sigma}_i$，计算 $\boldsymbol{X}$ 与第 i 个总体样本均值 $\overline{\boldsymbol{X}}^{(i)}$ 的马氏距离 $\sqrt{(\boldsymbol{X} - \overline{\boldsymbol{X}}^{(i)})^{\mathrm{T}} \boldsymbol{V}_i (\boldsymbol{X} - \overline{\boldsymbol{X}}^{(i)})}$，判定 $\boldsymbol{X}$ 属于马氏距离最小的类.

(3) 最大概率判别 (Fisher 判别).

设 $\boldsymbol{X}^{(i)} \sim N(\boldsymbol{\mu}_i, \boldsymbol{\Sigma}_i)$，用样本均值 $\overline{\boldsymbol{X}}^{(i)} = \dfrac{1}{n_i} \sum\limits_{j=1}^{n_i} \boldsymbol{X}_j^{(i)}$ 代替 $\boldsymbol{\mu}_i$，样本方差阵

$$\boldsymbol{V}_i = \frac{1}{n_i - 1} \sum_{j=1}^{n_i} (\boldsymbol{X}_j^{(i)} - \overline{\boldsymbol{X}}^{(i)})(\boldsymbol{X}_j^{(i)} - \overline{\boldsymbol{X}}^{(i)})^{\mathrm{T}} \tag{10.4.1}$$

代替总体方差阵. 当各总体协方差阵相同时，用联合样本方差阵

$$\boldsymbol{V} = \frac{1}{n-k} \sum_{i=1}^{k} \sum_{j=1}^{n_i} (\boldsymbol{X}_j^{(i)} - \overline{\boldsymbol{X}}^{(i)})(\boldsymbol{X}_j^{(i)} - \overline{\boldsymbol{X}}^{(i)})^{\mathrm{T}}, \quad n = n_1 + n_2 + \cdots + n_k \tag{10.4.2}$$

代替 $\boldsymbol{V}_i$，得到来自第 i 个总体的近似概率密度

$$f_i(\boldsymbol{X}) = (2\pi)^{-\frac{p}{2}} |\boldsymbol{V}_i|^{-\frac{1}{2}} \exp\left\{-\frac{1}{2}(\boldsymbol{X} - \overline{\boldsymbol{X}}^{(i)})^{\mathrm{T}} \boldsymbol{V}_i^{-1} (\boldsymbol{X} - \overline{\boldsymbol{X}}^{(i)})\right\}. \tag{10.4.3}$$

若这些值中第 j 个最大，则判定 $\boldsymbol{X}$ 属于第 j 个总体.

(4) 贝叶斯判别.

当总体具有一定先验概率时,先验概率对判别有较大影响.例如,某地旱涝年先验概率很小,常年先验概率很大,当气象指标既接近常年又接近旱涝年时,应判为常年较合理,这就是贝叶斯判别方法的思想.

设第 i 个总体的先验概率为 q_i,则由贝叶斯定理知,样本 $\boldsymbol{X}$ 属于第 j 个总体的后验概率近似为

$$P(j|\boldsymbol{X}) = \frac{q_j f_j(\boldsymbol{X})}{\sum_{i=1}^{k} q_i f_i(\boldsymbol{X})}, \tag{10.4.4}$$

其中 $f_j(\boldsymbol{X})$ 由 (10.4.3) 式确定.若其中 $P(i|\boldsymbol{X})$ 最大,则判定 $\boldsymbol{X}$ 属于第 i 个总体.

(二)逐步判别法

判别分析中随机变量的维数不宜太高,维数高了,协方差阵是病态矩阵,从而使得参数估计不正确,误判概率会增大,逐步判别法可以解决该问题.逐步判别法的基本思想与逐步回归相似,每一步选一个判别能力最显著的变量进入判别函数,并在每选入一个变量之前,对已经选入的变量逐个地检验其判别能力的显著性,将判别能力已不再显著的变量从判别函数中剔出,直到所有可供选择的变量中,既没有变量可以选入,又没有变量可以剔出为止.

本章小结

1. 主成分分析法原理.
2. 因子分析法原理.
3. 系统聚类法原理.
4. 判别分析方法原理.

习题 10

1. 12 个社区总人口数 x_1、受教育年限中位数 x_2、就业总人数 x_3、专业服务业人数 x_4、家庭收入中位数 x_5 如下表所示,试分析其主成分.

x_1	x_2	x_3	x_4	x_5
5 700	12.8	2 500	270	25 000
1 000	10.9	600	10	10 000
3 400	8.8	1 000	10	9 000
3 800	13.6	1 700	140	25 000
4 000	12.8	1 600	140	25 000
8 200	8.3	2 600	60	12 000
1 200	11.4	400	10	16 000
9 100	11.5	3 300	60	14 000
9 900	12.5	3 400	180	18 000
9 600	13.7	3 600	390	25 000
9 600	9.6	3 300	80	12 000
9 400	11.4	4 000	100	13 000

2. 选拔职员对应聘人员测验六门科目：词汇、阅读、同义词、算术、代数、微积分，分别记为 x_1,x_2,x_3,x_4,x_5,x_6，将所有应聘者的考试成绩作计算机处理，得样本相关系数阵，试对这六科成绩作因子分析. 样本相关系数阵为

$$\begin{bmatrix} 1 & 0.72 & 0.63 & 0.09 & 0.09 & 0.00 \\ 0.72 & 1 & 0.57 & 0.105 & 0.15 & 0.09 \\ 0.63 & 0.57 & 1 & 0.14 & 0.14 & 0.09 \\ 0.09 & 0.15 & 0.14 & 1 & 0.57 & 0.63 \\ 0.09 & 0.16 & 0.15 & 0.57 & 1 & 0.72 \\ 0.00 & 0.09 & 0.09 & 0.63 & 0.72 & 1 \end{bmatrix}$$

3. 现有 6 个铅弹头，用"中子活化"方法测得 7 种微量元素的含量数据如下表所示，试用系统聚类法对 6 个弹头进行分类.

样品号	元素						
	Ag(银) X_1	Al(铝) X_2	Cu(铜) X_3	Ca(钙) X_4	Sb(锑) X_5	Bi(铋) X_6	Sn(锡) X_7
1	0.057 98	5.515 0	347.10	21.910	8 586	1 742	61.69
2	0.084 41	3.970 0	347.20	19.710	7 947	2 000	2 440
3	0.072 17	1.153 0	54.85	3.052	3 860	1 445	9 497
4	0.150 10	1.702 0	307.50	15.030	12 290	1 461	6 380
5	5.744 0	2.854 0	229.60	9.657	8 099	1 266	12 520
6	0.213 00	0.705 8	240.30	13.910	8 980	2 820	4 135

模拟自测题(一)

一、填空题(每题 4 分,共 28 分)

1. 任意投掷四颗均匀的骰子,则四颗骰子出现的点数全不相同的事件的概率等于_____.

2. 设随机变量 X 服从均值为 2、方差为 σ^2 的正态分布,且 $P\{2<X<4\}=0.3$,则 $P\{X<0\}=$_____.

3. 设 X 服从泊松分布,且 $E(X^2)=20$,则 $E(X)=$_____.

4. 设随机变量 X 的方差 $D(X)=2.5$,$E(X)$ 存在,用契比雪夫不等式估计概率 $P\left\{|X-E(X)|\geqslant \dfrac{15}{2}\right\}\leqslant$_____.

5. 设 A,B 是两个互不相容的随机事件,且知 $P(A)=\dfrac{1}{4}$,$P(B)=\dfrac{1}{2}$,则 $P(A\cup \bar{B})=$_____.

6. 设相互独立的随机变量 X,Y 具有相同的分布,且 $P\{X=1\}=\dfrac{1}{3}$,$P\{X=2\}=\dfrac{2}{3}$,则 $P\{X=Y\}=$_____.

7. 设 $X_1,X_2,\cdots,X_9$ 是正态总体 $N(0,1)$ 的样本,样本方差为 S^2,则统计量 $8S^2$ 服从_____(要求写出具体参数).

二、解答题(每题 12 分,共 72 分)

1. 某仓库有同样规格的产品六箱,其中三箱是甲厂生产的,两箱是乙厂生产的,另一箱是丙厂生产的,且它们的次品率依次为 $\dfrac{1}{10},\dfrac{1}{15},\dfrac{1}{20}$. 现从中任取一件产品,试求取得的一件产品是正品的概率.

2. 设随机变量 X 的概率密度为 $f(x)=\dfrac{1}{\pi(1+x^2)}$,求随机变量 $Y=X^2$ 的概率密度.

3. 已知二维随机变量(X,Y)的联合概率密度为
$$f(x,y)=\begin{cases}\dfrac{1}{2x^2y}, & 1\leqslant x<+\infty, \dfrac{1}{x}\leqslant y\leqslant x,\\ 0, & \text{其他}.\end{cases}$$
试判断X,Y的独立性.

4. 设总体X服从区间$[\theta,8]$上的均匀分布,求θ的极大似然估计量.

5. 计算机在进行加法计算时,把每个加数取为最接近它的整数来计算,设所有取整误差是相互独立的随机变量,并且都在区间$[-0.5,0.5]$上服从均匀分布,求1 200个数相加时误差总和的绝对值小于10的概率. [结果用$\Phi(x)$表示]

6. 从某厂生产的一批灯泡中随机抽取9个进行使用寿命测试,算得均值为1 700 h. 假设灯泡的使用寿命服从正态分布$N(\mu,490^2)$,在显著性水平$\alpha=0.05$下能否断言这批灯泡的平均使用寿命小于2 000 h? [已知$\Phi(1.96)=0.975$, $\Phi(1.645)=0.95$]

模拟自测题(二)

一、填空题(每题4分,共28分)

1. 一批产品1 000件,其中有10件次品,每次任取一件,取出后仍放回去,连取两次,则恰取得一件次品的事件的概率等于_____.

2. 设$P(AB)=P(\overline{A}\overline{B})$,且$P(A)=p$,则$P(B)=$_____.

3. 设随机变量X服从泊松分布,且已知$P\{X=2\}=P\{X=3\}$,则$P\{X\geqslant 2\}=$_____.

4. 设随机变量X的数学期望和方差均是6,那么$P\{0<X<12\}\geqslant$_____.

5. 设$D(X)=4,D(Y)=1,\rho_{XY}=0.6$,则$D(3X-2Y)=$_____.

6. 对目标进行独立射击每次命中率均为0.25,重复进行射击直至命中目标为止,设X表示射击次数,则$E(X)=$_____.

7. 设$X_1,X_2,\cdots,X_9$是正态总体$N(\mu,\sigma^2)$的一个样本,样本均值为$\overline{X}$,样本方差为S^2,则统计量$\dfrac{\overline{X}-\mu}{S}$服从_____(要求写出具体参数).

二、解答题(每题12分,共72分)

1. 盒中原有10个新的乒乓球,每次比赛时从其中任取3个使用后放回盒内(使用过的乒乓球不再算是新球),若第三次比赛时所取出的3个球全是新球,问:"在这种情况下,第二次比赛时取出的3个球中恰有2个是新球"的概率是多少?

2. 设连续型随机变量X的分布函数为
$$F(x)=\begin{cases}A+Be^{-\lambda x}, & x>0,\\ 0, & x\leqslant 0,\end{cases}\quad (\lambda>0\text{是常数}).$$
(1) 试确定A,B的值;(2) 求$P\{-0.5<X<0.5\}$.

3. 随机地掷两颗骰子,设随机变量X表示第一颗骰子出现的点数,随机变量Y表示这两颗骰子出现点数的最大值,试写出二维随机变量(X,Y)的联合概率分布列,并求出关于Y的边缘分布列.

4. 设连续型随机变量 X 的密度函数为
$$f(x)=\begin{cases}(\alpha+1)x^{\alpha}, & 0<x<1,\\ 0, & \text{其他},\end{cases}$$
其中 α 为未知参数,求 α 的极大似然估计量.

5. 设船舶在某海区航行,已知每遭受一次波浪的冲击,纵摇角度大于 6°的概率为 $\dfrac{1}{3}$,若船舶遭受了 90 000 次波浪冲击,问其中有 29 500～30 500 次纵摇角度大于 6°的概率是多少?[已知:$\Phi(3.5)=0.999,\Phi(3.6)=0.9999$]

6. 有一批枪弹,其初速度 $N(\mu,\sigma^2)$,其中 $\mu=950 \text{ m/s},\sigma=10 \text{ m/s}$,经过较长时间储存后,现取出 9 发枪弹试射,测其初速度,得样本值如下(单位:m/s):
914,920,910,934,953,945,912,924,940.

给定显著性水平 $\alpha=0.05$,问这批枪弹的初速度是否起了变化(假定方差没有变化)?[已知:$\Phi(1.96)=0.975,\Phi(1.645)=0.95$]

模拟自测题(三)

一、填空题(每空 4 分,共 32 分)

1. 设随机变量 ξ 与 η 都服从 $N(0,1)$,且 ξ 与 η 相互独立,则 (ξ,η) 的联合概率密度函数是_____.

2. 设随机变量 $\xi_1,\xi_2,\cdots,\xi_n$ 相互独立同分布,且都服从参数为 $\frac{1}{2}$ 的指数分布,$\eta = \frac{1}{n}\sum_{i=1}^{n}\xi_i$,则 $E(\eta) = $_____, $D(\eta) = $_____.

3. 设 $\xi \sim N(0,1)$,已知 $F(x) = P\{\xi \leq x\}$ $(0 \leq x < +\infty)$,又 $\eta \sim N(5, 0.5^2)$,用 $F(x)$ 之值表示概率 $P\{4.5 < \eta \leq 6\} = $_____.

4. 设 (ξ, η) 为二维随机变量,称 (ξ, η) 为二维离散型随机变量的定义是_____.

5. 设 ξ 服从二项分布,已知 $E(\xi) = 20$,$D(\xi) = 4$,则 ξ 的分布列为 $P\{\xi = k\} = $_____,$E(\xi^2) = $_____.

6. 甲、乙两人独立地向目标射击一次.他们的命中率分别为 0.75 及 0.6.现已知目标被命中,则它是甲和乙共同射中的概率是_____.

二、解答题(共 68 分)

1. (10 分)设 (ξ, η) 的联合密度函数为
$$\varphi(x,y) = \begin{cases} \dfrac{1}{2}, & 0 \leq x \leq 1 \leq y \leq 2, \\ 0, & \text{其他}, \end{cases}$$
求 ξ 与 η 中至少有一个小于 $\dfrac{1}{2}$ 的概率.

2. (10 分)设总体 X 服从参数 λ ($\lambda > 0$) 的指数分布,求 λ 的极大似然估计量和矩估计量.

3. (14 分)设随机变量 (ξ, η) 在圆域 $x^2 + y^2 \leq 1$ 上服从均匀分布,求 (ξ, η) 关

于 η 的边缘概率密度.

4. (10 分) 一复杂的系统,由 100 个相互独立起作用的部件所组成,在整个运行期间每个部件损坏的概率为 0.10,为了使整个系统起作用,至少必须有 85 个部件工作,试用中心极限定理求整个系统工作的概率[用 $\Phi(x)$ 表示].

5. (10 分) 某校毕业班历年语文毕业成绩接近 $N(78.5, 7.6^2)$,今年毕业 40 名学生,平均分数 76.4 分,有人说这届学生的语文水平和历届学生相比不相上下,这个说法能接受吗($\alpha=0.05$)?[已知:$\Phi(1.96)=0.975, \Phi(1.64)=0.95$]

6. (14 分) 玻璃杯成箱出售,每箱 20 只,假设各箱含 0,1,2 只残次品的概率相应为 0.8,0.1 和 0.1,一顾客欲购一箱玻璃杯,在购买时,售货员随意取一箱,而顾客开箱随机地查看 4 只,若无残次品,则买下该箱玻璃杯,否则退回,试求:

(1) 顾客买下该箱的概率;

(2) 在顾客买下的一箱中,确实没有残次品的概率.

模拟自测题(四)

一、填空题(每空 5 分,共 30 分)

1. 已知 $P(A)$ 和 $P(AB)$,则 $P(\overline{A} \cup B) =$ _____.

2. 一只袋中有 4 只白球和 2 只黑球,另一只袋中有 3 只白球和 5 只黑球,如果从每只袋中独立地各摸一只球,则事件"两只球都是白球"的概率等于 _____.

3. 设 $\xi \sim N(5, 2^2)$,η 服从二项分布 $B(n, p)$,且 $E(\xi) = E(\eta)$,$D(\xi) = D(\eta)$,则 $n =$ _____,$p =$ _____.

4. 设 ξ, η 相互独立,且都服从 $N(0, 1)$,则 $D(\xi - \eta) =$ _____.

5. 设随机变量 ξ 的分布函数为

$$F(x) = \begin{cases} 0, & x < 0, \\ \dfrac{x^2}{25}, & 0 \leqslant x < 5, \\ 1, & x \geqslant 5, \end{cases}$$

则 $P\{3 \leqslant \xi < 6\} =$ _____.

二、解答题(每题 10 分,共 70 分)

1. 已知随机变量 ξ 的分布密度为

$$\varphi(x) = \begin{cases} \dfrac{1}{2} e^{-x}, & x > 0, \\ \dfrac{1}{2} e^{x}, & x < 0, \end{cases}$$

求 ξ 的分布函数及 $P\{\xi = -2\}$.

2. 设 T 为电子元件的失效时间(单位:h),为随机变量,其密度函数为

$$F(t) = \begin{cases} \beta e^{-\beta(t - t_0)}, & t > t_0 > 0, \beta > 0, \\ 0, & \text{其他}. \end{cases}$$

假定对 n 个元件进行测试,记录失效时间为 $T_1, T_2, \cdots, T_n$,当 t_0 为已知时,求 β

的极大似然估计量.

3. 袋中有 2 个白球、3 个黑球,每次取一球,取后不放回袋中地连取两次,定义随机变量 ξ,η 分别为第一,二次取得白球的个数. 求:

(1) (ξ,η) 的联合概率分布列;

(2) 关于 ξ 及关于 η 的边缘分布列.

4. 设随机变量 $\xi_1,\xi_2,\cdots,\xi_{100}$ 相互独立,且都服从参数为 $\lambda=2$ 的泊松分布,试用中心极限定理计算 $P\left\{180<\sum\limits_{i=1}^{100}\xi_0<240\right\}$ [用 $\Phi(x)$ 表示].

5. 某粮食加工厂用打包机包装大米,每袋标准重量为 100 kg,设打包机装的大米重量服从正态分布且由长期经验知道 $\sigma=0.9$kg,并且保持不变. 某天开工后,为检查打包机工作是否正常,随机抽取 9 袋,称得其净重为(单位:kg):

99.3,98.7,100.5,101.2,98.3,99.7,105.1,102.6,100.5.

问该天打包机的工作是否正常$(\alpha=0.05)$?(已知 $u_{0.975}=1.96$)

6. 设有来自三个地区的各 10 名、15 名和 25 名考生的报名表,其中女生的报名表分别为 3 份、7 份和 5 份,随机地取一个地区地报名表,从中先后抽出两份,求先抽到的一份是女生表的概率.

7. 设随机变量 $\xi_1,\xi_2,\cdots,\xi_n$ 相互独立同分布,且都服从参数为 $\dfrac{1}{2}$ 的指数分布,$\eta=\dfrac{1}{n}\sum\limits_{i=1}^{n}\xi_i$. 试求 $E(\eta)$ 及 $D(\eta)$ 之值.

附录 A 排列与组合

排列与组合是学习概率论与数理统计,特别是古典概率必须具备的知识.在此附录中我们对排列与组合作一简单复习,主要是给出有关公式和结论以便查阅.

例 1 从甲地到乙地,可以坐轮船,也可以坐汽车或火车直达,且每天有轮船 3 班,火车 4 趟,汽车 5 班.问在一天内从甲地到乙地共有多少种不同走法?

解 因为坐轮船有 3 种走法,坐火车有 4 种走法,坐汽车有 5 种走法.因此从甲地到乙地共有 3+4+5=12 种走法.

假设完成一件事有 m 类办法,在第一类办法中有 n_1 种方法,在第二类办法中有 n_2 种方法,$\cdots$,在第 m 类办法中有 n_m 种方法,则完成这件事共有 $n_1+n_2+\cdots+n_m$ 种不同的方法.这就是**加法原理**.

例 2 从甲村到丙村必须经过乙村,已知甲村到乙村有 2 条路可走,乙村到丙村有 3 条路可走.问从甲村到丙村共有几种走法?

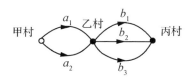

解 如图,从甲村到乙村有 2 条路(a_1,a_2),从乙村到丙村有 3 条路(b_1,b_2,b_3),所以从甲村经乙村到丙村的所有走法排列如下:

$$a_1b_1,\ a_1b_2,\ a_1b_3,\ a_2b_1,\ a_2b_2,\ a_2b_3$$

即走 a_1 的有 3 种走法,走 a_2 的又有 3 种走法,即从甲村到丙村共有 3+3=2×3=6 种走法.

一般地,若要完成一件工作必须经过 m 个步骤,而完成第一个步骤有 n_1 种方法,完成第二个步骤有 n_2 种方法,$\cdots$,完成第 m 个步骤有 n_m 种方法,那么完成这件工作共有 $n_1\times n_2\times\cdots\times n_m$ 种方法.这就是**乘法原理**.

例 3 某厂有甲、乙、丙三个车间,分别有职工 10 人、12 人、15 人.厂里要选举 3 名工会代表,并规定需从甲、乙、丙三个车间各选 1 名,问有多少种可能的选举结果?

解 要完成选举可分三步:先从甲车间选1名,有10种选法;再从乙车间选1名,有12种选法;最后从丙车间选1名,有15种选法. 故由乘法原理知共有 $10\times12\times15=1800$ 种不同选法.

例 4 从4个候选人中选3人分别担任班长、副班长和学习委员,有多少种不同的选法?

解 可分三步:先选班长,有4种选法;再选副班长,有3种选法;最后选学习委员,有2种选法. 故由乘法原理知共有 $4\times3\times2=24$ 种不同选法.

例 5 由5个不同的自然数1,2,3,4,5可组成多少个没有重复数字的两位数?

解 根据乘法原理,组成两位数这件事有两个步骤:第一步是选十位数字,$n_1=5$,第二步是选个位数字,$n_2=4$. 所以可组成 $5\times4=20$ 个没有重复数字的两位数.

例4讲的是人,例5讲的是自然数. 如果撇开具体对象,把人与自然数统称为元素,那么例4可以这样叙述:在4个不同的元素中任取3个,按一定的顺序排成一排,所有的排列种数有多少? 同样例5可叙述为:在5个不同的元素中任取2个,按一定的顺序排成一排,所有的排列种数有多少?

定义 1 从 n 个不同元素中每次取出 $m(m\leqslant n)$ 个元素按照一定的顺序排成一排,叫做从 n 个元素中每次取 m 个元素的一个排列,所作出的不同排列的种数用 A_n^m 表示.

从例4和例5可知 A_n^m 等于 m 个连续自然数的乘积,而最大的一个自然数为 n,即

$$A_n^m=n(n-1)\cdots(n-m+1).$$

例 6 由5个不同的自然数1,2,3,4,5可组成多少个没有重复数字的五位数?

解 这相当于从5个不同元素中,取出全部5个元素按照一定的顺序排成一排,不同排列的种数(即没有重复数字的五位数)为

$$A_5^5=5\times4\times3\times2\times1=120.$$

把所有元素都取出,按照一定的顺序排成一排叫做**全排列**,这时用另一个记号 P_n(即 $P_n=A_n^n$)表示所有的排列种数. 它是从1到 n 的 n 个连续自然数的乘积,称为 ***n* 的阶乘**,记作 $n!$.

例 7 由 5 个不同的自然数 1,2,3,4,5 可组成多少个可有重复数字的两位数?

解 因为十位数字和个位数字允许重复,故选十位数字时有 5 种选法,选个位数字时仍有 5 种选法. 由乘法原理可知,共可组成 $5 \times 5 = 25$ 个可有重复数字的两位数.

这种允许元素重复出现的排列,叫做**可重复排列**. 从 n 个不同的元素中有放回地取出 m 个元素的排列,这样的 m 个元素的可重复排列的种数是

$$\underbrace{n \times n \times \cdots \times n}_{m \uparrow} = n^m.$$

在前面讨论的排列中,不仅要注意排列里的元素,而且还要注意它们的次序. 也就是说,在排列中,即使所含元素相同,但只要次序不同就认为是不同的排列. 然而,在实际问题中,有时只需考虑参加排列的元素而无需考虑它们的次序. 例如,从 50 名学生中任选 5 人组成班委会(暂不分工),问有几种不同选法? 这类问题就是组合问题.

定义 2 从 n 个不同元素中任取 $m(m \leqslant n)$ 个成为一组而不论它们排列次序如何,称每个组为一个**组合**.

用 C_n^m 表示从 n 个元素中任取 m 个元素进行组合所得到的组合的个数. 如何求 C_n^m 呢? 事实上,排列和组合之间是有一定关系的.

从 n 个元素中取 m 个进行排列,可以看成是:先取 m 个元素进行组合,然后再对这 m 个元素进行全排列,所以由乘法原理知这些排列总数应为 $C_n^m \cdot m!$,即 $A_n^m = C_n^m \cdot m!$,故

$$C_n^m = \frac{A_n^m}{m!} = \frac{n(n-1)\cdots(n-m+1)}{m!} = \frac{n!}{m!(n-m)!}.$$

关于组合有以下重要性质:

$$C_n^m = C_n^{n-m}.$$

由上式知

当 $m=1$ 时,$C_n^1 = C_n^{n-1} = n$;

当 $m=n$ 时,$C_n^n = \dfrac{n!}{n!(n-n)!} = \dfrac{1}{0!}.$

而按组合的定义知 $C_n^n = 1$,所以规定 $0! = 1$.

例 8 从 10 个零件中一次抽取 3 个,有多少种取法?

解 因为是一次抽取 3 个零件,所以不必考虑它们的抽取次序. 这显然是一

个组合问题,共有 $C_{10}^3 = \dfrac{10 \times 9 \times 8}{3!} = 120$ 种不同的取法.

例 9 有一批产品共 100 件,其中含合格品 95 件,次品 5 件. 现在从中任取 10 件,要求使其中恰有 2 件次品,问有几种不同的取法?

解 取 10 件可以分两个步骤:首先从 95 件合格品中任取 8 件,然后从 5 件次品中任取 2 件,故共有 $C_{95}^8 \cdot C_5^2 = \dfrac{95!}{8! \times 87!} \times \dfrac{5!}{2! \times 3!}$ 种取法.

附录 B MATLAB 在概率统计中的应用

MATLAB 是近年来应用最广泛的科学和工程计算软件之一,它集计算、可视化和编程等功能为一体. 在 MATLAB 软件中有一个统计工具箱,它包含了数理统计中的相关概念、理论、方法和算法. 本附录将简要介绍 MATLAB(版本 6.5.1)在概率统计中的应用.

(一) 进入 MATLAB

安装好 MATLAB 软件后,在桌面上会出现 MATLAB 6.5.1 的图标,如下图所示.

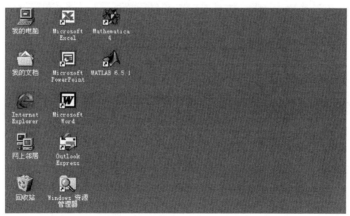

双击 MATLAB 6.5.1 的图标,进入 MATLAB 的工作窗,如下图所示.

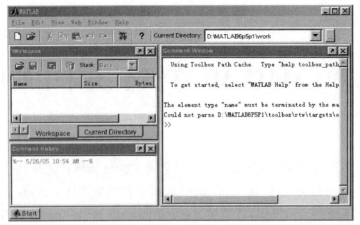

上图右边为 MATLAB 的命令窗口,在"〉〉"后面输入下文中的相应命令,按【Enter】键即可得到计算结果. 例如,计算 $n=1\,000$,$p=0.5$ 的二项分布的期望和方差,在"〉〉"后面输入"[E,D]=binostat(1 000,0.5)",如下图所示.

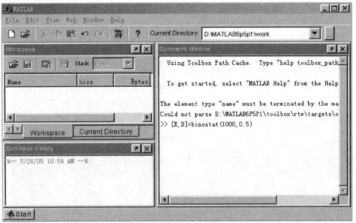

按【Enter】键,得结果:期望 $E=500$,方差 $D=250$,如下图所示.

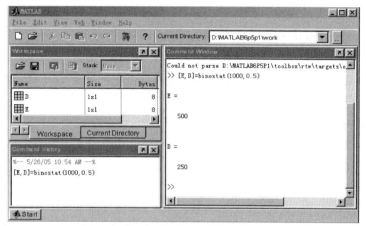

对于 MATLAB 在概率统计中其他的应用,有兴趣的读者可参考相关 MATLAB 应用的书籍. 在本附录中只简单介绍如何用 MATLAB 来解决本书中涉及的一些最基本的计算问题.

(二) 概率分布与数字特征

随机变量的分布函数或密度函数能刻画随机变量的特点,MATLAB 提供了多种随机变量的概率分布. 在本书中常见的概率分布如下表所示:

分布	命令	分布	命令
二项分布	bino	正态分布	norm
泊松分布	poiss	t 分布	t
均匀分布	unif	χ^2 分布	Chif2
指数分布	exp	F 分布	f

在 MATLAB 的统计工具箱中,对每一种分布都提供了五种函数,本书用到的如下表所示:

函数	命令	函数	命令
概率密度	pdf	分布函数	cdf
逆概率	inv	期望与方差	stat

以上两张表格结合起来就有形如 poisspdf, tinv, expcdf, binostat 等命令,分别表示求泊松分布的概率、t 分布的上侧 α 分位数、指数分布的分布函数值、二项分布的期望与方差等. 在实际应用中还要给出分布的参数. 下面举一些具体的例子来说明.

(1) 二项分布的概率.

命令：y＝binopdf(x,n,p).

含义：$X \sim B(n,p)$，$y = C_n^x p^x (1-p)^{n-x}$，$x = 0, 1, \cdots, n$.

例 1 某射手独立射击 400 次，设每次射击击中的概率为 0.02，试求命中次数大于或等于 2 的概率.

解 设命中的次数为 X，则 $X \sim B(400, 0.02)$，于是
$$P\{X \geqslant 2\} = 1 - P\{X=0\} - P\{X=1\}.$$

用 MATLAB 软件计算，输入命令
$$y = 1 - \text{binopdf}(0, 400, 0.02) - \text{binopdf}(1, 400, 0.02),$$
结果得 $y = 0.9972$.

(2) 泊松分布的概率.

命令：y＝poisspdf(X, Lambda).

含义：$X \sim P(\text{Lambda})$，$y = \dfrac{(\text{Lambda})^k}{x!} e^{-\text{Lambda}}$，$x = 0, 1, 2, \cdots$.

例 2 设 $X \sim P(2)$，求 $P\{x=4\}$.

解 在此泊松分布中，参数 Lambda＝2，用命令
$$y = \text{poisspdf}(4, 2),$$
计算出 $y = 0.0902$.

(3) 指数分布的概率密度.

命令：y＝exppdf(X, Lambda).

含义：X 服从指数分布，参数为 Lambda，对 X 的任一值 x 计算其密度函数在 x 处的值 $f(x)$.

(4) 正态分布的概率密度.

命令：y＝normpdf(X, mu, sigma).

含义：X 服从参数 mu，sigma^2 的正态分布，对 X 的任一值 x，求其密度 $f(x)$.

说明：当 $X \sim N(0,1)$ 时可简化为 y＝normpdf(X).

(5) 正态分布的分布函数.

命令：y＝normcdf(X, mu, sigma).

含义：X 服从参数 mu，sigma^2 的正态分布，求 X 的分布函数在任一 x 处的函数值.

说明：当 $X \sim N(0,1)$ 时，可简化为 y＝normcdf(X).

例3 $X \sim N(1,4)$,求 $P\{0 \leqslant X \leqslant 3\}$.

解 用命令
$$y = \text{normcdf}(3,1,2) - \text{normcdf}(0,1,2),$$
结果为 $y = 0.5328$.

(6) 逆概率分布.

仅以 t 分布为例.

命令:$x = \text{tinv}(1-\text{alpha},n)$.

含义:对随机变量 $X \sim t(n)$,给定 alpha,求 x 使得 $P\{X \leqslant x\} \leqslant 1-\text{alpha}$.

例4 设 $X \sim t(500)$,alpha$=0.05$,求 X 的上侧 alpha 分位数.

解 $1-\text{alpha}=0.95$,于是 $x = \text{tinv}(0.95,500) = 1.6479$.

(7) 数字特征.

stat 命令可计算随机变量的均值与方差.下面以二项分布为例.

命令:$[E,D] = \text{binostat}(n,p)$.

含义:$X \sim B(n,p)$,求 X 的均值 $E(X)$ 与方差 $D(X)$.结果中 E 为均值,D 为方差.

例5 设 $X \sim B(1\,000,0.5)$,求 $E(X),D(X)$.

解 用命令
$$[E,D] = \text{binostat}(1\,000,0.5),$$
得结果 $E=500, D=250$.

三、数理统计中的应用举例

在本节中,以参数估计和假设检验为例来说明 MATLAB 在数理统计中的应用.

1. 参数估计

(1) 泊松分布.

点估计命令为:Lambda$=$poissfit(x).

区间估计命令为:[Lambda,Lambdaci]$=$poissfit(x).

说明:点估计的命令是根据泊松分布数据 x,对参数 Lambda 进行估计;在区间估计中,Lambdaci 给出置信度为 $100(1-\text{alpha})\%$ 的置信区间,Lambda 为点估计值,即区间估计命令同时给出点估计和区间估计.下面(2)和(3)的区间估计命令也是同时给出点估计和区间估计.

(2) 指数分布.

点估计命令为:mu=expfit(x).

区间估计命令为:[mu,muci]=expfit(x,alpha).

这里 muci 表示置信度为 100(1-alpha)% 的置信区间,mu 为点估计.

(3) 正态分布.

点估计命令为:[mu,sigma]=normfit(x).

区间估计命令为:[mu,sigma,muci,sigmaci]=normfit(x,alpha).

这里 mu,sigma 为点估计,muci,sigmaci 表示置信度为 100(1-alpha)% 的置信区间.

(4) 均匀分布.

点估计命令为:[a,b]=unifit(x).

区间估计命令为:[a,b,aci,bci]=unifit(x,alpha).

在 MATLAB 中,点估计采用极大似然估计法.以上命令中,当 alpha 为默认值时,表示 alpha=0.05.

例 6 用金球测定引力常数得到一组观测值为

$$6.681, 6.676, 6.678, 6.679, 6.672, 6.683.$$

设测定总体服从 $N(mu, sigma^2)$,求

(1) mu,sigma 的极大似然估计;

(2) mu,sigma 的置信度为 0.9 的置信区间.

解 这里 alpha=0.10,输入数据 x=[6.681 6.676 6.678 6.679 6.672 6.683],用命令

$$[mu, sigma, muci, sigmaci] = normfit(x, 0.10),$$

得点估计
$$mu = 6.678\ 2, sigma = 0.003\ 9,$$

区间估计

$$muci = 6.675\ 0 \quad 6.681\ 3$$
$$sigmaci = 0.002\ 6 \quad 0.008\ 1$$

2. 正态总体的假设检验

(1) 方差($sigma^2$)已知时,总体数学期望的检验.

命令:h=ztest(x,m,sigma,alpha).

含义:显著性水平为 alpha,方差 $sigma^2$ 已知时,总体数学期望是否为 m. 若结果 h=1,则在显著性水平 alpha 下,拒绝假设 $H_0: mu=m$;若 h=0,则在显著性水平 alpha 下,不能拒绝假设 H_0. x 为试验中得到的数据,alpha 的默认值为

0.05.

(2) 方差未知时,总体数学期望的检验.

命令:h=ttest(x,m,alpha).

含义:与(1)类似.

(3) 两个正态总体、方差未知但相同时,数学期望的检验.

命令:h=ttest2(x,y,alpha).

含义:在两个正态总体方差未知但相同时,对是否有相同的数学期望进行检验.若$h=1$,则在显著性水平 alpha 下拒绝假设 H_0:$mu_x=mu_y$;若$h=0$,则在显著性水平 alpha 下不能拒绝 H_0. alpha 的默认值为 0.05.

例7 某零件的长度服从正态分布.已用原来材料生产的该零件的长度均值为 20.0 mm,现在换用新材料生产,且从用新材料生产的产品中随机抽取 4 个样品,测得长度(单位:mm)为

$$20.2, 20.3, 19.8, 20.2.$$

试在显著性水平 $\alpha=0.05$ 下检验用新材料生产的零件的长度是否起了变化.

解 在本例中方差未知.输入数据:x=[20.2 20.3 19.8 20.2],m=20.0,alpha=0.05.

用命令 h=ttest(x,m,alpha),得 $h=0$.

故在显著性水平 0.05 下不能说零件的平均长度发生了变化.

附录 C　几种常用的概率分布

分布	参数	分布列或概率密度	数学期望	方差
0-1 分布	$0<p<1$	$P(X=k)=p^k(1-p)^{1-k}$, $k=0,1$	p	$p(1-p)$
二项分布	$n\geq 1$, $0<p<1$	$P(X=k)=C_n^k p^k(1-p)^{n-k}$, $k=0,1,\cdots,n$	np	$np(1-p)$
负二项分布	$r\geq 1$, $0<p<1$	$P(X=k)=C_{k-1}^{r-1}p^r(1-p)^{k-r}$, $k=r,r+1,\cdots$	$\dfrac{r}{p}$	$\dfrac{r(1-p)}{p^2}$
几何分布	$0<p<1$	$P(X=k)=p(1-p)^{k-1}$, $k=1,2,\cdots$	$\dfrac{1}{p}$	$\dfrac{1-p}{p^2}$
超几何分布	N,M,n ($n\leq M$)	$P(X=k)=\dfrac{C_M^k C_{N-M}^{n-k}}{C_N^n}$, $k=0,1,\cdots,n$	$\dfrac{nM}{N}$	$\dfrac{nM}{N}\left(1-\dfrac{M}{N}\right)\left(\dfrac{N-n}{N-1}\right)$
泊松分布	$\lambda>0$	$P(X=k)=\dfrac{\lambda^k e^{-\lambda}}{k!}$, $k=0,1,\cdots$	λ	λ
均匀分布	$a<b$	$f(x)=\begin{cases}\dfrac{1}{b-a}, & a<x<b\\ 0, & \text{其他}\end{cases}$	$\dfrac{a+b}{2}$	$\dfrac{(b-a)^2}{12}$
正态分布	μ, $\sigma>0$	$f(x)=\dfrac{1}{\sqrt{2\pi}\sigma}e^{-\frac{(x-\mu)^2}{2\sigma^2}}$	μ	σ^2
Γ 分布	$\alpha>0$, $\beta>0$	$f(x)=\begin{cases}\dfrac{1}{\beta^\alpha \Gamma(\alpha)}x^{\alpha-1}e^{-\frac{x}{\beta}}, & x>0\\ 0, & \text{其他}\end{cases}$	$\alpha\beta$	$\alpha\beta^2$
指数分布	$\lambda>0$	$f(x)=\begin{cases}\lambda e^{-\lambda x}, & x>0\\ 0, & \text{其他}\end{cases}$	$\dfrac{1}{\lambda}$	$\dfrac{1}{\lambda^2}$
χ^2 分布	$n\geq 1$	$f(x)=\begin{cases}\dfrac{1}{2^{\frac{n}{2}}\Gamma\left(\dfrac{n}{2}\right)}x^{\frac{n}{2}-1}e^{-\frac{x}{2}}, & x>0\\ 0, & \text{其他}\end{cases}$	n	$2n$

附录 C（续）

分布	参数	分布列或概率密度	数学期望	方差
威布尔分布	$\eta>0$ $\beta>0$	$f(x)=\begin{cases}\dfrac{\beta}{\eta}\left(\dfrac{x}{\eta}\right)^{\beta-1}\mathrm{e}^{-\left(\frac{x}{\eta}\right)^{\beta}}, & x>0,\\ 0, & \text{其他}\end{cases}$	$\eta\Gamma\left(\dfrac{1}{\beta}+1\right)$	$\eta^2\left\{\Gamma\left(\dfrac{2}{\beta}+1\right)-\left[\Gamma\left(\dfrac{1}{\beta}+1\right)\right]^2\right\}$
瑞利分布	$\sigma>0$	$f(x)=\begin{cases}\dfrac{x}{\sigma^2}\mathrm{e}^{\frac{x^2}{2\sigma^2}}, & x>0,\\ 0, & \text{其他}\end{cases}$	$\sqrt{\dfrac{\pi}{2}}\sigma$	$\dfrac{4-\pi}{2}\sigma^2$
β 分布	$\alpha>0$ $\beta>0$	$f(x)=\begin{cases}\dfrac{\Gamma(\alpha+\beta)}{\Gamma(\alpha)\Gamma(\beta)}x^{\alpha-1}(1-x)^{\beta-1}, & 0<x<1,\\ 0, & \text{其他}\end{cases}$	$\dfrac{\alpha}{\alpha+\beta}$	$\dfrac{\alpha\beta}{(\alpha+\beta)^2(\alpha+\beta)}$
对数正态分布	μ $\sigma>0$	$f(x)=\begin{cases}\dfrac{1}{\sqrt{2\pi}\sigma x}\mathrm{e}^{\frac{(\ln x-\mu)^2}{2\sigma^2}}, & x>0,\\ 0, & \text{其他}\end{cases}$	$\mathrm{e}^{\mu+\frac{\sigma^2}{2}}$	$\mathrm{e}^{2\mu+\sigma^2}(\mathrm{e}^{\sigma^2}-1)$
柯西分布	μ $\lambda>1$	$f(x)=\dfrac{1}{\pi}\dfrac{1}{\lambda^2+(x-\mu)^2}$	不存在	不存在
t 分布	$n\geqslant 1$	$f(x)=\dfrac{\Gamma\left(\frac{n+1}{2}\right)}{\sqrt{n\pi}\,\Gamma\left(\frac{n}{2}\right)}\left(1+\dfrac{x^2}{n}\right)^{\frac{n-1}{2}}$	0	$\dfrac{n}{n-2},n>2$
F 分布	$n_1,$ $n_2\geqslant 1$	$f(x)=\begin{cases}\dfrac{\Gamma\left(\frac{n_1+n_2}{2}\right)}{\Gamma\left(\frac{n_1}{2}\right)\Gamma\left(\frac{n_2}{2}\right)}\left(\dfrac{n_1}{n_2}\right)\left(\dfrac{n_1}{n_2}X\right)^{\frac{n_1+n_2}{2}}\\ \quad\cdot\left(1+\dfrac{n_1}{n_2}X\right)^{\frac{n_1+n_2}{2}}, & x>0,\\ 0, & \text{其他}\end{cases}$	$\dfrac{n_2}{n_2-2},$ $n_2>2$	$\dfrac{2n_2^2(n_1+n_2-2)}{n_1(n_2-2)^2(n_2-4)},$ $n_2>4$

附录 D　常用统计数表

附表 1　标准正态分布表

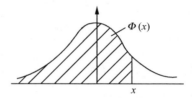

$$\Phi(x) = \frac{1}{\sqrt{2\pi}} \int_{-\infty}^{x} e^{-\frac{t^2}{2}} dt \ (x \geqslant 0)$$

x	0	1	2	3	4	5	6	7	8	9
0.0	0.500 0	0.504 0	0.508 0	0.512 0	0.516 0	0.519 9	0.523 9	0.527 9	0.531 9	0.535 9
0.1	0.539 8	0.543 8	0.547 8	0.551 7	0.555 7	0.559 6	0.563 6	0.567 5	0.571 4	0.575 3
0.2	0.579 3	0.583 2	0.587 1	0.591 0	0.594 8	0.598 7	0.602 6	0.606 4	0.610 3	0.614 1
0.3	0.617 9	0.621 7	0.625 5	0.629 3	0.633 1	0.636 8	0.640 6	0.644 3	0.648 0	0.651 7
0.4	0.655 4	0.659 1	0.662 8	0.666 4	0.670 0	0.673 6	0.677 2	0.680 8	0.684 4	0.687 9
0.5	0.691 5	0.695 0	0.698 5	0.701 9	0.705 4	0.708 8	0.712 3	0.715 7	0.719 0	0.722 4
0.6	0.725 7	0.729 1	0.732 4	0.735 7	0.738 9	0.742 2	0.745 4	0.748 6	0.751 7	0.754 9
0.7	0.758 0	0.761 1	0.764 2	0.767 3	0.770 3	0.773 4	0.776 4	0.779 4	0.782 3	0.785 2
0.8	0.788 1	0.791 0	0.793 9	0.796 7	0.799 5	0.802 3	0.805 1	0.807 8	0.810 6	0.813 3
0.9	0.815 9	0.818 6	0.821 2	0.823 8	0.826 4	0.828 9	0.831 5	0.834 0	0.836 5	0.838 9
1.0	0.841 3	0.843 8	0.846 1	0.848 5	0.850 8	0.853 1	0.855 4	0.857 7	0.859 9	0.862 1
1.1	0.864 3	0.866 5	0.868 6	0.870 8	0.872 9	0.874 9	0.877 0	0.879 0	0.881 0	0.883 0
1.2	0.884 9	0.886 9	0.888 8	0.890 7	0.892 5	0.894 4	0.896 2	0.898 0	0.899 7	0.901 5
1.3	0.903 2	0.904 9	0.906 6	0.908 2	0.909 9	0.911 5	0.913 1	0.914 7	0.916 2	0.917 7
1.4	0.919 2	0.920 7	0.922 2	0.923 6	0.925 1	0.926 5	0.927 8	0.929 2	0.930 6	0.931 9
1.5	0.933 2	0.934 5	0.935 7	0.937 0	0.938 2	0.939 4	0.940 6	0.941 8	0.943 0	0.944 1

附表1(续)

x	0	1	2	3	4	5	6	7	8	9
1.6	0.945 2	0.946 3	0.947 4	0.948 4	0.949 5	0.950 5	0.951 5	0.952 5	0.953 5	0.954 5
1.7	0.955 4	0.956 4	0.957 4	0.958 2	0.959 1	0.959 9	0.960 8	0.961 6	0.962 5	0.963 3
1.8	0.964 1	0.964 8	0.965 6	0.966 4	0.967 1	0.967 8	0.968 6	0.969 3	0.970 0	0.970 6
1.9	0.971 3	0.971 9	0.972 6	0.973 2	0.973 8	0.974 4	0.975 0	0.975 6	0.976 2	0.976 7
2.0	0.977 2	0.977 8	0.978 3	0.978 8	0.979 3	0.979 8	0.980 3	0.980 8	0.981 2	0.981 7
2.1	0.982 1	0.982 6	0.983 0	0.983 4	0.983 8	0.984 2	0.984 6	0.985 0	0.985 4	0.985 7
2.2	0.986 1	0.986 4	0.986 8	0.987 1	0.987 4	0.987 8	0.988 1	0.988 4	0.988 7	0.989 0
2.3	0.989 3	0.989 6	0.989 8	0.990 1	0.990 4	0.990 6	0.990 9	0.991 1	0.991 3	0.991 6
2.4	0.991 8	0.992 0	0.992 2	0.992 5	0.992 7	0.992 9	0.993 1	0.993 2	0.993 4	0.993 6
2.5	0.993 8	0.994 0	0.994 1	0.994 3	0.994 5	0.994 6	0.994 8	0.994 9	0.995 1	0.995 2
2.6	0.995 3	0.995 5	0.995 6	0.995 7	0.995 9	0.996 0	0.996 1	0.996 2	0.996 3	0.996 4
2.7	0.996 5	0.996 6	0.996 7	0.996 8	0.996 9	0.997 0	0.997 1	0.997 2	0.997 3	0.997 4
2.8	0.997 4	0.997 5	0.997 6	0.997 7	0.997 7	0.997 8	0.997 9	0.997 9	0.998 0	0.998 1
2.9	0.998 1	0.998 2	0.998 2	0.998 3	0.998 4	0.998 4	0.998 5	0.998 5	0.998 6	0.998 6
3.0	0.998 7	0.998 7	0.998 7	0.998 8	0.998 8	0.998 9	0.998 9	0.998 9	0.999 0	0.999 0

x	1.282	1.645	1.960	2.326	2.576	3.000	3.291
$\Phi(x)$	0.90	0.95	0.975	0.99	0.995	0.998 7	0.999 5

附表 2 χ² 分布表

$$P\{\chi^2(n) > \chi_\alpha(n)^2\} = \alpha$$

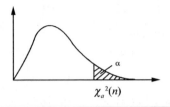

n	α=0.995	α=0.99	α=0.975	α=0.95	α=0.90	α=0.75
1	—	—	0.001	0.004	0.016	0.102
2	0.010	0.020	0.051	0.103	0.211	0.575
3	0.072	0.115	0.216	0.352	0.584	1.213
4	0.207	0.297	0.484	0.711	1.064	1.923
5	0.412	0.554	0.831	1.145	1.610	2.675
6	0.676	0.872	1.237	1.635	2.204	3.455
7	0.989	1.239	1.690	2.167	2.833	4.255
8	1.344	1.646	2.180	2.733	3.490	5.071
9	1.735	2.088	2.700	3.325	4.168	5.899
10	2.156	2.558	3.247	3.940	4.865	6.737
11	2.603	3.053	3.816	4.575	5.578	7.584
12	3.074	3.571	4.404	5.226	6.304	8.438
13	3.565	4.107	5.009	5.892	7.042	9.299
14	4.075	4.660	5.629	6.571	7.790	10.165
15	4.601	5.229	6.262	7.261	8.547	11.037
16	5.142	5.812	6.908	7.962	9.312	11.912
17	5.697	6.408	7.564	9.672	10.085	12.792
18	6.265	7.015	8.231	9.390	10.865	13.675
19	6.844	7.633	8.907	10.117	11.651	14.562
20	7.434	8.026	9.591	10.851	12.443	15.452
21	8.034	8.897	10.283	11.591	13.240	16.344
22	8.643	9.542	10.982	12.338	14.042	17.240
23	9.260	10.196	11.689	13.091	14.848	18.137
24	9.886	10.856	12.401	13.848	15.659	19.037
25	10.520	11.524	13.120	14.611	16.473	19.939

附表 2(续)

n	$\alpha=0.995$	$\alpha=0.99$	$\alpha=0.975$	$\alpha=0.95$	$\alpha=0.90$	$\alpha=0.75$
26	11.160	12.198	13.844	15.379	17.292	20.843
27	11.808	12.879	14.573	16.151	18.114	21.749
28	12.461	13.565	15.308	16.928	18.939	22.657
29	13.121	14.257	16.047	17.708	19.768	23.567
30	13.787	14.954	16.791	18.493	20.599	24.478
31	14.458	15.655	17.539	19.281	21.434	25.390
32	15.134	16.362	18.291	20.072	22.271	26.304
33	15.815	17.074	19.047	20.867	23.110	27.219
34	16.501	17.789	19.806	21.664	23.952	28.136
35	17.192	18.509	20.569	22.465	24.797	29.054
36	17.887	19.233	21.336	23.269	25.643	29.973
37	18.586	19.960	22.106	24.075	26.492	30.893
38	19.289	20.691	22.878	24.884	27.343	31.815
39	19.996	21.426	23.654	25.695	28.196	32.737
40	20.707	22.164	24.433	26.509	29.051	33.660
41	21.421	22.906	25.215	27.326	29.907	34.585
42	22.138	23.650	25.999	28.144	30.765	35.510
43	22.859	24.398	26.785	28.965	31.625	36.436
44	23.584	25.148	27.575	29.787	32.487	37.363
45	24.311	25.901	28.366	30.612	33.350	38.291
n	$\alpha=0.25$	$\alpha=0.10$	$\alpha=0.05$	$\alpha=0.025$	$\alpha=0.01$	$\alpha=0.005$
1	1.323	2.706	3.841	5.024	6.635	7.879
2	2.773	4.605	5.991	7.378	9.210	10.597
3	4.108	6.251	7.815	9.348	11.345	12.838
4	5.385	7.779	9.488	11.143	13.277	14.860
5	6.626	9.236	11.071	12.833	15.086	16.750
6	7.841	10.645	12.592	14.449	16.812	18.548
7	9.037	12.017	14.067	16.013	18.475	20.278
8	10.219	13.362	15.507	17.535	20.090	21.955
9	11.389	14.684	16.919	19.023	21.666	23.589
10	12.549	15.987	18.307	20.483	23.209	25.188
11	13.701	17.275	19.675	21.920	24.725	26.757
12	14.845	18.549	21.026	23.337	26.217	28.299

附表 2(续)

n	α=0.25	α=0.10	α=0.05	α=0.025	α=0.01	α=0.005
13	15.984	19.812	22.362	24.736	27.688	29.819
14	17.117	21.064	23.685	26.119	29.141	31.319
15	18.245	22.307	24.996	27.488	30.578	32.801
16	19.369	23.542	26.296	28.845	32.000	34.267
17	20.489	24.769	27.587	30.191	33.409	35.718
18	21.605	25.989	28.869	31.526	34.805	37.156
19	22.718	27.204	30.144	32.852	36.191	38.582
20	23.828	28.412	31.410	34.170	37.566	39.997
21	24.935	29.615	32.671	35.479	38.932	41.401
22	26.039	30.813	33.924	36.781	40.289	42.796
23	27.141	32.007	35.172	38.076	41.638	44.181
24	28.241	33.196	36.415	39.364	42.980	45.559
25	29.339	34.382	37.652	40.646	44.314	46.928
26	30.435	35.563	38.885	41.923	45.642	48.290
27	31.528	36.741	40.113	43.194	46.963	49.645
28	32.620	37.916	41.337	44.461	48.278	50.993
29	33.711	39.087	42.557	45.722	49.588	52.336
30	34.800	40.256	43.773	46.979	50.892	53.672
31	35.887	41.422	44.985	48.232	52.191	55.003
32	36.973	42.585	46.194	49.480	53.486	56.328
33	38.056	43.745	47.400	50.725	54.776	57.648
34	39.141	44.903	48.602	51.966	56.061	58.964
35	40.223	46.059	49.802	53.203	57.342	60.275
36	41.304	47.212	50.998	54.437	58.619	61.581
37	42.383	48.363	52.192	55.668	59.892	62.883
38	43.462	49.513	53.384	56.896	61.162	64.181
39	44.539	50.660	54.572	58.120	62.428	65.476
40	45.616	51.805	55.758	59.342	63.691	66.766
41	46.692	52.949	56.942	60.561	64.950	68.053
42	47.766	54.090	58.124	61.777	66.206	69.336
43	48.840	55.230	59.304	62.990	67.459	70.616
44	49.913	56.369	60.481	64.201	68.710	71.893
45	50.985	57.505	61.656	65.410	69.957	73.166

附表3 t 分布表

$$P\{t(n) > t_\alpha(n)\} = \alpha$$

n	α=0.25	α=0.10	α=0.05	α=0.025	α=0.01	α=0.005
1	1.0000	3.0777	6.3138	12.7062	31.8207	63.6574
2	0.8165	1.8856	2.9200	4.3024	6.9646	9.9248
3	0.7649	1.6377	2.3534	3.1824	4.5407	5.8409
4	0.7407	1.5332	2.1318	2.7764	3.7469	4.6041
5	0.7267	1.4759	2.0150	2.5706	3.3649	4.0322
6	0.7176	1.4398	1.9432	2.4469	3.1427	3.7074
7	0.7111	1.4149	1.8942	2.3646	2.9980	3.4995
8	0.7064	1.3968	1.8595	2.3060	2.8965	3.3554
9	0.7027	1.3830	1.8331	2.2622	2.8214	3.2498
10	0.6998	1.3722	1.8125	2.2281	2.7638	3.1693
11	0.6974	1.3634	1.7959	2.2010	2.7181	3.1058
12	0.6955	1.3562	1.7823	2.1788	2.6810	3.0545
13	0.6938	1.3502	1.7709	2.1604	2.6503	3.0123
14	0.6924	1.3450	1.7613	2.1448	2.6245	2.9768
15	0.6912	1.3406	1.7531	2.1315	2.6025	2.9467
16	0.6901	1.3368	1.7459	2.1199	2.5835	2.9208
17	0.6892	1.3334	1.7396	2.1098	2.5669	2.8982
18	0.6884	1.3304	1.7341	2.1009	2.5524	2.8784
19	0.6876	1.3277	1.7291	2.0930	2.5395	2.8609
20	0.6870	1.3253	1.7247	2.0860	2.5280	2.8453
21	0.6864	1.3232	1.7207	2.0796	2.5177	2.8314
22	0.6858	1.3212	1.7171	2.0739	2.5083	2.8188
23	0.6853	1.3195	1.7139	2.0689	2.4999	2.8073
24	0.6848	1.3178	1.7109x	2.0639	2.4922	2.7969
25	0.6844	1.3163	1.7081	2.0595	2.4851	2.7874
26	0.6840	1.3150	1.7056	2.0555	2.4786	2.7787
27	0.6837	1.3137	1.7033	2.0518	2.4727	2.7707

附表3(续)

n	α=0.25	α=0.10	α=0.05	α=0.025	α=0.01	α=0.005
28	0.683 4	1.312 5	1.701 1	2.048 4	2.467 1	2.763 3
29	0.683 0	1.311 4	1.699 1	2.045 2	2.462 0	2.756 4
30	0.682 8	1.310 4	1.697 3	2.042 3	2.457 3	2.750 0
31	0.682 5	1.309 5	1.695 5	2.039 5	2.452 8	2.744 0
32	0.682 2	1.308 6	1.693 9	2.036 9	2.448 7	2.738 5
33	0.682 0	1.307 7	1.692 4	2.034 5	2.444 8	2.733 3
34	0.681 8	1.307 0	1.690 9	2.032 2	2.441 1	2.728 4
35	0.681 6	1.306 2	1.689 6	2.030 1	2.437 7	2.723 8
36	0.681 4	1.305 5	1.688 3	2.028 1	2.434 5	2.719 5
37	0.681 2	1.304 9	1.687 1	2.026 2	2.431 4	2.715 4
38	0.681 0	1.304 2	1.686 0	2.024 4	2.428 6	2.711 6
39	0.680 8	1.303 6	1.684 9	2.022 7	2.425 8	2.707 9
40	0.680 7	1.303 1	1.683 9	2.021 1	2.423 3	2.704 5
41	0.680 5	1.302 5	1.682 9	2.019 5	2.420 8	2.701 2
42	0.680 4	1.302 0	1.682 0	2.018 1	2.418 5	2.698 1
43	0.680 2	1.301 6	1.681 1	2.016 7	2.416 3	2.695 1
44	0.680 1	1.301 1	1.680 2	2.015 4	2.414 1	2.692 3
45	0.680 0	1.300 6	1.679 4	2.014 1	2.412 1	2.689 6

附表 4 F 分布表

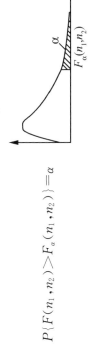

$$P\{F(n_1, n_2) > F_\alpha(n_1, n_2)\} = \alpha$$

$\alpha = 0.10$

n_2 \ n_1	1	2	3	4	5	6	7	8	9	10	12	15	20	24	30	40	60	120	∞
1	39.86	49.50	53.59	55.83	57.24	58.20	58.91	59.44	59.86	60.19	60.71	61.22	61.74	62.00	62.26	62.63	62.79	63.06	63.33
2	8.53	9.00	9.16	9.24	9.29	9.33	9.35	9.37	9.38	9.39	9.41	9.42	9.44	9.45	9.46	9.47	9.47	9.48	9.49
3	5.54	5.46	5.39	5.34	5.31	5.28	5.27	5.25	5.24	5.23	5.22	5.20	5.18	5.18	5.17	5.16	5.15	5.14	5.13
4	4.54	4.32	4.19	4.11	4.05	4.01	3.98	3.95	3.94	3.92	3.90	3.87	3.84	3.83	3.82	3.80	3.79	3.78	3.76
5	4.06	3.78	3.62	3.52	3.45	3.40	3.37	3.34	3.32	3.30	3.27	3.24	3.21	3.19	3.17	3.16	3.14	3.12	3.10
6	3.78	3.46	3.29	3.18	3.11	3.05	3.01	2.98	2.96	2.94	2.90	2.87	2.84	2.82	2.80	2.78	2.76	2.74	2.72
7	3.59	3.26	3.07	2.96	2.88	2.83	2.78	2.75	2.72	2.70	2.67	2.63	2.59	2.58	2.56	2.54	2.51	2.49	2.47
8	3.46	3.11	2.92	2.81	2.73	2.67	2.62	2.59	2.56	2.54	2.50	2.46	2.42	2.40	2.38	2.36	2.34	2.32	2.29
9	3.36	3.01	2.81	2.69	2.61	2.55	2.51	2.47	2.44	2.42	2.38	2.34	2.30	2.28	2.25	2.23	2.21	2.18	2.16
10	3.29	2.92	2.73	2.61	2.52	2.46	2.41	2.38	2.35	2.32	2.28	2.24	2.20	2.18	2.16	2.13	2.11	2.08	2.06
11	3.23	2.86	2.66	2.54	2.45	2.39	2.34	2.30	2.27	2.25	2.21	2.17	2.12	2.10	2.08	2.05	2.03	2.00	1.97
12	3.18	2.81	2.61	2.48	2.39	2.33	2.28	2.24	2.21	2.19	2.15	2.10	2.06	2.04	2.01	1.99	1.96	1.93	1.90
13	3.14	2.76	2.56	2.43	2.35	2.28	2.23	2.20	2.16	2.14	2.10	2.05	2.01	1.98	1.96	1.93	1.90	1.88	1.85
14	3.10	2.73	2.52	2.39	2.31	2.24	2.19	2.15	2.12	2.10	2.05	2.01	1.96	1.94	1.91	1.89	1.86	1.83	1.80
15	3.07	2.70	2.49	2.36	2.27	2.21	2.16	2.12	2.09	2.06	2.02	1.97	1.92	1.90	1.87	1.85	1.82	1.79	1.76

附表 4（续）

n_2 \ n_1	1	2	3	4	5	6	7	8	9	10	12	15	20	24	30	40	60	120	∞
16	3.05	2.67	2.46	2.33	2.24	2.18	2.13	2.09	2.06	2.03	1.99	1.94	1.89	1.87	1.84	1.81	1.78	1.75	1.72
17	3.03	2.64	2.44	2.31	2.22	2.15	2.10	2.06	2.03	2.00	1.96	1.91	1.86	1.84	1.81	1.78	1.75	1.72	1.69
18	3.01	2.62	2.42	2.29	2.20	2.13	2.08	2.04	2.00	1.98	1.93	1.89	1.84	1.81	1.78	1.75	1.72	1.69	1.66
19	2.99	2.61	2.40	2.27	2.18	2.11	2.06	2.02	1.98	1.96	1.91	1.86	1.81	1.79	1.76	1.73	1.70	1.67	1.63
20	2.97	2.59	2.38	2.25	2.16	2.09	2.04	2.00	1.96	1.94	1.89	1.84	1.79	1.77	1.74	1.71	1.68	1.64	1.61
21	2.96	2.57	2.36	2.23	2.14	2.08	2.02	1.98	1.95	1.92	1.87	1.83	1.78	1.75	1.72	1.69	1.66	4.62	1.59
22	2.95	2.56	2.35	2.22	2.13	2.06	2.01	1.97	1.93	1.90	1.86	1.81	1.76	1.73	1.70	1.67	1.64	1.60	1.57
23	2.94	2.55	2.34	2.21	2.11	2.05	1.99	1.95	1.92	1.89	1.84	1.80	1.74	1.72	1.69	1.66	1.62	1.59	1.55
24	2.93	2.54	2.33	2.19	2.10	2.04	1.98	1.94	1.91	1.88	1.83	1.78	1.73	1.70	1.67	1.64	1.61	1.57	1.53
25	2.92	2.53	2.32	2.18	2.09	2.02	1.97	1.93	1.89	1.87	1.82	1.77	1.72	1.69	1.66	1.63	1.59	1.56	1.52
26	2.91	2.52	2.31	2.17	2.08	2.01	1.96	1.92	1.88	1.86	1.81	1.76	1.71	1.68	1.65	1.61	1.58	1.54	1.50
27	2.90	2.51	2.30	2.17	2.07	2.00	1.95	1.91	1.87	1.85	1.80	1.75	1.70	1.67	1.64	1.60	1.57	1.53	1.49
28	2.89	2.50	2.29	2.16	2.06	2.00	1.94	1.90	1.87	1.84	1.79	1.74	1.69	1.66	1.63	1.59	1.56	1.52	1.48
29	2.89	2.50	2.28	2.15	2.06	1.99	1.93	1.89	1.86	1.83	1.86	1.73	1.68	1.65	1.62	1.58	1.55	1.51	1.47
30	2.88	2.49	2.28	2.14	2.05	1.98	1.93	1.88	1.85	1.82	1.77	1.72	1.67	1.64	1.61	1.57	1.54	1.50	1.46
40	2.84	2.44	2.23	2.09	2.00	1.93	1.87	1.83	1.79	1.76	1.71	1.66	1.61	1.57	1.54	1.51	1.47	1.42	1.38
60	2.79	2.39	2.18	2.04	1.95	1.87	1.82	1.77	1.74	1.71	1.66	1.60	1.54	1.51	1.48	1.44	1.40	1.35	1.29
120	2.75	2.35	2.13	1.99	1.90	1.82	1.77	1.72	1.68	1.65	1.60	1.55	1.48	1.45	1.41	1.37	1.32	1.26	1.19
∞	2.71	2.30	2.08	1.94	1.85	1.77	1.72	1.67	1.63	1.60	1.55	1.49	1.42	1.38	1.34	1.30	1.24	1.17	1.00

$\alpha = 0.05$

n_2 \ n_1	1	2	3	4	5	6	7	8	9	10	12	15	20	24	30	40	60	120	∞
1	161.4	199.5	215.7	224.6	230.2	234.0	236.8	238.9	240.5	241.9	243.9	245.9	248.0	249.1	250.1	251.1	252.2	253.3	254.3
2	18.51	19.00	19.16	19.25	19.30	19.33	19.35	19.37	19.38	19.40	19.41	19.43	19.45	19.45	19.46	19.47	19.48	19.49	19.50

附表 4(续)

n_2	n_1																	
	1	2	3	4	5	6	7	8	9	10	12	15	20	24	30	40	60	120	∞
3	10.13	9.55	9.28	9.12	9.01	8.94	8.89	8.85	8.81	8.79	8.74	8.70	8.66	8.64	8.62	8.59	8.57	8.55	8.53
4	7.71	6.94	6.59	6.39	6.26	6.16	6.09	6.04	6.00	5.96	5.91	5.86	5.80	5.77	5.725	5.72	5.69	5.66	5.63
5	6.61	5.79	5.41	5.19	5.05	4.95	4.88	4.82	4.77	4.74	4.68	4.62	4.56	4.53	4.50	4.46	4.43	4.40	4.36
6	5.99	5.14	4.76	4.53	4.39	4.28	4.21	4.15	4.10	4.06	4.00	3.94	3.87	3.84	3.81	3.77	3.74	3.70	3.67
7	5.59	4.74	4.35	4.12	3.97	3.87	3.79	3.73	3.68	3.64	3.57	3.51	3.44	3.41	3.38	3.34	3.30	3.27	3.23
8	5.32	4.46	4.07	3.84	3.69	3.58	3.50	3.44	3.39	3.35	3.28	3.22	3.15	3.12	3.08	3.04	3.01	2.97	2.93
9	5.12	4.26	3.86	3.63	3.48	3.37	3.29	3.23	3.18	3.14	3.07	3.01	2.94	2.90	2.86	2.83	2.79	2.75	2.71
10	4.96	4.10	3.71	3.48	3.33	3.22	3.14	3.07	3.02	2.98	2.91	2.85	2.77	2.74	2.70	2.66	2.62	2.58	2.54
11	4.84	3.98	3.59	3.36	3.20	3.09	3.01	2.95	2.90	2.85	2.79	2.72	2.65	2.61	2.57	2.53	2.49	2.45	2.40
12	4.75	3.89	3.49	3.26	3.11	3.00	2.91	2.85	2.80	2.75	2.69	2.62	2.54	2.51	2.47	2.43	2.38	2.34	2.30
13	4.67	3.81	3.41	3.18	3.03	2.92	2.83	2.77	2.71	2.67	2.60	2.53	2.46	2.42	2.38	2.34	2.30	2.25	2.21
14	4.60	3.74	3.34	3.11	2.96	2.85	2.76	2.70	2.65	2.60	2.53	2.46	2.39	2.35	2.31	2.27	2.22	2.18	2.13
15	4.54	3.68	3.29	3.06	2.90	2.79	2.71	2.64	2.59	2.54	2.48	2.40	2.33	2.29	2.25	2.20	2.16	2.11	2.07
16	4.49	3.63	3.24	3.01	2.85	2.74	2.66	2.59	2.54	2.49	2.42	2.35	2.28	2.24	2.19	2.15	2.11	2.06	2.01
17	4.45	3.59	3.20	2.96	2.81	2.70	2.61	2.55	2.49	2.45	2.38	2.31	2.23	2.19	2.15	2.10	2.06	2.01	1.96
18	4.41	3.55	3.16	2.93	2.77	2.66	2.58	2.51	2.46	2.41	2.34	2.27	2.19	2.15	2.11	2.06	2.02	1.97	1.92
19	4.38	3.52	3.13	2.90	2.74	2.63	2.54	2.48	2.42	2.38	2.31	2.23	2.16	2.11	2.07	2.03	1.98	1.93	1.88
20	4.35	3.49	3.10	2.87	2.71	2.60	2.51	2.45	2.39	2.35	2.28	2.20	2.12	2.08	2.04	1.99	1.95	1.90	1.84
21	4.32	3.47	3.07	2.84	2.68	2.57	2.49	2.42	2.37	2.32	2.25	2.18	2.10	2.05	2.01	1.96	1.92	1.87	1.81
22	4.30	3.44	3.05	2.82	2.66	2.55	2.46	2.40	2.34	2.30	2.23	2.15	2.07	2.03	1.98	1.94	1.89	1.84	1.78
23	4.28	3.42	3.03	2.80	2.64	2.53	2.44	2.37	2.32	2.27	2.20	2.13	2.05	2.01	1.96	1.91	1.86	1.81	1.76
24	4.26	3.40	3.01	2.78	2.62	2.51	2.42	2.36	2.30	2.25	2.18	2.11	2.03	1.98	1.94	1.89	1.84	1.79	1.73

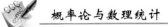

附表 4（续）

n_2 \ n_1	1	2	3	4	5	6	7	8	9	10	12	15	20	24	30	40	60	120	∞
25	4.24	3.39	2.99	2.76	2.60	2.49	2.40	2.34	2.28	2.24	2.16	2.09	2.01	1.96	1.92	1.87	1.82	1.77	1.71
26	4.23	3.37	2.98	2.74	2.59	2.47	2.39	2.32	2.27	2.22	2.15	2.07	1.99	1.95	1.90	1.85	1.80	1.75	1.69
27	4.21	3.35	2.96	2.73	2.57	2.46	2.37	2.31	2.25	2.20	2.13	2.06	1.97	1.93	1.88	1.84	1.79	1.73	1.67
28	4.20	3.34	2.95	2.71	2.56	2.45	2.36	2.29	2.24	2.19	2.12	2.04	1.96	1.91	1.87	1.82	1.77	1.71	1.65
29	4.18	3.33	2.93	2.70	2.55	2.43	2.35	2.28	2.22	2.18	2.10	2.03	1.94	1.90	1.85	1.81	1.75	1.70	1.64
30	4.17	3.32	2.92	2.69	2.53	2.42	2.33	2.27	2.21	2.16	2.09	2.01	1.93	1.89	1.84	1.79	1.74	1.68	1.62
40	4.08	3.23	2.84	2.61	2.45	2.34	2.25	2.18	2.12	2.08	2.00	1.92	1.84	1.79	1.74	1.69	1.64	1.58	1.51
60	4.00	3.15	2.76	2.53	2.37	2.25	2.17	2.10	2.04	1.99	1.92	1.84	1.75	1.70	1.65	1.59	1.53	1.47	1.39
120	3.92	3.07	2.68	2.45	2.29	2.17	2.09	2.02	1.96	1.91	1.83	1.75	1.66	1.61	1.55	1.50	1.43	1.35	1.25
∞	3.84	3.00	2.60	2.37	2.21	2.10	2.01	1.94	1.88	1.83	1.75	1.67	1.57	1.52	1.46	1.39	1.32	1.22	1.00

$\alpha = 0.025$

n_2 \ n_1	1	2	3	4	5	6	7	8	9	10	12	15	20	24	30	40	60	120	∞
1	647.8	799.5	864.2	899.6	921.8	937.1	948.2	956.7	963.3	968.6	976.7	984.9	993.1	997.2	1001	1006	1010	1014	1018
2	38.51	39.00	39.17	39.25	39.30	39.33	39.36	39.37	39.39	39.39	39.41	39.43	39.45	39.46	39.46	39.47	39.48	39.49	39.50
3	17.44	16.04	15.44	15.10	14.88	14.73	14.62	14.54	14.47	14.42	14.34	14.25	14.17	14.12	14.08	14.04	13.99	13.95	13.90
4	12.22	10.65	9.98	9.60	9.36	9.20	9.07	8.98	8.90	8.84	8.75	8.66	8.56	8.51	8.46	8.41	8.36	8.31	8.26
5	10.01	8.43	7.76	7.39	7.15	6.98	6.85	6.76	6.68	6.62	6.52	6.43	6.33	6.28	6.23	6.18	6.12	6.07	6.02
6	8.81	7.26	6.60	6.23	5.99	5.82	5.70	5.60	5.52	5.46	5.37	5.27	5.17	5.12	5.07	5.01	4.96	4.90	4.85
7	8.07	6.54	5.89	5.52	5.29	5.12	4.99	4.90	4.82	4.76	4.67	4.57	4.47	4.42	4.36	4.31	4.25	4.20	4.14
8	7.57	6.06	5.42	5.05	4.82	4.65	4.53	4.43	4.36	4.30	4.20	4.10	4.00	3.95	3.89	3.84	3.78	3.73	3.67
9	7.21	5.71	5.08	4.72	4.48	4.32	4.20	4.10	4.03	3.96	3.87	3.77	3.67	3.61	3.56	3.51	3.45	3.39	3.33
10	6.94	5.46	4.83	4.47	4.24	4.07	3.95	3.85	3.78	3.72	3.62	3.52	3.42	3.37	3.31	3.26	3.20	3.14	3.08
11	6.72	5.26	4.63	4.28	4.04	3.88	3.76	3.66	3.59	3.53	3.43	3.33	3.23	3.17	3.12	3.06	3.00	2.94	2.88
12	6.55	5.10	4.47	4.12	3.89	3.73	3.61	3.51	3.44	3.37	3.28	3.18	3.07	3.02	2.96	2.91	2.85	2.79	2.72

附表 4（续）

n_2	n_1																	
	1	2	3	4	5	6	7	8	9	10	12	15	20	24	30	40	60	120	∞
13	6.41	4.97	4.35	4.00	3.77	3.60	3.48	3.39	3.31	3.25	3.15	3.05	2.95	2.89	2.84	2.78	2.72	2.66	2.60
14	6.30	4.86	4.24	3.89	3.66	3.50	3.38	3.29	3.21	3.15	3.05	2.95	2.84	2.79	2.73	2.67	2.61	2.55	2.49
15	6.20	4.77	4.15	3.80	3.58	3.41	3.29	3.20	3.12	3.06	2.96	2.86	2.76	2.70	2.64	2.59	2.52	2.46	2.40
16	6.12	4.69	4.08	3.73	3.50	3.34	3.22	3.12	3.05	2.99	2.89	2.79	2.68	2.63	2.57	2.51	2.45	2.38	2.32
17	6.04	4.62	4.01	3.66	3.44	3.28	3.16	3.06	2.98	2.92	2.82	2.72	2.62	2.56	2.50	2.44	2.38	2.32	2.25
18	5.98	4.56	3.95	3.61	3.38	3.22	3.10	3.01	2.93	2.87	2.77	2.67	2.56	2.50	2.44	2.38	2.32	2.26	2.19
19	5.92	4.51	3.90	3.56	3.33	3.17	3.05	2.96	2.88	2.82	2.72	2.62	2.51	2.45	2.39	2.33	2.27	2.20	2.13
20	5.87	4.46	3.86	3.51	3.29	3.13	3.01	2.91	2.84	2.77	2.68	2.57	2.46	2.41	2.35	2.29	2.22	2.16	2.09
21	5.83	4.42	3.82	3.48	3.25	3.09	2.97	2.87	2.80	2.73	2.64	2.53	2.42	2.37	2.31	2.25	2.18	2.11	2.04
22	5.79	4.38	3.78	3.44	3.22	3.05	2.93	2.84	2.76	2.70	2.60	2.50	2.39	2.33	2.27	2.21	2.14	2.08	2.00
23	5.75	4.35	3.75	3.41	3.18	3.02	2.90	2.81	2.73	2.67	2.57	2.47	2.36	2.30	2.24	2.18	2.11	2.04	1.97
24	5.72	4.32	3.72	3.38	3.15	2.99	2.87	2.78	2.70	2.64	2.54	2.44	2.33	2.27	2.21	2.15	2.08	2.01	1.94
25	5.69	4.29	3.69	3.35	3.13	2.97	2.85	2.75	2.68	2.61	2.51	2.41	2.30	2.24	2.18	2.12	2.05	1.98	1.91
26	5.66	4.27	3.67	3.33	3.10	2.94	2.82	2.73	2.65	2.59	2.49	2.39	2.28	2.22	2.16	2.09	2.03	1.95	1.88
27	5.63	4.24	3.65	3.31	3.08	2.92	2.80	2.71	2.63	2.57	2.47	2.36	2.25	2.19	2.13	2.07	2.00	1.93	1.85
28	5.61	4.22	3.63	3.29	3.06	2.90	2.78	2.69	2.61	2.55	2.45	2.34	2.23	2.17	2.11	2.05	1.98	1.91	1.83
29	5.59	4.20	3.61	3.27	3.04	2.88	2.76	2.67	2.59	2.53	2.43	2.32	2.21	2.15	2.09	2.03	1.96	1.89	1.81
30	5.57	4.18	3.59	3.25	3.03	2.87	2.75	2.65	2.57	2.51	2.41	2.31	2.20	2.14	2.07	2.01	1.94	1.87	1.79
40	5.42	4.05	3.46	3.13	2.90	2.74	2.62	2.53	2.45	2.39	2.29	2.18	2.07	2.01	1.94	1.88	1.80	1.72	1.64
60	5.29	3.93	3.34	3.01	2.79	2.63	2.51	2.41	2.33	2.27	2.17	2.06	1.94	1.88	1.82	1.74	1.67	1.58	1.48
120	5.15	3.80	3.23	2.89	2.67	2.52	2.39	2.30	2.22	2.16	2.05	1.94	1.82	1.76	1.69	1.61	1.53	1.43	1.31
∞	5.02	3.69	3.12	2.79	2.57	2.41	2.29	2.19	2.11	2.05	1.94	1.83	1.71	1.64	1.57	1.48	1.39	1.27	1.00

附表4（续）

$\alpha = 0.01$

n_2 \ n_1	1	2	3	4	5	6	7	8	9	10	12	15	20	24	30	40	60	120	∞
1	4 052	4 999.5	5 403	5 625	5 764	5 859	5 928	5 982	6 022	6 056	6 106	6 157	6 209	6 235	6 261	6 287	6 313	6 339	6 366
2	98.50	99.00	99.17	99.25	99.30	99.33	99.36	99.37	99.39	99.40	99.42	99.43	99.45	99.46	99.47	99.47	99.48	99.49	99.50
3	34.12	30.82	29.46	28.71	28.24	27.91	27.67	27.49	27.35	27.23	27.05	26.87	26.69	26.60	26.50	26.41	26.32	26.22	26.13
4	21.20	18.00	16.69	15.98	15.52	15.21	14.98	14.80	14.66	14.55	14.37	14.20	14.02	13.93	13.84	13.75	13.65	13.56	13.46
5	16.26	13.27	12.06	11.39	10.97	10.67	10.46	10.29	10.16	10.05	9.89	9.72	9.55	9.47	9.38	9.29	9.20	9.11	9.02
6	13.75	10.92	9.78	9.15	8.75	8.47	8.26	8.10	7.98	7.87	7.72	7.56	7.40	7.31	7.23	7.14	7.06	6.97	6.88
7	12.25	9.55	8.45	7.85	7.46	7.19	6.99	6.84	6.72	6.62	6.47	6.31	6.16	6.07	5.99	5.91	5.82	5.74	5.65
8	11.26	8.65	7.59	7.01	6.63	6.37	6.18	6.03	5.91	5.81	5.67	5.52	5.36	5.28	5.20	5.12	5.03	4.95	4.86
9	10.56	8.02	6.99	6.42	6.06	5.80	5.61	5.47	5.35	5.26	5.11	4.96	4.81	4.73	4.65	4.57	4.48	4.40	4.31
10	10.04	7.56	6.55	5.99	5.64	5.39	5.20	5.06	4.94	4.85	4.71	4.56	4.41	4.33	4.25	4.17	4.08	4.00	3.91
11	9.65	7.21	6.22	5.67	5.32	5.07	4.89	4.74	4.63	4.54	4.40	4.25	4.10	4.02	3.94	3.86	3.78	3.69	3.60
12	9.33	6.93	5.95	5.41	5.06	4.82	4.64	4.50	4.39	4.30	4.16	4.01	3.86	3.78	3.70	3.62	3.54	3.45	3.36
13	9.07	6.70	5.74	5.21	4.86	4.62	4.44	4.30	4.19	4.10	3.96	3.82	3.66	3.59	3.51	3.43	3.34	3.25	3.17
14	8.86	6.51	5.56	5.04	4.69	4.46	4.28	4.14	4.03	3.94	3.80	3.66	3.51	3.43	3.35	3.27	3.18	3.09	3.00
15	8.68	6.36	5.42	4.89	4.56	4.32	4.14	4.00	3.89	3.80	3.67	3.52	3.37	3.29	3.21	3.13	3.05	2.96	2.87
16	8.53	6.23	5.29	4.77	4.44	4.20	4.03	3.89	3.78	3.69	3.55	3.41	3.26	3.18	3.10	3.02	2.93	2.84	2.75
17	8.40	6.11	5.18	4.67	4.34	4.10	3.93	3.79	3.68	3.59	3.46	3.31	3.16	3.08	3.00	2.92	2.83	2.75	2.65
18	8.29	6.01	5.09	4.58	4.25	4.01	3.84	3.71	3.60	3.51	3.37	3.23	3.08	3.00	2.92	2.84	2.75	2.66	2.57
19	8.18	5.93	5.01	4.50	4.17	3.94	3.77	3.63	3.52	3.43	3.30	3.15	3.00	2.92	2.84	2.76	2.67	2.58	2.49
20	8.10	5.85	4.94	4.43	4.10	3.87	3.70	3.56	3.46	3.37	3.23	3.09	2.94	2.86	2.78	2.69	2.61	2.52	2.42
21	8.02	5.78	4.87	4.37	4.04	3.81	3.64	3.51	3.40	3.31	3.17	3.03	2.88	2.80	2.72	2.64	2.55	2.46	2.36
22	7.95	5.72	4.82	4.31	3.99	3.76	3.59	3.45	3.35	3.26	3.12	2.98	2.83	2.75	2.67	2.58	2.50	2.40	2.31
23	7.88	5.66	4.76	4.26	3.94	3.71	3.54	3.41	3.30	3.21	3.07	2.93	2.78	2.70	2.62	2.54	2.45	2.35	2.26
24	7.82	5.61	4.72	4.22	3.90	3.67	3.50	3.36	3.26	3.17	3.03	2.89	2.74	2.66	2.58	2.49	2.40	2.31	2.21

附表 4(续)

n_2	\ n_1 1	2	3	4	5	6	7	8	9	10	12	15	20	24	30	40	60	120	∞
25	7.77	5.57	4.68	4.18	3.85	3.63	3.46	3.32	3.22	3.13	2.99	2.85	2.70	2.62	2.54	2.45	2.36	2.27	2.17
26	7.72	5.53	4.64	4.14	3.82	3.59	3.42	3.29	3.18	3.09	2.96	2.81	2.66	2.58	2.50	2.42	2.33	2.23	2.13
27	7.68	5.49	4.60	4.11	3.78	3.56	3.39	3.26	3.15	3.06	2.93	2.78	2.63	2.55	2.47	2.38	2.29	2.20	2.10
28	7.64	5.45	4.57	4.07	3.75	3.53	3.36	3.23	3.12	3.03	2.90	2.75	2.60	2.52	2.44	2.35	2.26	2.17	2.06
29	7.60	5.42	4.54	4.04	3.73	3.50	3.33	3.20	3.09	3.00	2.87	2.73	2.57	2.49	2.41	2.33	2.23	2.14	2.03
30	7.56	5.39	4.51	4.02	3.70	3.47	3.30	3.17	3.07	2.98	2.84	2.70	2.55	2.47	2.39	2.30	2.21	2.11	2.01
40	7.31	5.18	4.31	3.83	3.51	3.29	3.12	2.99	2.89	2.80	2.66	2.52	2.37	2.29	2.20	2.11	2.02	1.92	1.80
60	7.08	4.98	4.13	3.65	3.34	3.12	2.95	2.82	2.72	2.63	2.50	2.35	2.20	2.12	2.03	1.94	1.84	1.73	1.60
120	6.85	4.79	3.95	3.48	3.17	2.96	2.79	2.66	2.56	2.47	2.34	2.19	2.03	1.95	1.86	1.76	1.66	1.53	1.38
∞	6.63	4.61	3.78	3.32	3.02	2.80	2.64	2.51	2.41	2.32	2.18	2.04	1.88	1.79	1.70	1.59	1.47	1.32	1.00

概率论与数理统计

附录 E 概率论与数理统计发展简史

概率论的发展

早在 16 世纪,赌博中的偶然现象就开始引起人们的注意.数学家卡丹诺(Cardano)首先觉察到,赌博输赢虽然是偶然的,但较大的赌博次数会呈现一定的规律性,卡丹诺为此还写了一本《论赌博》的小册子,书中计算了掷两颗骰子或三颗骰子时,在一切可能的方法中有多少方法得到某一点数.据说,曾与卡丹诺在三次方程发明权上发生争论的塔尔塔里亚,也曾做过类似的实验.

促使概率论产生的强大动力来自社会实践.首先是保险事业.文艺复兴后,随着航海事业的发展,意大利开始出现海上保险业务.16 世纪末,欧洲不少国家已把保险业务扩大到其他工商业上,保险的对象都是偶然性事件.为了保证保险公司赢利,又使参加保险的人愿意参加保险,就需要根据对大量偶然现象规律性的分析,去创立保险的一般理论.于是,一种专门适用于分析偶然现象的数学工具也就十分必要了.

不过,作为数学科学之一的概率论,其基础并不是在上述实际问题上形成的.因为这些问题的大量随机现象,常被许多错综复杂的因素所干扰,使它难以呈"自然的随机状态".因此,必须从简单的材料来研究随机现象的规律性,这种材料就是所谓的"随机博弈".在近代概率论创立之前,人们正是通过对这种随机博弈现象的分析,注意到了它的一些特性,比如"多次实验中的频率稳定性"等,然后经加工提炼而形成了概率论.

荷兰数学家、物理学家惠更斯(Huygens)于 1657 年发表了关于概率论的早期著作《论赌博中的计算》.在此期间,法国的费尔马(Fermat)与帕斯卡(Pascal)也在相互通信中探讨了随机博弈现象中所出现的概率论的基本定理和法则.惠更斯等人的工作建立了概率和数学期望等主要概念,找出了它们的基本性质和演算方法,从而塑造了概率论的雏形.

附录 E 概率论与数理统计发展简史

18世纪是概率论的正式形成和发展时期. 1713年,贝努里(Bernoulli)的名著《推想的艺术》发表. 在这部著作中,贝努里明确指出了概率论最重要的定律之———"大数定律",并且给出了证明,这使以往建立在经验之上的频率稳定性推测理论化了,从此概率论从对特殊问题的求解,发展到了一般的理论概括.

继贝努里之后,法国数学家棣莫佛(Abraham de Moiver)于1781年发表了《机遇原理》. 书中提出了概率乘法法则,以及"正态分"和"正态分布律"的概念,为概率论的"中心极限定理"的建立奠定了基础.

1706年,法国数学家蒲丰(Buffon)的《偶然性的算术试验》完成,他把概率和几何结合起来,开始了几何概率的研究,他提出的"蒲丰问题"就是采取概率的方法来求圆周率 π 的尝试.

通过贝努里和棣莫佛的努力,数学方法有效地应用于概率研究之中,这就把概率论的特殊发展同数学的一般发展联系起来,使概率论一开始就成为数学的一个分支.

概率论问世不久,就在应用方面发挥了重要的作用. 例如,牛痘在欧洲大规模接种之后,曾因副作用引起争议. 这时贝努里的侄子丹尼尔·贝努里(Daniel Bernoulli)根据大量的统计资料,作出了种牛痘能延长人类平均寿命三年的结论,消除了一些人的恐惧和怀疑;欧拉(Euler)将概率论应用于人口统计和保险,写出了《关于死亡率和人口增长率问题的研究》《关于孤儿保险》等文章;泊松(Poisson)又将概率应用于射击的各种问题的研究,提出了《打靶概率研究报告》;等等. 总之,概率论在18世纪确立后,就充分地反映了其广泛的实践意义.

19世纪概率论朝着建立完整的理论体系和更广泛的应用方向发展. 其中为之做出较大贡献的有:法国数学家拉普拉斯(Laplace),德国数学家高斯(Gauss),英国物理学家、数学家麦克斯韦(Maxwell),美国数学家、物理学家吉布斯(Gibbs)等. 概率论的广泛应用,使它于18和19两个世纪成为热门学科,几乎所有的科学领域,包括神学等社会科学都企图借助于概率论去解决问题,这在一定程度上造成了"滥用"的情况. 到19世纪后半期时,人们不得不重新对概率进行检查,为它奠定牢固的逻辑基础,使它成为一门强有力的学科.

1917年,伯恩斯坦首先给出了概率论的公理体系. 1933年,柯尔莫哥洛夫又以更完整的形式提出了概率论的公理结构,从此,更现代意义上的完整的概率论臻于完美.

相对于其他许多数学分支而言,数理统计是一个比较年轻的数学分支. 多数人认为它的形成是在20世纪40年代克拉美(H. Carmer)的著作《统计学的数学方法》问世之时，它使得1945年以前的25年间英、美统计学家在统计学方面的工作与法、俄数学家在概率论方面的工作结合起来，从而形成数理统计这门学科. 它是以对随机现象观测所取得的资料为出发点，以概率论为基础来研究随机现象的一门学科，有很多分支，但其基本内容为采集样本和统计推断两大部分. 发展到今天的现代数理统计学，又经历了各种历史变迁.

统计的发展

统计的早期开端大约是在公元前1世纪初的人口普查计算中，这是统计性质的工作，但还不能算作是现代意义下的统计学. 到了18世纪，统计才开始向一门独立的学科发展，用于描述表征一个状态的条件的一些特征，这是由于受到概率论的影响.

高斯从描述天文观测的误差而引进正态分布，并使用最小二乘法作为估计方法，是近代数理统计学发展初期的重大事件，18世纪到19世纪初期的这些贡献，对社会发展有很大的影响. 例如，用正态分布描述观测数据，后来被广泛地用到生物学中，其应用是如此普遍，以至在19世纪相当长的时期内，包括高尔顿(Galton)在内的一些学者认为这个分布可用于描述几乎一切常见的数据. 直到现在，有关正态分布的统计方法，仍是常用统计方法中很重要的一部分. 最小二乘法方面的工作，从20世纪初以来，又经过了一些学者的发展，如今成了数理统计学中的主要方法.

从高斯年代到20世纪初这一段时间，统计学理论发展不快，但仍有若干工作对后世产生了很大的影响. 其中，贝叶斯(Bayes)在1763年发表的《论有关机遇问题的求解》，提出了进行统计推断的方法论方面的一种见解，在这个时期逐步发展成统计学中的贝叶斯学派(如今，这个学派的影响愈来愈大). 现在我们所理解的统计推断程序，最早的是贝叶斯方法，高斯和拉普拉斯应用贝叶斯定理讨论了参数的估计法，那时使用的符号和术语至今仍然沿用. 再如前面提到的高尔顿在回归方面的先驱性工作，也是这个时期的主要发展，他在遗传研究中为了弄清父子两辈特征的相关关系，揭示了统计方法在生物学研究中的应用，他引进回归直线、相关系数的概念，成为回归分析的创始人.

附录 E 概率论与数理统计发展简史

数理统计学发展史上极重要的一个时期是从 19 世纪到第二次世界大战结束. 现在, 多数人倾向于把现代数理统计学的起点和达到成熟定为这个时期的始末. 这确是数理统计学蓬勃发展的一个时期, 许多重要的基本观点、方法, 统计学中主要的分支学科, 都是在这个时期建立和发展起来的. 以费歇尔(R. A. Fisher)和皮尔逊(K. Pearson)为首的英国统计学派, 在这个时期起了主导作用, 特别是费歇尔.

继高尔顿之后, 皮尔逊进一步发展了回归与相关的理论, 成功地创建了生物统计学, 并得到了"总体"的概念. 1891 年之后, 皮尔逊潜心研究区分物种时用的数据的分布理论, 提出了"概率"和"相关"的概念. 接着, 又提出标准差、正态曲线、平均变差、均方根误差等一系列数理统计基本术语. 皮尔逊致力于大样本理论的研究, 他发现不少生物方面的数据有显著的偏态, 不适合用正态分布去刻画, 为此他提出了后来以他的名字命名的分布族, 为估计这个分布族中的参数, 他提出了"矩法". 为考察实际数据与这族分布的拟合分布优劣问题, 他引进了著名的"χ^2 检验法", 并在理论上研究了其性质. 这个检验法是假设检验最早、最典型的方法, 他在理论分布完全给定的情况下求出了检验统计量的极限分布. 1901 年, 他创办了《生物统计学》, 使数理统计有了自己的阵地, 这是 20 世纪初叶数学的重大收获之一.

1908 年, 皮尔逊的学生戈赛特(Gosset)发现了 Z 的精确分布, 创始了"精确样本理论". 他署名"Student"在《生物统计学》上发表文章, 改进了皮尔逊的方法. 他的发现不仅不再依靠近似计算, 而且能用所谓小样本进行统计推断, 并使统计学的对象由集团现象转变为随机现象. 现"Student 分布"已成为数理统计学中的常用工具, "Student 氏"也是一个常见的术语.

英国实验遗传学家兼统计学家费歇尔是将数理统计作为一门数学学科的奠基者, 他开创的试验设计法, 凭借随机化的手段成功地把概率模型带进了实验领域, 并建立了方差分析法来分析这种模型. 费歇尔的试验设计, 既把实践带入理论的视野内, 又促进了实践的进展, 从而大量地节省了人力、物力. 试验设计这个主题, 后来为众多数学家所发展. 费歇尔还引进了显著性检验的概念, 成为假设检验理论的先驱. 他考察了估计的精度与样本所具有的信息之间的关系而得到信息量概念, 他对测量数据中的信息, 压缩数据而不损失信息, 以及对一个模型的参数估计等贡献了完善的理论概念, 他把一致性、有效性和充分性作为参数估计量应具备的基本性质. 同时, 费歇尔还在 1912 年提出了极大似然法, 这是应用上最广的一种估计法. 他在 20 年代的工作奠定了参数估计的理论基础. 关于 χ^2

检验,费歇尔于 1924 年解决了理论分布包含有限个参数情况,基于此方法的列表检验在应用上有重要意义.费歇尔在一般的统计思想方面也做出了重要的贡献,他提出的"信任推断法"在统计学界引起了相当大的兴趣和争论,费歇尔给出了许多现代统计学的基础概念,思考方法十分直观,他造就了一个学派,在纯粹数学和应用数学方面都建树卓越.

  这个时期做出重要贡献的统计学家中,还应提到奈曼(J. Neyman)和皮尔逊(E. Pearson).他们在从 1928 年开始的一系列重要工作中,发展了假设检验的系列理论.奈曼-皮尔逊假设检验理论提出和精确化了一些重要概念.该理论对后世也产生了巨大影响,它是现今统计教科书中不可缺少的一个组成部分.奈曼还创立了系统的置信区间估计理论,早在奈曼工作之前,区间估计就已是一种常用形式,奈曼从 1934 年开始的一系列工作,把区间估计理论置于柯尔莫哥洛夫概率论公理体系的基础之上,因而奠定了严格的理论基础,而且他还把求区间估计的问题表达为一种数学上的最优解问题,这个理论与奈曼-皮尔逊假设检验理论,对于数理统计形成为一门严格的数学分支起了重大作用.

  以费歇尔为代表人物的英国成为数理统计研究的中心时,美国在第二次世界大战中发展亦快,有三个统计研究组在投弹问题上进行了 9 项研究,其中最有成效的哥伦比亚大学研究小组在理论和实践上都有重大建树,而最为著名的是首先系统地研究了"序贯分析",它被称为"30 年代最有威力"的统计思想."序贯分析"系统理论的创始人是著名统计学家沃德(Wald).他是原籍罗马尼亚的英国统计学家,于 1934 年系统发展了早在 20 年代就受到注意的序贯分析法.沃德在统计方法中引进的"停止规则"的数学描述,是序贯分析的概念基础,并已证明是现代概率论与数理统计学中最富于成果的概念之一.

  从第二次世界大战后到现在,是统计学发展的第三个时期,这是一个在前一段发展的基础上,随着生产和科技的普遍进步,而使这个学科得到飞速发展的一个时期,同时,也出现了不少有待解决的大问题.这一时期的发展可总结如下:

  第一,统计学在应用上愈来愈广泛.统计学的发展一开始就是应实际的要求,并与实际密切结合的.在第二次世界大战前,已在生物、农业、医学、社会、经济等方面有不少应用,在工业和科技方面也有一些应用,而后在第二次世界大战后得到了特别引人注目的进展.例如,归纳"统计质量管理"名目下众多的统计方法,在大规模工业生产中的应用得到了很大的成功,目前已被认为是不可缺少的.统计学应用的广泛性,也可以从下述情况得到印证:统计学已成为高等学校中许多专业必修的内容;统计学专业的毕业生的人数,以及从事统计学的应用、教学和研究工作的人数大幅度增长;有关统计学的著作和期刊的数量显着增长.

第二,统计学理论也取得重大进展.理论上的成就,综合起来大致有两个主要方面:一方面是沃德提出的"统计决策理论",另一方面就是大样本理论.

沃德是20世纪对统计学面貌的改观有重大影响的少数几个统计学家之一. 1950年,他发表了题为《统计决策函数》的著作,正式提出了"统计决策理论". 沃德本来的想法,是要把统计学的各分支都统一在"人与大自然的博奕"这个模式下,以便做出统一处理. 不过,往后的发展表明,他最初的设想并未取得很大的成功,但有着两方面的重要影响:一是沃德把统计推断的后果与经济上的得失联系起来,这使统计方法更直接应用于经济性决策的领域;二是沃德理论中所引进的许多概念和问题的新提法,丰富了以往的统计理论.

贝叶斯统计学派的基本思想,源于英国学者贝叶斯的一项工作,发表于他去世后的1763年,后世的学者把它发展为一整套关于统计推断的系统理论. 信奉这种理论的统计学者组成了贝叶斯学派. 这个理论在两个方面与传统理论(即基于概率的频率解释)有根本的区别:一是否定概率的频率的解释,这涉及与此有关的大量统计概念,而提倡给概率以"主观上的相信程度"这样的解释;二是"先验分布"的使用,先验分布被理解为在抽样前对推断对象的知识的概括. 按照贝叶斯学派的观点,样本的作用在于且仅在于对先验分布做修改,而过渡到"后验分布",其中综合了先验分布中的信息与样本中包含的信息. 近几十年来其信奉者愈来愈多,二者之间的争论,是第二次世界大战后时期统计学的一个重要特点. 在这种争论中提出了不少问题,促使人们对其进行研究,其中有的是很根本性的. 贝叶斯学派与沃德统计决策理论的联系在于:这二者的结合,产生"贝叶斯决策理论",它构成了统计决策理论在实际应用上的主要内容.

第三,电子计算机的应用对统计学的影响,主要体现在以下几个方面. 首先,一些需要大量计算的统计方法,过去因计算工具不行而无法使用,有了计算机,这一切都不成问题. 其次,按传统数理统计学理论,一个统计方法效果如何,甚至一个统计方法如何付诸实施,都有赖于决定某些统计量的分布,而这常常是极困难的. 计算机提供了一个新的途径:模拟. 为了把一个统计方法与其他方法比较,可以选择若干组在应用上有代表性的条件,在这些条件下,通过模拟去比较两个方法的性能,然后做出综合分析,从而避开了理论上难以解决的难题,有极大的实用意义.

参 考 答 案

习题1

第一部分

1. D. 2. B. 3. C. 4. B. 5. D. 6. D. 7. C. 8. D. 9. B. 10. B. 11. D.
12. B. 13. D. 14. C. 15. B. 16. C. 17. A. 18. B. 19. B. 20. B. 21. C.
22. B. 23. C. 24. D. 25. A. 26. B.

第二部分

1. $\{0,1,2,\cdots,n,\cdots\}$. 2. $A_1A_1A_1+A_1A_1A_2+A_1A_2A_2+A_1A_1A_3$. 3. $A \supset B$. 4. 0.

5. 0.90. 6. $\dfrac{9\times 8\times 7\times 6}{10^4}=0.3024$. 7. $\dfrac{5}{18}$. 8. $\dfrac{10\ 879}{11\ 100}=0.980\ 09$. 9. 0.980 1.

10. $\dfrac{95}{203}$. 11. $\dfrac{3}{4}$. 12. $\dfrac{1}{4}$. 13. $\dfrac{4}{70}(=0.057)$. 14. $\dfrac{3}{5}$.

15. $1-(1-\alpha)(1-\beta)(1-\gamma)$. 16. $\dfrac{8^5}{10^5}=(0.8)^5=0.327\ 68$. 17. $\sum_{i=1}^{n}P(A_1)P(B|A_i)$.

18. 0.35. 19. $1-p^n$. 20. 0.4. 21. $p^4+4p^3(1-p)$. 22. $\dfrac{189}{256}$. 23. $\dfrac{51}{56}$.

24. 0.74. 25. $\dfrac{1}{18}$. 26. $(0.94)^n$, $C_n^2(0.94)^{n-2}(0.06)^2$.

第三部分

1. $\Omega=\{(正,正),(正,反),(反,正),(反,反)\}$.

2. 设 $A_i(i=1,2,3)$ 表示"第 i 个孩子是男孩",则样本空间 $\Omega=\{A_1A_2A_3,A_1A_2\overline{A_3},$
$A_1\overline{A_2}A_3,\overline{A_1}A_2A_3,A_1\overline{A_2}\ \overline{A_3},\overline{A_1}A_2\overline{A_3},\overline{A_1}\ \overline{A_2}A_3,\overline{A_1}\ \overline{A_2}\ \overline{A_3}\}$.

3. $AB,\overline{A},\overline{B},\overline{A}\overline{B},A-B,A+B$ 及 $\overline{AB}$ 分别表示:两个都为合格品,第一个不是合格品,第二个不是合格品,两个都为不合格品,第一个是合格品且第二个不是合格品,两个中至少有一个合格品,两个中至少有一个不合格品.

4. (1) $A\overline{B}\overline{C}$;(2) ABC;(3) $\overline{A}\overline{B}\overline{C}$;(4) $A+B+C$;(5) $A\overline{B}\overline{C}+\overline{A}B\overline{C}+\overline{A}\overline{B}C$;(6) $\overline{A}(B+C)$;(7) $\overline{AB+BC+CA}$;(8) $AB+BC+CA$;(9) $\overline{ABC}$ 或 $\overline{A}+\overline{B}+\overline{C}$;(10) $AB\overline{C}+A\overline{B}C+\overline{A}BC$.

5. (1)是;(2)是;(3)$B=\overline{A_0}$ 或 $B=A_1+A_2+A_3$. 6. (1) 0.8;(2) 0.8;(3) 0.2.

7. 0.35. 8. $\dfrac{1}{12}$. 9. $\dfrac{19}{130}$. 10. (1) $\dfrac{1}{5}$;(2) $\dfrac{3}{5}$. 11. $\dfrac{3}{8},\dfrac{9}{16},\dfrac{1}{16}$. 12. 0.879 34.

13. $\dfrac{2}{3}$. 14. 0.5. 15. 0.320 8. 16. 0.72. 17. (1) 0.973;(2) 0.25.

18. (1) 0.52;(2) 0.923. 19. $\dfrac{1}{3}$. 20. 0.28. 21. $\dfrac{3}{5}$. 22. 0.684.

23. (1) 0.003;(2) 0.388. 24. 0.314. 25. 0.93. 26. (1) 0.308 7;(2) 0.472.

27. (1) 0.321;(2) 0.436. 28. 0.994.

习题 2

第一部分

1. D. 2. A. 3. B. 4. B. 5. C. 6. D. 7. B. 8. A. 9. A. 10. D. 11. A.
12. A. 13. C. 14. C. 15. B. 16. B. 17. A. 18. A. 19. A. 20. A.
21. D. 22. D. 23. A. 24. D. 25. D.

第二部分

1. 0.1. 2. $\dfrac{1}{2^k}(k=1,2,3,\cdots)$. 3. $1-(1-p)^n$. 4. $\dfrac{64}{111}$. 5. $e^{-\lambda}$. 6. $2\sqrt{3}$.

7. 0.687 5. 8. $\dfrac{1}{27}$. 9. $F(x_0)-F(x_0-0)$. 10. $\dfrac{16}{25}$. 11.

X	-2	0
P	$\dfrac{1}{3}$	$\dfrac{2}{3}$

12. $F(2)+F(1)-1$. 13. 0.977 25. 14. $\dfrac{1}{2\pi},\dfrac{1}{4}$. 15. 0.045 5. 16. e^{-2}.

17. 0.64. 18. 1. 19. $2F(a)-1$. 20. $\mu\left(因为 P\{X<\mu\}=\dfrac{1}{2},所以应有 k=\mu\right)$.

21.

Y	5	3	1
P	0.05	0.40	0.55

22. $\dfrac{1}{3}f\left(\dfrac{y-1}{3}\right)$. 23. $N(b,a^2)$. 24. $\dfrac{1}{3}$.

第三部分

1.

X	0	1	2	3
P	$\dfrac{7}{10}$	$\dfrac{7}{30}$	$\dfrac{7}{120}$	$\dfrac{1}{120}$

2.

X	1	2	3	4	5	6	7	8
P	$\dfrac{3}{10}$	$\dfrac{7}{30}$	$\dfrac{7}{40}$	$\dfrac{1}{8}$	$\dfrac{1}{12}$	$\dfrac{1}{20}$	$\dfrac{1}{40}$	$\dfrac{1}{120}$

$\dfrac{23}{60}$.

3. $P\{X=n\}=q^{n-1}p$,其中 $q=p-1,n=1,2,\cdots$. 4. 不正确. 因为 $\dfrac{1}{2}+\dfrac{1}{3}+\dfrac{1}{4}\neq 1$.

5. 0.998 3. 6. (1) $e^{-4}\dfrac{4^8}{8!}$;(2) $\sum_{k=8}^{\infty}e^{-4}\dfrac{4^k}{k!}$. 7. $\dfrac{2}{3e^2}\approx 0.090\ 2$. 8. (1) $a=100$;

(2) $\dfrac{19}{27}$. 9. (1) $c=2$;(2) 0.4, 0.25. 10. (1) $c=\dfrac{1}{2}$;(2) $\dfrac{1}{2}(1-e^{-1})$. 11. $\dfrac{3}{5}$.

12. $P(Y=k)=C_5^k e^{-2k}(1-e^{-2})^{5-k}, k=0,1,\cdots;0.5167$. **13.** 证明略.

14. (1) $a=\dfrac{1}{4}$;(2) $\dfrac{3}{4},\dfrac{1}{4}$;(3) $F(x)=\begin{cases}0, & x<0,\\ \dfrac{1}{4}, & 0\leqslant x<1,\\ \dfrac{3}{4}, & 1\leqslant x<3,\\ 1, & x\geqslant 3.\end{cases}$

15. (1) $1-e^{-2}\approx 0.8647, e^{-3}\approx 0.04979, 1-e^{-3}\approx 0.9502$;(2) $f(x)=\begin{cases}e^{-x}, & x>0,\\ 0, & x<0.\end{cases}$

16. (1) $A=\dfrac{1}{2}, B=\dfrac{1}{\pi}$;(2) 0.5;(3) $f(x)=\dfrac{1}{\pi(1+x^2)}, -\infty<x<+\infty$.

17. (1) 0.9918;(2) 0.1587;(3) 0.8664.

18. (1) 0.5328;(2) 0.9544;(3) 0.6977;(4) 0.9772. **19.** $\sigma\leqslant 31.25$.

20. (1) 0.4931;(2) 0.8698.

21. (1) 0.8665;(2) 因 $P\{X\geqslant 150\}=0.9973>0.99$,符合要求.

22.

Y	0	1	4	Z	−3	−1	1	3	W	1	2	3
P	0.2	0.55	0.25	P	0.35	0.2	0.2	0.25	P	0.2	0.55	0.25

23. (1) $f_Y(y)=\begin{cases}\dfrac{3}{8}(y-1)^2, & -1\leqslant y\leqslant 1,\\ 0, & \text{其他};\end{cases}$ (2) $f_Z(z)=\begin{cases}3\sqrt{z}, & 0\leqslant z\leqslant 1,\\ 0, & \text{其他}.\end{cases}$

24. (1) $f_Y(y)=\begin{cases}\dfrac{1}{\sqrt{2\pi}y}e^{-\frac{1}{2}(\ln y)^2}, & y>0,\\ 0, & y\leqslant 0;\end{cases}$ (2) $f_Y(y)=\begin{cases}\dfrac{2}{\sqrt{2\pi}}e^{-\frac{y^2}{2}}, & y>0,\\ 0, & y\leqslant 0.\end{cases}$

习题 3

第一部分

1. A. **2.** C. **3.** D. **4.** B. **5.** A. **6.** B. **7.** D. **8.** A. **9.** D. **10.** D

第二部分

1. 0.3. **2.** $f(x,y)=\begin{cases}\dfrac{1}{x}, & 0<y<x<1,\\ 0, & \text{其他}.\end{cases}$ $1-\ln 2$. **3.** 0.5. **4.** $\dfrac{1}{9}$. **5.** $0.4, 0.1$.

6. $\begin{cases}\dfrac{1}{x}, & 0<y<x,\\ 0, & \text{其他},\end{cases}$ $1-2e^{-1}$. **7.** $P\{X\leqslant x, Y\leqslant y\}$. **8.** $F(x,+\infty)$. **9.** $\dfrac{1}{2\pi}e^{-\frac{1}{2}(x^2+y^2)}$.

10. $\dfrac{1}{2}$. **11.** $\dfrac{1}{6}$. **12.** $\dfrac{1}{2}$. **13.** 0. **14.** $\dfrac{1}{2}$. **15.** $N\left(\mu,\dfrac{\sigma^2}{4}\right)$. **16.** $\dfrac{1}{2}$.

17. $\dfrac{\varphi(x,y)}{\varphi_2(y)}$. **18.** $\begin{cases} \dfrac{1}{\pi r^2}, & x^2+y^2 \leqslant r^2, \\ 0, & x^2+y^2 > r^2. \end{cases}$

第三部分

1. 放回抽取：

X	Y		
	1	2	3
1	$\dfrac{1}{16}$	$\dfrac{1}{8}$	$\dfrac{1}{16}$
2	$\dfrac{1}{8}$	$\dfrac{1}{4}$	$\dfrac{1}{8}$
3	$\dfrac{1}{16}$	$\dfrac{1}{8}$	$\dfrac{1}{16}$

不放回抽取：

X	Y		
	1	2	3
1	0	$\dfrac{1}{6}$	$\dfrac{1}{12}$
2	$\dfrac{1}{6}$	$\dfrac{1}{6}$	$\dfrac{1}{6}$
3	$\dfrac{1}{12}$	$\dfrac{1}{6}$	0

2.

X	Y		
	0	1	2
0	0.16	0.32	0.16
2	0.08	0.16	0.08
2	0.01	0.02	0.01

3. (1) $A=6$；(2) $\dfrac{1}{8}$；(3) $\dfrac{1}{4}$. **4.** (1) $f(x,y)=\begin{cases} 2, & 0 \leqslant y \leqslant x+1 \text{ 且 } -1 \leqslant x \leqslant 0, \\ 0, & \text{其他}. \end{cases}$

(2) $\dfrac{1}{2}$；(3) $F(x,y)=\begin{cases} 0, & x \leqslant -1 \text{ 或 } y<0, \\ y(2x-y+2), & -1<x \leqslant 0, 0<y<x+1, \\ (x+1)^2, & -1<x \leqslant 0, y \geqslant x+1, \\ y(2-y), & x>0, 0 \leqslant y<1, \\ 1, & x>0, y \geqslant 1. \end{cases}$

5. $F(x,y)=\begin{cases}(1-e^{-x})(1-e^{-2y}), & x>0, y>0,\\ 0, & \text{其他.}\end{cases}$ **6.** (1) $\dfrac{3}{8\pi}$; (2) $\dfrac{1}{2}$.

7. 联合分布列为

X	Y	
	1	3
0	0	$\dfrac{1}{8}$
1	$\dfrac{3}{8}$	0
2	$\dfrac{3}{8}$	0
3	0	$\dfrac{1}{8}$

关于 X 的边缘分布列为

X	0	1	2	3
P	$\dfrac{1}{8}$	$\dfrac{3}{8}$	$\dfrac{3}{8}$	$\dfrac{1}{8}$

关于 Y 的边缘分布列为

Y	1	3
P	$\dfrac{3}{4}$	$\dfrac{1}{4}$

X 与 Y 不独立.

8. 放回抽取：

关于 X 的边缘分布列为

X	1	2	3
P	$\dfrac{1}{4}$	$\dfrac{1}{2}$	$\dfrac{1}{4}$

关于 Y 的边缘分布列为

Y	1	2	3
P	$\dfrac{1}{4}$	$\dfrac{1}{2}$	$\dfrac{1}{4}$

X 与 Y 独立.

不放回抽取：

关于 X 的边缘分布列为

X	1	2	3
P	$\dfrac{1}{4}$	$\dfrac{1}{2}$	$\dfrac{1}{4}$

关于 Y 的边缘分布列为

Y	1	2	3
P	$\frac{1}{4}$	$\frac{1}{2}$	$\frac{1}{4}$

X 与 Y 不独立.

9. $f_X(x)=\begin{cases} e^{-x}, & x>0, \\ 0, & x\leqslant 0; \end{cases} f_Y(y)=\begin{cases} e^{-y}, & y>0, \\ 0, & y\leqslant 0. \end{cases}$ X 与 Y 相互独立.

10. 关于 X,Y 的联合分布列

X	Y		
	0	1	2
0	0	0	$\frac{1}{35}$
1	0	$\frac{6}{35}$	$\frac{6}{35}$
2	$\frac{3}{35}$	$\frac{12}{35}$	$\frac{3}{35}$
3	$\frac{2}{35}$	$\frac{2}{35}$	0

关于 X 的边缘分布列为

Y	0	1	2	3
P	$\frac{1}{35}$	$\frac{12}{35}$	$\frac{18}{35}$	$\frac{4}{35}$

关于 Y 的边缘分布列为

Y	0	1	2
P	$\frac{1}{7}$	$\frac{4}{7}$	$\frac{2}{7}$

X 与 Y 不独立(比如 $P\{X=3,Y=2\}\neq P\{X=3\}P\{Y=2\}$).

11. (1) 独立;(2) 不独立.

12. (1) $A=\frac{1}{2}$;(2) 关于 X 的边缘密度函数 $f_X(x)=\begin{cases} \frac{1}{2}(\sin x+\cos x), & 0<x<\frac{\pi}{2}, \\ 0, & 其他. \end{cases}$ Y 与 X 同分布,即 $f_Y(y)=\begin{cases} \frac{1}{2}(\sin y+\cos y), & 0<y<\frac{\pi}{2}, \\ 0, & 其他. \end{cases}$

13. (1)

$X+Y$	2	3	4	5	6
P	0.06	0.17	0.26	0.33	0.18

(2)

XY	1	2	3	4	6	9
P	0.06	0.17	0.21	0.05	0.33	0.18

14. $f_Z(z)=\begin{cases}(e-1)e^{-z}, & z>1,\\ 1-e^{-z}, & 0\leqslant z\leqslant 1,\\ 0, & z<0.\end{cases}$ 15. $f_Z(z)=\begin{cases}\dfrac{1}{4}z, & 0<z\leqslant 2,\\ 1-\dfrac{1}{4}z, & 2<z\leqslant 4,\\ 0, & \text{其他}.\end{cases}$

16. $f_Z(z)=\begin{cases}\dfrac{1}{2}e^{-\frac{z}{2}}, & z>0,\\ 0, & z\leqslant 0.\end{cases}$ $P\{|Z|>2\}=e^{-1}$.   17. $f_Z(z)=\begin{cases}2z, & 0<z\leqslant 1,\\ 0, & \text{其他}.\end{cases}$

18. (1) $f_Y(y)=\begin{cases}\dfrac{2}{\pi r^2}\sqrt{r^2-y^2}, & |y|<r^2,\\ 0, & |y|\geqslant r^2;\end{cases}$ (2) $f_{X|Y}(x|y)=\begin{cases}\dfrac{1}{2\sqrt{r^2-y^2}}, & x^2+y^2\leqslant r^2, |y|\neq r,\\ 0, & \text{其他}.\end{cases}$

习题 4

第一部分

1. B. 2. B. 3. B. 4. C. 5. C. 6. B. 7. C. 8. B. 9. D. 10. D. 11. D.
12. B. 13. A. 14. D. 15. C. 16. C. 17. B. 18. C. 19. B. 20. B. 21. D.

第二部分

1. 0. 2. $E(Y)>E(X)$. 3. 3. 4. 3. 5. 2.4. 6. $np(1-p)$. 7. 9.
8. $X-2$ 或 $2-X$. 9. $\dfrac{1}{3}$. 10. 0.9,1.15. 11. 4. 12. 11. 13. $-\dfrac{1}{2}$.
14. $\dfrac{11}{144},\dfrac{11}{144}$. 15. 0.5,25. 16. 4. 17. $\sigma_1^2\sigma_2^2,r\sigma_1\sigma_2$. 18. 1. 19. 9.

第三部分

1. $\dfrac{1}{3},\dfrac{2}{3},\dfrac{35}{24}$. 2. 0,2. 3. 3,2. 4. $-\dfrac{1}{3},\dfrac{1}{3},\dfrac{1}{12}$. 5. 18.4. 6. $\dfrac{97}{72},2,\dfrac{3}{80}$.
7. 8,0.2. 8. $2,\dfrac{1}{4}$. 9. $\dfrac{3\sqrt{\pi}}{4}$. 10. 4. 11. 证明略. 12. 2. 13. 85,37.
14. $\dfrac{7}{6},\dfrac{7}{6},\dfrac{11}{36},\dfrac{11}{36},-\dfrac{1}{36},-\dfrac{1}{11}$. 15. 不相关,不独立.

习题 5

第一部分

1. B. 2. B. 3. D. 4. A. 5. B. 6. D.

第二部分

1. 0.682 6. 2. 0.812 5. 3. 0.022 8. 4. 0.841 3. 5. 0.158 7.

第三部分

1. $P\{|X-2|>3\} \leqslant \dfrac{4}{9}$. **2.** $P\{|X-2|<2\} \geqslant \dfrac{101}{200}$. **3.** 0.471 4. **4.** 0.983 8.

5. 0.997 7. **6.** 0.952 5.

习题 6

第一部分

1. B. **2.** C. **3.** B. **4.** C. **5.** B. **6.** A. **7.** B.

第二部分

1. $\chi^2(n)$; $\dfrac{X_i - 2}{3} \sim N(0,1), i=1,2,\cdots,n$ 且相互独立.

2. $\chi^2(n-1)$; $t(n-1)$.

第三部分

1. $\because E(\xi) = \dfrac{a+b}{2}, D(\xi) = \dfrac{(b-a)^2}{12}, \therefore E(\bar{\xi}) = \dfrac{a+b}{2}; D(\bar{\xi}) = \dfrac{D(\xi)}{n} = \dfrac{(b-a)^2}{12n}$.

2. 总体 $Z \sim N(90, 30^2)$, 则样本均值 $\bar{X} \sim N\left(90, \left(\dfrac{30}{10}\right)^2\right)$, 故 $P\{|\bar{X} - 90| > 30\} =$
$P\left\{\left|\dfrac{\bar{X} - 90}{30}\right| > 1\right\} = 2 - 2\Phi(1) = 2(1 - 0.841\ 3) = 0.317\ 4$.

3. 母体 $X \sim N(63, 7^2)$.

当容量 $n=18$ 时, $\bar{X} \sim N\left(63, \dfrac{7^2}{18}\right)$, 则 $y = \dfrac{\bar{X} - 63}{\dfrac{7}{\sqrt{18}}} \sim N(0,1)$.

故 $P\{\bar{X} \leqslant 60\} = P\left\{y \leqslant \dfrac{60 - 63}{\dfrac{7}{\sqrt{18}}}\right\} = P\{y \leqslant -1.82\} = 0.034\ 4$.

当 $n=10$ 时, $\bar{X} \sim N\left(63, \dfrac{7^2}{10}\right)$, 则 $y = \dfrac{\bar{X} - 63}{\dfrac{7}{\sqrt{10}}} \sim N(0,1)$.

故 $P\{\bar{X} \leqslant 60\} = P\left\{y \leqslant \dfrac{60 - 63}{\dfrac{7}{\sqrt{10}}}\right\} = P\{y \leqslant -1.36\} = 0.086\ 9$.

4. $X_i \sim N(0, 2^2)$, 故 $\dfrac{X_i}{2} \sim N(0,1)$.

$\left(\dfrac{X_i}{2}\right)^2 \sim \chi^2(1)$, 故 $\sum\limits_{i=1}^{8}\left(\dfrac{X_i}{2}\right)^2 \sim \chi^2(8)$.

故 $P\{\eta \geqslant 40\} = P\left\{\sum\limits_{i=1}^{8} \dfrac{X_i^2}{2^2} \geqslant \dfrac{40}{2^2}\right\} = P\{\chi^2 \geqslant 10\} = 0.27$.

5. $X_i \sim N(\mu, \sigma^2)$, 故 $\dfrac{X_i - \mu}{\sigma} \sim N(0,1)(i=1,2,\cdots,n)$.

$$\sum_{i=1}^{n}\left(\frac{X_i-\mu}{\sigma}\right)^2 \sim \chi^2(n), \text{即} \frac{1}{\sigma^2}\sum_{i=1}^{n}(X_i-\mu)^2 \sim \chi^2(n).$$

$\because \chi^2(n)$ 的分布密度函数为 $\varphi(x,n)$,

$\therefore \sum_{i=1}^{n}(X_i-\mu)^2$ 有密度函数 $\sigma^{-2}\varphi(\sigma^{-2},n).$

6. $P\{|\overline{X}-\mu|<0.1\}\geqslant 0.997,$

即 $P\left\{\left|\dfrac{\overline{X}-\mu}{\dfrac{\sigma}{\sqrt{n}}}\right|<\dfrac{0.1}{\dfrac{\sigma}{\sqrt{n}}}\right\}\geqslant 0.997,$

得 $\dfrac{0.1}{\dfrac{\sigma}{\sqrt{n}}}\geqslant 2.96,$ 即 $\sqrt{n}\geqslant \dfrac{2.96}{0.1}\sigma,$

得 $n\geqslant\left(\dfrac{2.96}{0.1}\sqrt{0.5}\right)^2=438.08.$

故至少取 $n=439.$

7. (1) 总体分布列为 $P(X=k)=\dfrac{\lambda^k}{k!}\mathrm{e}^{-\lambda}, k=0,1,2,$ 则样本的联合分布列为

$P(X_1=k_1,X_2=k_2,\cdots,X_n=k_n)=\dfrac{\lambda^{k_1+k_2+\cdots+k_n}}{(k_1!)(k_2!)\cdots(k_n!)}\mathrm{e}^{-n\lambda}(k_i=1,2,\cdots;i=1,2,\cdots,n).$

(2) $E(X)=\lambda, D(X)=\lambda, E(X_i)=\lambda, D(X_i)=\lambda, i=1,2,\cdots,n,$

$E(\overline{X})=E\left(\dfrac{1}{n}\sum_{i=1}^{n}X_i\right)=\dfrac{1}{n}\sum_{i=1}^{n}X_i=\lambda,$

$D(\overline{X})=D\left(\dfrac{1}{n}\sum_{i=1}^{n}X_i\right)=\dfrac{1}{n^2}\sum_{i=1}^{n}D(X_i)=\dfrac{\lambda}{n},$

$E(s^2)=E\left[\dfrac{1}{n-1}\sum_{i=1}^{n}(X_i-\overline{X})^2\right]=\dfrac{1}{n-1}E\left(\sum_{i=1}^{n}X_i^2-n\overline{X}^2\right)$

$=\dfrac{1}{n-1}\left[\sum_{i=1}^{n}E(X_i^2)-nE(\overline{X}^2)\right]$

$=\dfrac{1}{n-1}\{nD(X_i)+n[E(X_i)]^2-nD(\overline{X})-n[E(\overline{X})]^2\}$

$=\dfrac{1}{n-1}\left(n\lambda+n\lambda^2-n\dfrac{\lambda}{n}-n\lambda^2\right)=\lambda.$

8. $P\{|\overline{X}-a|\leqslant 1\}\approx P\{|\overline{X}-\hat{a}|\leqslant 1\}=P\{-1\leqslant\overline{X}-5\leqslant 1\}=P\{4\leqslant\overline{X}\leqslant 6\}=\dfrac{3}{9}+\dfrac{2}{9}+\dfrac{1}{9}=\dfrac{2}{3}=0.667.$

习题 7

第一部分

1. C **2.** D. **3.** B.

第二部分

1. 无偏性、一致性、有效性. **2.** X_1.

3. $\prod_{i=1}^{n} \dfrac{1}{\sqrt{2\pi}\sigma} e^{-\frac{1}{2\sigma^2}(X_i-\mu)^2}$ 或 $\dfrac{1}{(2\pi)^{\frac{n}{2}} \sigma^n} \exp\left[-\dfrac{\sum\limits_{i=1}^{n}(X_i-\mu)^2}{2\sigma^2}\right]$.

4. $\dfrac{1}{4}, \dfrac{7-\sqrt{13}}{12}$. **5.** $\overline{X}-1$.

第三部分

1. (1) 由 $E(X) = \dfrac{a+12}{2}$ 得 $a = 2E(X) - 12 \Rightarrow \hat{a} = 2\overline{X} - 12$. (2) 由 $E(X) = \dfrac{10+b}{2}$，得 $b = 2EX - 10 \Rightarrow \hat{b} = 2\overline{X} - 10$.

2. 似然函数为

$$L(\beta) = \prod_{i=1}^{6}(\beta+1)\xi_i^\beta = (\beta+1)^6 \sum_{i=1}^{6}\xi_i^\beta,$$

则 $\ln L(\beta) = 6\ln(\beta+1) + \beta \sum\limits_{i=1}^{6}\ln\xi_i$,

$\dfrac{\partial}{\partial \beta}\ln L(\beta) = \dfrac{6}{\beta+1} + \sum\limits_{i=1}^{6}\ln\xi_i$,

解之得 $\hat{\beta} = -1 - \left(\dfrac{1}{6}\sum\limits_{i=1}^{6}\ln\xi_i\right)^{-1}$.

∵ $\dfrac{1}{6}\sum\limits_{i=1}^{6}\ln\xi_i = -0.3519$,

∴ β 的极大似然估计值为 $\hat{\beta} = 1.84$.

3. $L(\sigma^2) = \left(\dfrac{1}{\sqrt{2\pi}\sigma}\right)^n \exp\left\{-\dfrac{1}{2\sigma}\sum\limits_{i=1}^{n}(x_i-a)^2\right\}$,

$\ln L(\sigma^2) = n\ln\dfrac{1}{\sqrt{2\pi}\sigma} - \dfrac{1}{2\sigma}\sum\limits_{i=1}^{n}(x_i-a)^2 = -n\ln\sqrt{2\pi} - \dfrac{n}{2}\ln\sigma^2 - \dfrac{1}{2\sigma^2}\sum(x_i-a)^2$,

对 σ^2 求导：$\dfrac{d(\ln L)}{d\sigma^2} = -\dfrac{n}{2} \cdot \dfrac{1}{\sigma^2} + \dfrac{1}{2} \cdot \dfrac{1}{\sigma^4}\sum\limits_{i=1}^{n}(x_i-a)^2$,

令上式等于 0，得 $\hat{\sigma}^2 = \dfrac{1}{n}\sum\limits_{i=1}^{n}(x_i-a)^2$.

4. (1) $\hat{\theta} = \dfrac{\overline{x}}{\overline{x}-c}, \hat{\theta} = \dfrac{\overline{X}}{\overline{X}-c}$；(2) $\hat{\theta} = \dfrac{n}{\sum\limits_{i=1}^{n}\ln x_i - n\ln c}, \hat{\theta} = \dfrac{n}{\sum\limits_{i=1}^{n}\ln X_i - n\ln c}$.

5. (1) $\dfrac{1}{\overline{X}}$; (2) $\dfrac{1}{\overline{X}}$. **6.** $\hat{\theta}=\sqrt{\dfrac{\sum_{i=1}^{n}X_i^2}{2n}}$.

7. (1) $\hat{\mu}=\overline{X}-\sqrt{\dfrac{1}{n}\sum_{i=1}^{n}(X_i-\overline{X})^2}$, $\hat{\theta}=\sqrt{\dfrac{1}{n}\sum_{i=1}^{n}(X_i-\overline{X})^2}$; (2) $\hat{\mu}=\min_{1\leqslant i\leqslant n}(X_i)$, $\hat{\theta}=\overline{X}-\hat{\mu}$.

8. $p=0.499$. **9.** 验证略. 方差:(1) $\dfrac{5}{9}$; (2) $\dfrac{5}{8}$; (3) $\dfrac{1}{2}$. **10.** $c=\dfrac{1}{2(n-1)}$.

11. 证明略. **12.** 提示:$\hat{\theta}=\max_{1\leqslant i\leqslant n}(X_i)$, $E(\hat{\theta})=\dfrac{n}{n+1}\theta$.

13. 证明略. $a=\dfrac{n_1}{n_1+n_2}$, $b=\dfrac{n_2}{n_1+n_2}$. **14.** $(992.16, 1\,007.84)$.

15. (1) $(5.608, 6.392)$; (2) $(5.558, 6.442)$. **16.** $n\geqslant\left(\dfrac{2\sigma u_{\frac{\alpha}{2}}}{L}\right)^2$.

17. $(4.098, 9.108)$. **18.** $(-0.002, 0.006)$. **19.** $(0.45, 2.79)$. **20.** $\hat{\theta}=\min_{1\leqslant i\leqslant n}X_i$.

习题 8

第一部分

1. A. **2.** D. **3.** C. **4.** D. **5.** C.

第二部分

1. α.

2. $t=\dfrac{\overline{X}-\mu_0}{S/\sqrt{n}}\sim t(n-1)$, 其中 $S^2=\dfrac{1}{n-1}\sum_{i=1}^{n}(\overline{X}_i-\overline{X})^2$; $t_{1-\alpha}(n-1)\leqslant t<+\infty$.

3. 第一类错误, 第二类错误.

4. $\chi^2=\dfrac{(n-1)S^2}{\sigma_0^2}$, $\left(0, \chi_{1-\frac{\alpha}{2}}^2(n-1)\right]\cup\left[\chi_{\frac{\alpha}{2}}^2(n-1), +\infty\right)$.

5. $U=\dfrac{\overline{X}-\overline{Y}}{\sigma}\sqrt{\dfrac{n_1 n_2}{n_1+n_2}}$, $\left(-\infty, -u_{\frac{\alpha}{2}}\right]\cup\left[u_{\frac{\alpha}{2}}, +\infty\right)$,

$T=\dfrac{\overline{X}-\overline{Y}}{\sqrt{\dfrac{(n_1-1)S_1^2+(n_2-1)S_2^2}{n_1+n_2-2}}}\sqrt{\dfrac{n_1 n_2}{n_1+n_2}}$, $\left(-\infty, -t_{\frac{\alpha}{2}}(n_1+n_2-2)\right]\cup\left[t_{\frac{\alpha}{2}}(n_1+n_2-2), +\infty\right)$.

6. $T=\dfrac{\overline{X}}{Q}\sqrt{n(n-1)}$, t, $n-1$.

第三部分

1. 能. **2.** 不成立. **3.** 厂家的声称属实. **4.** (1) 拒绝 H_0; (2) 接受 H_0.

5. 产量无显著差异. **6.** 直径无显著差异. **7.** 不正常. **8.** 与通常无显著差异.

9. (1) 接受 H_0;(2) 接受 H_0. **10.** 无显著差异.

11. 问题为在 $\alpha=0.05$ 下,检验假设 $H_0: \mu \geq 12.00$; $H_1: \mu < 12.00$. (σ 为已知) $t = \dfrac{\overline{x}-\mu_0}{\dfrac{s}{\sqrt{n}}} = \dfrac{11.6-12.00}{\sqrt{\dfrac{6.76}{100}}} = -1.538$. 查表,由于 $t=-1.538 > t_{0.05}(n-1) = t_{0.05}(99) \approx u_{0.05} = -1.65$,故接受 H_0,即认为木材小头直径的均值不小于 12 cm.

12. 检验假设: $H_0: \sigma_1{}^2 = \sigma_2{}^2$; $H_1: \sigma_1{}^2 \neq \sigma_1{}^2$, $F = \dfrac{S_1{}^2}{S_2{}^2} = \dfrac{0.117\,9^2}{0.072\,8^2} = \dfrac{0.013\,9}{0.005\,3} = 2.623$. 由于 $F=2.623 < 4.82 = F_{0.975}(9,7) = F_{1-\frac{\alpha}{2}}(n_1-1,n_2-1)$ (查表). 故接受 H_0,即认为甲、乙两地段的岩心的磁化率的均方差无显著差异.

13. 问题为在 $\alpha=0.01$ 下检验假设 $H_0: \mu=\mu_0$; $H_1: \mu>\mu_0$ (σ 已知), $u = \dfrac{\overline{x}-\mu_0}{\dfrac{\sigma}{\sqrt{n}}} = \dfrac{20}{\dfrac{40}{\sqrt{9}}} = 1.5$. 由于 $u=1.5 < 2.33 = u_{0.99} = u_{1-\alpha}$,故接受 H_0,即不能认为这批钢索的质量的有显著提高.

14. 检验假设 $H_0: \mu=3\,500, H_1: \mu<3\,500, \alpha=0.05$, $\because \overline{X}=3\,300, \hat{\sigma}=S=425, n=35$,检验统计量 $t = \dfrac{3\,300-3\,500}{425/\sqrt{35}} = -2.78 < t_{0.05}(34) = -t_{0.95}(34) = -1.690\,9$, $\therefore$ 根据单侧检验拒绝 H_0,即认为平均使用寿命小于原设计定额.

15. $\chi^2 = \dfrac{(n-1)s^2}{\sigma_0{}^2} = \dfrac{9 \times 0.037^2}{0.04^2} = 7.700\,6$. 由于 $\chi^2 = 7.700\,6 > 3.325 = \chi_{0.05}{}^2(9) = \chi_\alpha{}^2(n-1)$,故接受 H_0,即认为果仁含量的标准差与 0.04 没有显著差异.

16. 这问题即是对两正态总体,在 $\alpha=0.05$ 下,检验假设 $H_0: \mu_1-\mu_2=0$; $H_1: \mu_1-\mu_2>0$ (σ_1,σ_2 均已知), $u = \dfrac{\overline{x_1}-\overline{x_2}}{\sqrt{\dfrac{\sigma_1{}^2}{n_1}+\dfrac{\sigma_2{}^2}{n_2}}} = \dfrac{59.34-49.16}{\sqrt{20^2+18^2}}\sqrt{60} = 2.93$. 由于 $u=2.93 > 1.65 = u_{0.95} = u_{1-\alpha}$,故拒绝 H_0,即认为两种试验方案对平均苗高的影响有显著差异.

17. 这是一个 μ 为未知,在显著性水平 α 下,检验假设 $H_0: \sigma^2 \leq \sigma_0{}^2 = 0.016$; $H_1: \sigma^2 > \sigma_0{}^2 = 0.016$, $\chi^2 = \dfrac{(n-1)s^2}{\sigma_0{}^2} = \dfrac{(25-1)(0.025)}{0.016} = 37.5$. 当 $\alpha=0.01$ 时,$\chi^2 = 37.5 < 42.98 = \chi_{0.99}{}^2(24) = \chi_{1-\alpha}{}^2(n-1)$,故接受 H_0,认为钢板方差合格;当 $\alpha=0.05$ 时,$\chi^2 = 37.5 > 36.4 = \chi_{0.95}{}^2(24) = \chi_{1-\alpha}{}^2(n-1)$,故拒绝 H_0,认为钢板方差不合格.

习题 9

第一部分

1. C.   **2.** A.   **3.** D.   **4.** C.   **5.** D.

第二部分

1. 都相同(等)或具有方差齐性.   **2.** $\chi^2(n-r)$.

3. $\sum_{i=1}^{n}(x_i-\overline{x})(y_i-\overline{y})$; $\sum_{i=1}^{n}(x_i-\overline{x})^2$ (或 $\sum_{i=1}^{n}x_i^2-n\overline{x}^2$); $\sum_{i=1}^{n}(y_i-\overline{y})^2$ (或 $\sum_{i=1}^{n}y_i^2-n\overline{y}^2$); 的线性关系显著密切.

4. $\hat{y}=2+0.9x$,显著.

第三部分

1. 总体均值 μ_A 与 μ_B,μ_B 与 μ_C 有显著差异,$(7.36,17.84)$,$(-20,-8.8)$.

2. 差异不显著. 3. 有显著差异. 4. 有显著差异. 5. $\hat{\beta}=\dfrac{\sum_{i=1}^{n}x_i y_i}{\sum_{j=1}^{n}x_j^2}$.

6. $\hat{b}=0.87$, $\hat{a}=67.52$, $\hat{\sigma}=1.21$.

7. (1) 散点图略;(2) $y=13.9584+12.5503x$;(3) 拒绝 H_0;(4) $(19.7413, 20.7087)$.

8. 散点图略,线性回归方程 $y=24.6286+0.0589x$.

习题 10

略.

模拟自测题(一)

一、填空题

1. $\dfrac{5}{18}$. 2. 0.2. 3. 4. 4. $\dfrac{2}{45}(0.044)$. 5. $\dfrac{1}{2}$. 6. $\dfrac{5}{9}$. 7. $\chi^2(8)$.

二、解答题

1. 设 B 表示取到的是正品,A_1 表示由甲厂生产,A_2 表示由乙厂生产,A_3 表示由丙厂生产. 则 $P(A_1)=\dfrac{1}{2}$,$P(A_2)=\dfrac{1}{3}$,$P(A_3)=\dfrac{1}{6}$,$P(B|A_1)=\dfrac{9}{10}$,$P(B|A_2)=\dfrac{14}{15}$,$P(B|A_3)=\dfrac{19}{20}$,于是有 $P(B)=\sum_{i=1}^{3}P(A_i)P(B|A_i)=\dfrac{1}{2}\times\dfrac{9}{10}+\dfrac{1}{3}\times\dfrac{14}{15}+\dfrac{1}{6}\times\dfrac{19}{20}=\dfrac{331}{360}$.

2. $F_Y(y)=P\{Y\leqslant y\}=P\{X^2\leqslant y\}$,$y\leqslant 0$ 时,$F_Y(y)=0$,$f_Y(y)=0$;$y>0$ 时,$F_Y(y)=P\{-\sqrt{y}\leqslant X\leqslant \sqrt{y}\}=F_X(\sqrt{y})-F_X(-\sqrt{y})$,$f_Y(y)=f_X(\sqrt{y})\cdot(\sqrt{y})'-f_X(-\sqrt{y})(-\sqrt{y})'=\dfrac{1}{\sqrt{y}}\cdot\dfrac{1}{\pi(1+y)}$,故 $f_Y(y)=\begin{cases}\dfrac{1}{\sqrt{y}}\dfrac{1}{\pi(1+y)}, & y>0,\\ 0, & y\leqslant 0.\end{cases}$

3. $f_X(x)=\int_{-\infty}^{+\infty}f(x,y)\mathrm{d}y=\begin{cases}\int_{\frac{1}{x}}^{x}\dfrac{1}{2x^2 y}\mathrm{d}y=\dfrac{\ln x}{x^2}, & x\geqslant 1,\\ 0, & \text{其他}.\end{cases}$

$f_Y(y)=\int_{-\infty}^{+\infty}f(x,y)\mathrm{d}x=\begin{cases}\int_{\frac{1}{y}}^{+\infty}\dfrac{1}{2x^2 y}\mathrm{d}x=\dfrac{1}{2}, & 0<y<1,\\ \int_{y}^{+\infty}\dfrac{1}{2x^2 y}\mathrm{d}x=\dfrac{1}{2y^2}, & y\geqslant 1,\\ 0, & \text{其他}.\end{cases}$

∵ $f(x,y) \neq f_X(x) f_Y(y)$,∴ X,Y 不成立.

4. $f(x) = \begin{cases} \dfrac{1}{8-\theta}, & \theta < x < 8, \\ 0, & \text{其他}. \end{cases}$ $L(\theta) = \prod\limits_{i=1}^{n} \dfrac{1}{8-\theta} = (8-\theta)^{-n}, \theta \leqslant x_i \leqslant 8.$ $\ln L = -n\ln(8-\theta)$,

$\dfrac{d\ln L}{d\theta} = \dfrac{n}{8-\theta} > 0, L$ 是 θ 的单调增函数. ∵ $\theta < x_i < 8$,∴ $\hat{\theta} = \min\limits_{i} X_i$ 为 θ 的极大似然估计量.

5. 若 X_i 表示第 i 个取整误差,则 $E(X_i) = 0, D(X_i) = \dfrac{1}{12} (i = 1, 2, \cdots, 1\ 200)$. 记 $X = \sum\limits_{i=1}^{1\ 200} X_i$,则 $E(X) = 0, D(X) = 100, \sqrt{D(X)} = 10, P\{|X| < 10\} = P\left\{\dfrac{-10-0}{10} < \dfrac{X-E(X)}{\sqrt{D(X)}} < \dfrac{10-0}{10}\right\} = \Phi(1) - \Phi(-1) = 2\Phi(1) - 1.$

6. 假设 $H_0: \mu \geqslant 2\ 000, \dfrac{\overline{X}-\mu_0}{\sigma/\sqrt{n}} \sim N(0,1), \alpha = 0.05$,由 $\Phi(u_\alpha) = 1 - \alpha = 0.95$ 得 $u_\alpha = 1.645$. 由于 $u = \dfrac{\overline{x}-\mu_0}{\sigma/\sqrt{n}} = \dfrac{1\ 700 - 2\ 000}{490/\sqrt{9}} = -1.84 < -1.645 = -u_\alpha$,故拒绝 H_0,即有理由认为这批灯泡的平均寿命小于 $2\ 000$ h.

模拟自测题(二)

一、填空题

1. $\dfrac{99}{5\ 000}$. 2. $1-p$. 3. $0.800\ 85$. 4. $\dfrac{5}{6}$. 5. 25.6. 6. 4. 7. $t(8)$.

二、解答题

1. 设 $A_i (i = 0, 1, 2, 3)$ 表示第二次比赛时取出的 3 个球中有 i 个新球,B 表示第三次比赛时所取出的 3 个球全是新球,则 $P(A_0) = \dfrac{C_7^3}{C_{10}^3}, P(A_1) = \dfrac{C_3^1 C_7^2}{C_{10}^3}, P(A_2) = \dfrac{C_3^2 C_7^1}{C_{10}^3}, P(A_3) = \dfrac{C_3^3}{C_{10}^3},$

$P(B|A_0) = \dfrac{C_7^3}{C_{10}^3}, P(B|A_1) = \dfrac{C_6^3}{C_{10}^3}, P(B|A_2) = \dfrac{C_5^3}{C_{10}^3}, P(B|A_3) = \dfrac{C_4^3}{C_{10}^3}, P(A_2|B) = \dfrac{P(A_2)P(B|A_2)}{P(B)} = \dfrac{18}{35}.$

2. (1) 因为 $F(+\infty) = \lim\limits_{x \to +\infty}(A + Be^{-\lambda x}) = 1$,所以 $A = 1$. 因为 $F(x)$ 连续,故有 $\lim\limits_{x \to 0^+} F(x) = \lim\limits_{x \to 0^+}(1 + Be^{-\lambda x}) = 0$,即 $1 + B = 0$. 所以 $A = 1, B = -1$.

(2) $P\{-0.5 < X < 0.5\} = F(0.5) - F(-0.5) = 1 - e^{-0.5\lambda}.$

3. (X, Y) 的联合概率分布列如下表:

Y \ X	1	2	3	4	5	6
1	$\frac{1}{36}$	$\frac{1}{36}$	$\frac{1}{36}$	$\frac{1}{36}$	$\frac{1}{36}$	$\frac{1}{36}$
2	0	$\frac{2}{36}$	$\frac{1}{36}$	$\frac{1}{36}$	$\frac{1}{36}$	$\frac{1}{36}$
3	0	0	$\frac{3}{36}$	$\frac{1}{36}$	$\frac{1}{36}$	$\frac{1}{36}$
4	0	0	0	$\frac{4}{36}$	$\frac{1}{36}$	$\frac{1}{36}$
5	0	0	0	0	$\frac{5}{36}$	$\frac{1}{36}$
6	0	0	0	0	0	$\frac{6}{36}$

Y 的边缘概率分布列：

Y	1	2	3	4	5	6
P	$\frac{1}{36}$	$\frac{3}{36}$	$\frac{5}{36}$	$\frac{7}{36}$	$\frac{9}{36}$	$\frac{11}{36}$

4. $L(\alpha) = \prod_{i=1}^{n} f(x_i) = (\alpha+1)^n \prod_{i=1}^{n} x_i^{\alpha}$, $\ln L(\alpha) = n\ln(\alpha+1) + \alpha \sum_{i=1}^{n} \ln x_i$, $\frac{d\ln L(\alpha)}{d\alpha} = \frac{n}{\alpha+1} + \sum_{i=1}^{n} \ln x_i = 0$, $\hat{\alpha} = -\left(1 + \frac{n}{\sum_{i=1}^{n} \ln X_i}\right)$, 即为 α 的极大似然估计量.

5. 设 ξ 是在 90 000 次波浪中纵摇角度大于 6°次数，它服从 $B\left(90\,000, \frac{1}{3}\right)$，$np = 90\,000 \times \frac{1}{3} = 30\,000$，$npq = 3\,000 \times \frac{2}{3} = 20\,000$，

$$P\{29\,500 < \xi \leqslant 30\,500\} = P\left\{\frac{29\,500 - 30\,000}{\sqrt{20\,000}} < \frac{\xi - 30\,000}{\sqrt{20\,000}} \leqslant \frac{30\,500 - 30\,000}{\sqrt{20\,000}}\right\}$$

$$= P\left\{-\frac{5}{\sqrt{2}} < \frac{\xi - 30\,000}{100\sqrt{2}} \leqslant \frac{5}{\sqrt{2}}\right\} = \int_{-\frac{5}{\sqrt{2}}}^{\frac{5}{\sqrt{2}}} \frac{1}{\sqrt{2\pi}} e^{\frac{t^2}{2}} dt = 2\int_{-\infty}^{\frac{5}{\sqrt{2}}} \frac{1}{\sqrt{2\pi}} e^{\frac{t^2}{2}} dt - 1$$

$$= 2F_{0.1}(3.57) - 1 = 2 \times 0.9997 - 1 = 0.9994.$$

6. 假设 $H_0: \mu = 950$，$\bar{x} = \frac{1}{9}(914 + 920 + \cdots + 940) = 928$，$\alpha = 0.05$，查表得 $u_{\frac{\alpha}{2}} = 1.96$. 由于 $|u| = \left|\frac{\bar{x} - \mu_0}{\sigma/\sqrt{n}}\right| = \left|\frac{928 - 950}{10/\sqrt{9}}\right| = 6.6 > u_{\frac{\alpha}{2}} = 1.96$，故拒绝 $H_0: \mu = 950$，即认为这批枪弹经过较长时间储存后初速度已经起了变化.

模拟自测题（三）

一、填空题

1. $\frac{1}{2\pi} e^{-\frac{1}{2}(x^2 + y^2)}$.

2. $\frac{1}{n}\sum_{i=1}^{n}E(\xi_i)=\frac{1}{n}2n=2, \frac{1}{n^2}D(\sum_{i=1}^{n}\xi_i)=\frac{1}{n^2}\sum_{i=1}^{n}D(\xi_i)=\frac{1}{n^2}4n=\frac{4}{n}$.

3. $F(2)+F(1)-1$.

4. 如果(ξ,η)可能取值的全体是有限个或可数多个组,则称(ξ,η)为二维离散型随机变量.

5. $C_{25}^{k}(0.8)^k(0.2)^{25-k}(k=0,1,2,\cdots,25),404$.

6. 0.5.

二、解答题

1. $p=1-P\{\xi>\frac{1}{2},\eta>\frac{1}{2}\}=1-\int_{\frac{1}{2}}^{1}\int_{\frac{1}{2}}^{2}\frac{1}{2}\mathrm{d}x\mathrm{d}y=1-\frac{3}{8}=\frac{5}{8}$.

2. $L(\lambda)=\begin{cases}\lambda^n\exp(-\lambda\sum_{i=1}^{n}x_i) & x_i>0, \quad i=1,2,\cdots,n,\\ 0, & 其他,\end{cases}$

$x_i>0$ 时对 λ 求导:

$\frac{\mathrm{d}L(\lambda)}{\mathrm{d}\lambda}=n\lambda^{n-1}\exp(-\lambda\sum_{i=1}^{n}x_i)-\lambda^n(\sum_{i=1}^{n}x_i)\exp\{-\lambda\sum_{i=1}^{n}x_i\}$.

令 $\lambda^{n-1}\exp\{-\lambda\sum_{i=1}^{n}x_i\}(n-\lambda\sum_{i=1}^{n}x_i)=0$,

解得 $\hat{\lambda}=\frac{n}{\sum_{i=1}^{n}x_i}=\frac{1}{\bar{X}}(\bar{x}=\frac{1}{n}\sum_{i=1}^{n}x_i)$.

$\because E(X)=\bar{X}$,又 $\because E(X)=\frac{1}{\lambda},\therefore \bar{X}=\frac{1}{\lambda}$,解得 $\hat{\lambda}=\frac{1}{\bar{X}}$.

3. (ξ,η)的概率密度为 $\varphi(x,y)=\begin{cases}\frac{1}{\pi}, & x^2+y^2\leqslant 1,\\ 0, & x^2+y^2>1,\end{cases}$ $\varphi_2(y)=\begin{cases}\frac{2}{\pi}\sqrt{1-y^2}, & |y|\leqslant 1,\\ 0, & |y|>1.\end{cases}$

4. 设 ξ 表示损坏的部件数,它服从二项分布 $B(100,0.10),p=100\times 0.10=10,npq=100\times 0.10\times 0.90=9$. 由中心极限定理,得 $P\{0\leqslant \xi<15\}=P\{\frac{0-10}{\sqrt{9}}\leqslant \frac{\xi-10}{\sqrt{9}}<\frac{15-10}{\sqrt{9}}\}=P\{-\frac{10}{3}\leqslant \frac{\xi-10}{3}<1.666\}=\Phi(1.667)-\Phi(-3.333)=\Phi(1.67)+\Phi(3.33)-1$.

5. 待检验假设 $H_0:\mu=\mu_0=78.5, H_1:\mu\neq\mu_0$.

选检验统计量 U,在 H_0 成立条件下,有 $U=\frac{\bar{X}-\mu_0}{\sigma/\sqrt{n}}, N(0,1)$,

给定 $\alpha=0.05$,于是否定域为 $R_\alpha=\{|U|>U_{\alpha/2}\}=\{|\frac{\bar{X}-\mu_0}{\sigma/\sqrt{n}}|>u_{\alpha/2}\}$,

查标准正态分布表,得 $u_{0.025}=1.96$.

计算 U 值得 $U=\frac{|76.4-78.5|}{7.6/\sqrt{40}}=1.75$.

因为 1.75＜1.96，接受原假设．故可以认为这届学生的语文水平和历届学生相比不相上下．

6. 引入下列事件：$A=\{$顾客所查看的一箱$\}$；$B_i=\{$售货员取的箱中恰好有 i 件残次品$\}$，$i=0,1,2$．

显然，B_0,B_1,B_2 构成一完备事件组．且

$P(B_0)=0.8, P(B_1)=0.1, P(B_2)=0.1$，

$P(A|B_0)=1, P(A|B_1)=\dfrac{C_{19}^4}{C_{20}^4}=\dfrac{4}{5}, P(A|B_2)=\dfrac{C_{18}^4}{C_{20}^4}=\dfrac{12}{19}$．

(1) 由全概率公式 $\alpha=P(A)=\sum\limits_{i=0}^{2}P(B_i)P(A|B_i)=0.8\times 1+0.1\times\dfrac{4}{5}+0.1\times\dfrac{12}{19}\approx 0.94$．

(2) 由贝叶斯公式 $\beta=P(B_0|A)=\dfrac{P(B_0)P(A|B_0)}{P(A)}\approx\dfrac{0.81\times 1}{0.94}\approx 0.85$．

模拟自测题（四）

一、填空题

1. $1-P(A)+P(AB)$． **2.** $\dfrac{1}{4}$． **3.** $n=25, p=0.2$． **4.** 2． **5.** $\dfrac{16}{25}$．

二、解答题

1. 当 $x<0, F(x)=\displaystyle\int_{-\infty}^{x}\dfrac{1}{2}e^x\,dx=\dfrac{1}{2}e^x$，

当 $x\geqslant 0, F(x)=\displaystyle\int_{-\infty}^{0}\dfrac{1}{2}e^x\,dx+\int_{0}^{x}\dfrac{1}{2}e^{-x}\,dx=\dfrac{1}{2}e^x\Big|_{-\infty}^{0}+\left[-\dfrac{1}{2}e^{-x}\right]_{0}^{x}=\dfrac{1}{2}-\dfrac{1}{2}e^{-x}+\dfrac{1}{2}=1-\dfrac{1}{2}e^{-x}$，故 $F(x)=\begin{cases}\dfrac{1}{2}e^x, & x<0,\\ 1-\dfrac{1}{2}e^{-x}, & x\geqslant 0,\end{cases}$ $P\{\xi=-2\}=0$．

2. 似然函数为 $L(\beta)=\displaystyle\prod_{i=1}^{n}\left[\beta e^{-\beta(T_i-t_0)}\right]=\beta^n e^{-\beta\sum\limits_{i=1}^{n}(T_i-t_0)}$，

$\ln L(\beta)=n\ln\beta-\beta\displaystyle\sum_{i=1}^{n}(T_i-t_0)$．

令 $\dfrac{\partial}{\partial\beta}\ln L(\beta)=\dfrac{n}{\beta}-\displaystyle\sum_{i=1}^{n}(T_i-t_0)=0$，解之，得 $\hat{\beta}=\left(\dfrac{1}{n}\displaystyle\sum_{i=1}^{n}T_i-t_0\right)^{-1}=(\overline{T}-t_0)^{-1}$．

3. (1) (ξ,η) 的联合概率分布列是

ξ	$\eta=0$	$\eta=1$
0	$\dfrac{6}{20}$	$\dfrac{6}{20}$
1	$\dfrac{6}{20}$	$\dfrac{2}{20}$

(2) ξ 的边缘分布列是

ξ	0	1
p	$\frac{3}{5}$	$\frac{2}{5}$

η 的边缘分布列是

η	0	1
p	$\frac{3}{5}$	$\frac{2}{5}$

4. $E(\xi_i)=\lambda=2, D(\xi_i)=\lambda=2=\sigma^2, i=1,2,\cdots,100.$
根据同分布的中心极限定理,得

$$P\left\{180<\sum_{i=1}^{100}\xi_i<240\right\}=P\left\{\frac{180-100\times 2}{10\sqrt{2}}<\frac{\sum_{i=1}^{100}\xi_i-100\times 2}{10\sqrt{2}}<\frac{240-100\times 2}{10\sqrt{2}}\right\}$$

$$=P\left\{-1.414<\frac{1}{10\sqrt{2}}\left(\sum_{i=1}^{100}\xi_i-100\times 2\right)<2.828\right\}$$

$$=\Phi(2.828)-\Phi(-1.414)=\Phi(2.828)+\Phi(1.414)-1.$$

5. 设该天打包机包装的每袋大米净重为 ξ,由题意知 $\xi\sim N(\mu,\sigma^2)$. 现在的问题是给定 $\alpha=0.05$ 下检验假设 $H_0:\mu=100, H_1:\mu\neq 100,\sigma^2$ 为已知,用 u 检验 $\overline{x}=\frac{1}{9}(99.3+98.7+\cdots+100.5)=100.66, |u|=\left|\frac{\overline{x}-\mu_0}{\frac{\sigma}{\sqrt{n}}}\right|=\frac{100.66-100}{\frac{0.9}{\sqrt{9}}}=2.2.$ 由于 $|u|=2.2>1.96=u_{1-\frac{\alpha}{2}}=u_{0.975}$,

拒绝 H_0 即认为该天打包机工作不正常要停机调整.

6. $H_i=\{$抽到 i 地区考生的报名表$\}, i=1,2,3; A_j=\{$第 j 次抽到报名表是男生的$\}, j=1,2.$
则显然有

$P(H_i)=\frac{1}{3}(i=1,2,3); P(A_1|H_1)=\frac{7}{10};$

$P(A_1|H_2)=\frac{8}{15}; P(A_1|H_3)=\frac{20}{25}.$

由全概率公式知 $p=P(\overline{A}_1)=\sum_{i=1}^{3}P(H_i)P(\overline{A}_1|H_i)=\frac{1}{3}\left(\frac{3}{10}+\frac{7}{15}+\frac{5}{25}\right)=\frac{29}{90}.$

7. $E(\xi_i)=\frac{1}{0.5}=2, D(\xi_i)=\frac{1}{0.5^2}=4, E(\eta)=\frac{1}{n}\sum_{i=1}^{n}E(\xi_i)=\frac{1}{n}2n=2,$

$D(\eta)=\frac{1}{n^2}D\left(\sum_{i=1}^{n}\xi_i\right)=\frac{1}{n^2}\sum_{i=1}^{n}D(\xi_i)=\frac{1}{n^2}4n=\frac{4}{n}.$

参考文献

[1] 黄清龙,阮宏顺. 概率论与数理统计[M]. 2版. 北京:北京大学出版社, 2011.

[2] 阮宏顺. 概率论与数理统计[M]. 苏州:苏州大学出版社,2012.

[3] 曹菊生,魏国强. 概率统计与数据处理[M]. 2版. 苏州:苏州大学出版社,2016.

[4] 袁荫棠. 概率论与数理统计[M]. 北京:中国人民大学出版社,1990.

[5] 盛骤,谢式千,潘承毅. 概率论与数理统计[M]. 4版. 北京:高等教育出版社,2008.

[6] 陈魁. 应用概率统计[M]. 北京:清华大学出版社,2000.

[7] 郭金吉,戴泖. 概率论与数理统计[M]. 北京:化学工业出版社,2007.

[8] 赵璇,钟莹. 概率论发展简史及应用[J]. 软件(教育现代化),2013(5):386.

[9] 孙业强,王娜. 概率论的发展简史及其在生活中的若干应用[J]. 吉林工程技术师范学院学报,2019,35(12):89-92.